量子力学原理与应用

李蓬勃 ◎编著

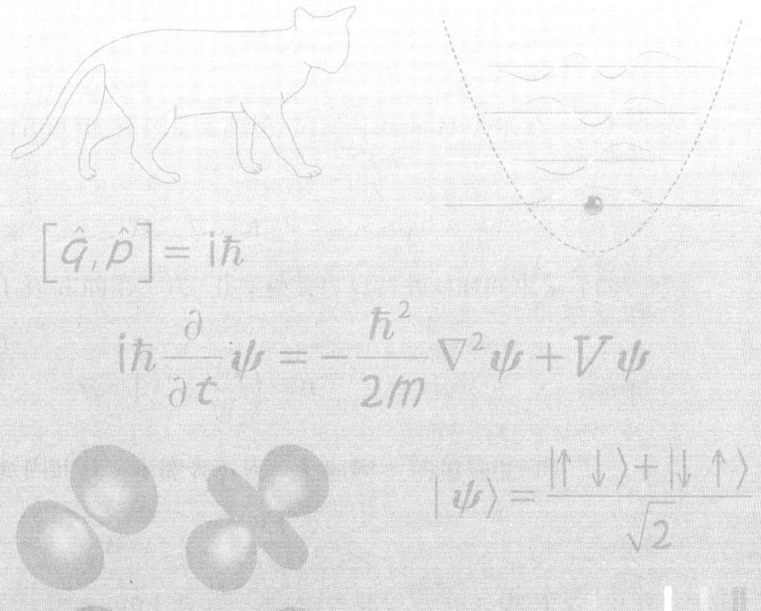

北京大学出版社
PEKING UNIVERSITY PRESS

图书在版编目 (CIP) 数据

量子力学原理与应用 / 李蓬勃编著 . -- 北京 : 北京大学出版社，2025. 7. --ISBN 978-7-301-36323-2

Ⅰ. O413. 1

中国国家版本馆 CIP 数据核字第 2025X4T708 号

书　　名 量子力学原理与应用
LIANGZI LIXUE YUANLI YU YINGYONG

著作责任者 李蓬勃 编著

责 任 编 辑 班文静

标 准 书 号 ISBN 978-7-301-36323-2

出 版 发 行 北京大学出版社

地　　址 北京市海淀区成府路 205 号　100871

网　　址 http://www.pup.cn

电 子 邮 箱 zpup@pup.cn

新 浪 微 博 @ 北京大学出版社

电　　话 邮购部 010-62752015　发行部 010-62750672　编辑部 010-62765014

印 刷 者 北京溢漾印刷有限公司

经 销 者 新华书店

730 毫米 × 980 毫米　16 开本　16 印张　350 千字

2025 年 7 月第 1 版　2025 年 7 月第 1 次印刷

定　　价 55. 00 元

序

量子力学与相对论一起构成现代物理学的两大台柱. 量子力学描述微观粒子的运动规律, 是在总结大量实验事实的基础上, 基于若干基本假设而发展起来的一套完善、自洽、精确的基本理论. 基于量子力学理论已经产生了一系列对人类社会有深远影响的技术, 而这些技术已经潜移默化地改变了我们的生活. 基于量子力学的技术可以分为两大类: 一类是基于量子系统能谱的技术, 另一类是基于量子系统量子态的技术. 在二十世纪八十年代以前, 人们主要研究基于能谱的量子技术, 并已经产生了以激光和半导体为代表的一系列新技术, 这些新技术的应用使得人类进入信息时代. 从二十世纪八十年代起, 科学家开始研究基于量子态操控的量子信息技术. 近年来量子信息技术已经成为最前沿的颠覆性技术, 它对人类社会和技术的影响深度和广度将无法估量. 探索基于量子态操控的技术极限是第二次量子革命的重要课题.

西安交通大学李蓬勃教授编著的这本面向物理专业本科生的《量子力学原理与应用》教材, 特色鲜明、内容丰富, 兼具科学性与可读性. 作者凭借丰富的专业知识和教学经验, 将复杂深奥的量子力学概念和理论通过典型实验和生动的物理图像以浅显易懂的方式呈现给读者. 该教材紧扣量子光学与量子信息前沿, 融入了量子科技领域与量子力学关系最紧密的前沿基础知识. 此外, 作者还精心挑选了一批具有代表性的例题和习题, 特别是提出了一些原创性的题目, 旨在帮助读者更好地理解和掌握相关知识点. 这些题目选材紧密联系实际科研问题, 立意新颖, 难度适中, 物理内涵丰富. 相信读者通过深入学习和钻研本教材, 能够提升运用量子力学基本原理与方法解决实际问题的能力, 同时培养他们扎实的理论分析能力和创新思维, 为今后进一步的学习和科研工作奠定基础.

2025 年是国际量子科学与技术年, 这本量子力学教材的出版恰逢其时, 正好与全球对量子科学日益增长的关注和需求契合. 相信这本教材的出版将有力促进国内量子力学教学水平的进一步提升, 并为量子科技人才的培养提供更加坚实的理论基础.

中国科学院院士

中国科学技术大学教授

前　　言

量子力学是二十世纪物理学的两大台柱之一. 二十世纪前的经典物理学只适用于描述一般宏观条件下物质的运动, 而对于微观世界的运动规律, 则需要新的理论 —— 量子力学. 基于量子力学的基本理论, 物质属性及其微观结构这个古老而根本的问题才能得以解决. 例如, 导体、半导体和绝缘体产生的物理机制是什么? 又如, 元素周期律的本质是什么? 原子与原子是怎样结合成分子的? 所有涉及物质属性及其微观结构的诸多近代学科, 无不以量子力学作为其理论基础. 量子力学是反映微观粒子运动规律的理论, 是在总结大量实验事实和旧量子论的基础上建立起来的. 它是在若干基本假设的基础上发展起来的一套完善、自洽、精确的基本理论. 它的正确性是由在各种具体情况下从量子理论得出的结论和实验结果相比较来验证的. 1927 年, 第五届索尔维会议在比利时布鲁塞尔召开, 此次会议的主题为"电子与光子" (见图 0.1), 世界上最主要的物理学家聚集在一起讨论最新发展起来的量子理论. 在本次物理界最豪华的聚会上, 29 位与会者中有 17 人是诺贝尔 (Nobel)

图 0.1　1927 年, 第五届索尔维会议: 电子与光子

奖得主. 在量子力学发展史上, 具有代表性的科学家有: 普朗克 (Planck)、爱因斯坦 (Einstein)、玻尔 (Bohr)、德布罗意 (de Broglie)、玻恩 (Born)、海森伯 (Heisenberg)、薛定谔 (Schrödinger)、狄拉克 (Dirac)、泡利 (Pauli)、费米 (Fermi)、费曼 (Feynman) 等. 由于对量子力学建立做出的卓越贡献, 他们全都获得过诺贝尔物理学奖.

量子力学还引发了极为广泛的新技术上的应用. 基于量子力学发展起来的新科技, 例如, 激光、半导体芯片和计算机、核能等, 引发了第三次工业革命. 量子力学的基本理论和方法, 直接或间接地催生了许多新学科和新方向, 例如, 量子光学、量子化学、计算材料学等. 近年来, 一个基于量子力学原理进行信息处理的全新领域 —— 量子计算与量子信息, 发展迅速且取得了很大的成功. 人类从对量子力学规律的被动观测和应用转变为对其主动调控和操纵, 迎来了第二次量子革命. 当前, 量子科学与技术已从基础研究逐步走向产业化、实用化. 例如, 基于量子力学原理发展起来的原子钟、磁共振成像、量子传感等一系列量子精密测量技术已广泛应用于人们的日常生活和生产实践中. 2022 年 5 月举办的第二十八届索尔维会议以 "量子信息物理学" 为主题 (见图 0.2). 本次会议主要讨论两个方面: 其一是量子信息物理学为控制和探索复杂的多粒子量子体系提供了统一的概念和强大的技术; 其二是寻求令人信服的证据证明量子纠错可以延长量子存储时间并提高量子门的保真度. 同年, 诺贝尔物理学奖颁给了阿斯佩 (Aspect)、克劳泽 (Clauser) 和蔡林格(Zeilinger) 三位物理学家, 以表彰他们在 "纠缠光子实验、验证违反贝尔 (Bell) 不等式和开创量子信息科学" 方面所做出的贡献.

图 0.2　2022 年, 第二十八届索尔维会议: 量子信息物理学

本教材从量子力学的发展历史开始讲起, 阐述了量子力学的创建者在当时的历史条件下所面临的科学困境, 以及他们是如何突破经典物理观念的束缚而创造性地引入革命性的思想、观念和理论, 并逐步建立起现代量子力学的理论大厦. 希望读者

通过了解量子力学的建立过程, 学习量子力学创建者的科学精神, 领悟量子力学的思想方法. 在本教材的编写过程中, 作者特别借鉴了著名物理学家霍金 (Hawking) 编评的科学论文集《物质构成之梦》. 霍金选编的这本量子力学经典原始文献集基本囊括了量子力学建立过程中最重要的原创性文献, 是了解量子力学发展史及领悟量子力学奠基人的学术思想的不可多得的参考资料. 而后重点讲述量子力学的基本理论和方法, 通过理论联系实际和大量典型例题的讲解, 使读者易于通过阅读本教材来理解和掌握所学知识, 解决长期以来在量子力学学习过程中遇到的概念抽象、理论深奥难懂等问题. 对量子力学相关概念的讲解, 力图做到由浅入深、循序渐进, 通过清晰易懂的物理图像把概念透彻深入地讲明白. 例如, 通过分析双缝干涉、马赫 – 曾德尔 (Mach–Zehnder, 简称 MZ) 干涉和光子偏振态探测三个典型实验, 并揭示其背后所蕴含的量子力学核心思想, 使读者领悟量子力学的真谛. 本教材选取了大量具有代表性的例题和习题, 部分题目来自美国著名大学博士生资格考试中的试题. 特别值得一提的是, 个别题目是作者根据自己在科研实践中遇到的科学问题改编而成的, 例如, 作者所在课题组在开展人工量子体系的理论研究中, 针对囚禁在量子流体表面上的单电子构建新型量子比特及其相干操控进行了深入研究. 作者以此研究课题为素材提出了一道综合性原创题目, 涉及类氢原子能级与定态波函数的求解、线性谐振子的代数解法, 以及定态微扰理论等知识的综合运用. 还有一些题目是根据量子科技前沿进展改编而成的, 例如, 关于量子隐形传态和测量电子反常磁矩的题目. 这些题目选材紧密联系实际科研问题, 立意新颖, 难度适中, 物理内涵丰富. 本教材的另一个特点是增加了一些与当前量子科技前沿紧密结合的内容, 使读者能够通过这些鲜活的前沿进展加深对所学量子力学基本原理的理解和掌握. 希望读者通过对本教材的学习和钻研, 学会运用量子力学基本原理和方法解决实际问题, 培养他们的理论分析能力和创新思维, 为进一步学习和从事科学研究工作打好基础.

本教材是作者长期教学实践和科学研究的结晶, 是在给西安交通大学物理专业学生讲授量子力学课程讲义的基础上修订完善而成的. 在本教材的编写过程中, 作者参考借鉴了国内外相关的量子力学教材、学术著作和科技论文. 特别要感谢我国量子光学与量子信息科学的开拓者与奠基人、中国科学院院士、中国科学技术大学郭光灿教授. 在本教材的编写过程中, 作者得到了郭院士的亲切指导, 并与郭院士针对教材内容进行了具体深入的讨论. 郭院士高屋建瓴地指出: “量子力学教材要把当前量子信息领域的基础知识和最新进展通俗易懂地讲给本科生, 让学生能切身感受到量子力学的魅力.” 本教材深入贯彻了郭院士的指导意见, 融入了量子科技领域与量子力学关系最紧密的前沿基础知识. 还要感谢西安交通大学物理学院李福利教授、高韶燕教授, 以及学院领导对本教材的编写所给予的帮助. 作者的博士研究生霍晓文、潘雪峰、黑鑫磊在本书的编写过程中做了很多协助工作, 在此一并感谢.

由于作者精力和能力有限, 书中疏漏和不妥之处在所难免, 恳请广大读者批评指正.

李蓬勃

2025 年 1 月于西安交通大学仲英楼

目　　录

第一章 量子力学的建立

1.1 经典物理学遇到的困难

十九世纪末, 物理学理论在当时看来已经发展得相当完善, 主要表现在以下两个方面: (1) 应用牛顿 (Newton) 经典力学成功地解决了从天体到地上各种尺度的力学体系的运动. 经典力学在分子运动和气体分子运动论上的应用也取得了巨大的成功. 1897 年, 汤姆孙 (Thomson) 发现了电子, 表明电子的行为类似于牛顿经典力学中的粒子. (2) 光的波动性在 1803 年由杨氏双缝干涉实验有力地揭示出来, 麦克斯韦 (Maxwell) 在 1864 年发现光本质上是一种电磁波, 从而把光的波动性置于更加坚实的基础之上. 电磁现象的基本规律和光的波动理论最后都归结于麦克斯韦方程.

著名物理学家开尔文 (Kelvin) 曾经断言: “科学的大厦已经基本完成, 后辈的物理学家只要做一些零碎的修补工作就行了.” “但是, 在物理学晴朗天空的远处, 还有两朵令人不安的乌云.” 这两朵乌云分别是 “黑体辐射问题” 和 “迈克耳孙 (Michelson) 实验 —— 光速问题”. 前者导致量子论的诞生, 后者导致相对论的创立. 除了黑体辐射外, 随着实验技术的发展, 一系列经典力学无法解释的物理现象相继被发现, 例如, 氢原子光谱、原子结构、光电效应等. 人们在研究其背后的物理起源和理论机制时, 发现只有突破经典力学理论框架的限制, 建立新的物理理论, 才能完美地解释这些现象, 量子力学因此诞生了.

1.1.1 黑体辐射

十九世纪末, 人们已经认识到热辐射与光辐射都是电磁波, 并研究了辐射能量在不同频率范围内的分布问题, 特别是对黑体辐射进行了较深入的理论和实验研究. 能吸收入射到其上的全部辐射而不发生反射的物体称为绝对黑体, 简称黑体. 黑体辐射仅取决于物体的温度, 较热的物体辐射出较多能量. 与此相应, 发射光谱的峰值位置移向光的较高频率处. 考虑一根被加热的金属棒. 起初, 没加热前它看起来不发光, 但实际上它仍在辐射能量, 只不过所辐射的波主要在电磁波谱的红外区域, 我们看不见而已. 当它被加热后, 开始泛出暗红色, 也就是说, 它辐射的波移到了可见光范围内. 随着进一步加热, 金属棒发出的光变为鲜红色, 然后是橙色, 再后来是黄色.

处于某一温度 T 下的腔壁, 单位面积所发射出的辐射能量和所吸收的辐射能量相等时, 辐射达到热平衡态. 实验发现, 热平衡时空腔辐射的能量密度与辐射波的波长或频率的分布曲线的形状和位置只与黑体的绝对温度 T 有关, 而与黑体的形状和材料无关, 见图 1.1.1.

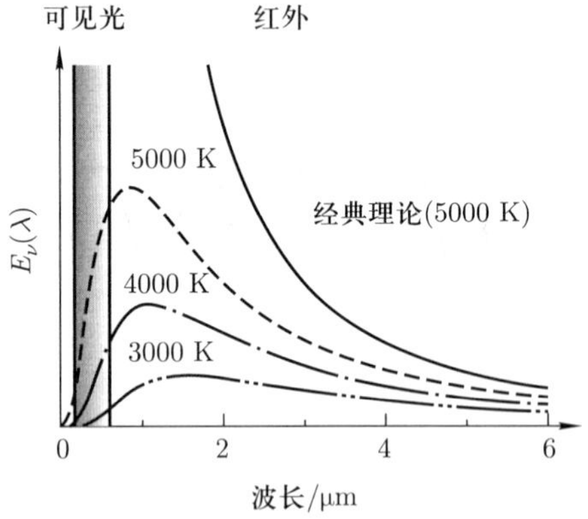

图 1.1.1 黑体辐射的能量分布曲线

♣ 维恩公式、瑞利 – 金斯公式

在热平衡态下的辐射场被认识以后, 人们想知道辐射能量密度与频率之间的关系. 1896 年, 维恩 (Wien) 根据热力学理论再加上几个基本假设, 首先得出了空腔辐射中的一个半经验公式, 即

$$E_\nu \mathrm{d}\nu = c_1\nu^3 \exp(-c_2\nu/T)\mathrm{d}\nu, \tag{1.1.1}$$

其中, c_1 和 c_2 为两个常量, $E_\nu \mathrm{d}\nu$ 表示在频率范围 $(\nu, \nu+\mathrm{d}\nu)$ 内的黑体辐射能量密度. 但非常遗憾的是, 该式在低频范围与实验结果不符. 瑞利 (Rayleigh) 和金斯 (Jeans) 把空腔内的辐射场看作光子气体处理了这个问题 (处理方法同热力学统计物理中的电子气), 得到瑞利 – 金斯公式:

$$E_\nu \mathrm{d}\nu = \frac{8\pi}{c^3}kT\nu^2\mathrm{d}\nu, \tag{1.1.2}$$

其中, c 为真空中的光速. 但该式在高频范围与实验结果不符, 并被称为 "紫外灾难". 这是物理学晴朗天空中的一朵乌云. 实验物理学家鲁宾斯 (Rubens) 和库尔巴莫 (Kurlbaum) 发现维恩公式在低频范围与实验结果明显偏离. 普朗克得知此结果后, 立即动手寻找另外的表达式.

1.1.2 光电效应

1887 年, 赫兹 (Hertz) 发现了光电效应. 当紫外线照射金属表面时, 大量电子会从金属表面逸出而形成光电流. 经过实验研究 (见图 1.1.2), 发现光电效应呈现出下列几个特点: (1) 对于确定的金属材料做成的 (表面光洁的) 电极, 都有一个确定的临界频率 ν_0. (2) 当入射光频率 $\nu < \nu_0$ 时, 无论光强多大, 都不会观测到光电子从电极上逸出. 每个光电子的能量都只与入射光频率 ν 有关, 而与光强无关. 光强只影响光电流的强度, 即单位时间从电极单位面积上逸出的电子数目. (3) 当入射光频率 $\nu > \nu_0$ 时, 无论光强多小, 只要光一照上电极, 几乎立刻 ($\sim 10^{-9}$ s) 可以观测到光电子. 光电效应的这些规律是经典理论无法解释的. 按照光的电磁理论, 光的能量只取决于光强, 而与光的频率无关.

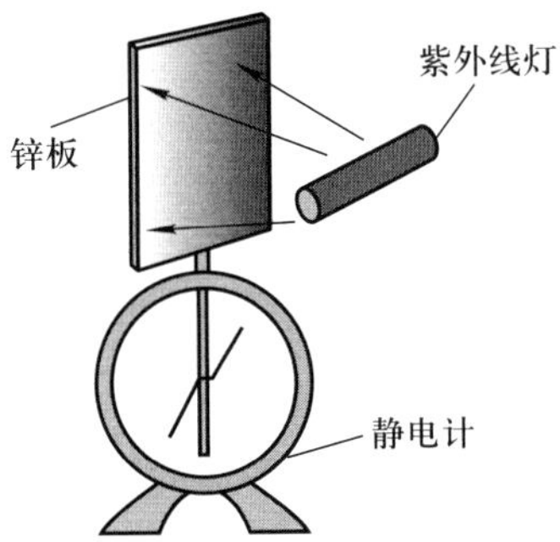

图 1.1.2 光电效应演示实验示意图

1.1.3 原子结构与原子光谱

1897 年, 英国物理学家、卡文迪什 (Cavendish) 实验室教授汤姆孙发现: 阴极射线在电场和磁场中的运动特征与负电荷是一致的. 汤姆孙测出的阴极射线粒子的荷质比约是当时已知的质量最小的单价氢离子荷质比的 2000 倍 (现在知道准确值是 1840 倍). 汤姆孙发现, 如果用其他气体产生阴极射线, 或者用不同的金属材料制作电极, 都能测得相同的荷质比. 这表明, 该阴极射线粒子是构成各种物质的共同粒子. 之后, 汤姆孙直接测量出阴极射线粒子的电荷, 发现其与氢离子的电荷大小基本相等, 这说明阴极射线粒子比任何一种原子的质量都小得多, 从而确认了更小的物质单元的存在. 它被命名为 "电子". 由于发现电子的杰出贡献, 汤姆孙在 1905 年获得诺贝尔物理学奖. 电子的发现大大激发了人们研究原子结构的热情. 由于原子呈现电中性, 既然电子带负电, 那么原子内部一定还有带正电的部分. 1911 年, 卢瑟福 (Rutherford) 用 α 粒子轰击原子, 研究碰撞后散射出去的 α 粒子的角分布, 并与模型计算值进行比较, 发现原子中正电部分集中在很小的区域内 ($< 10^{-12}$ cm), 且原子质量主要集中在正电部分, 形成 "原子核", 而电子则围绕原子核运动, 与行星围绕太阳的运动很相似, 这就是卢瑟福关于原子的核式结构模型.

经典理论在原子结构问题上遇到了不可克服的困难. 电子围绕原子核旋转的运动是加速运动. 按照经典电动力学, 电子将不断辐射能量而减速, 从而轨道半径会不断缩小, 最后将掉到原子核上去, 原子随之坍缩并相应发射出一个很宽的连续辐射谱. 这与观测到的原子的线状光谱矛盾. 而且现实世界表明, 众多原子稳定地存在于自然界. 矛盾如此尖锐地摆在人们面前, 如何解决呢?

另一个显著的问题就是氢原子的线状光谱 (见图 1.1.3). 氢原子的光谱由许多分立的谱线组成, 如图 1.1.3 所示的 Ly–α, Ba–α, Pa–α, Br–α, Pf–α 和 Hu–α 分别对应于氢原子谱线中的莱曼 (Lyman) 系、巴耳末 (Balmer) 系、帕邢 (Paschen) 系、布拉开 (Brackett) 系、普丰德 (Pfund) 系和汉弗莱 (Humphreys) 系的第一条谱线. 1885 年, 巴耳末发现, 氢原子可见光谱线的频率可由如下经验公式给出:

$$\nu = Rc\left(\frac{1}{n'^2} - \frac{1}{n^2}\right), \quad n > n', \quad n = 2, 3, 4, \cdots, \quad n' = 1, 2, 3, \cdots, \tag{1.1.3}$$

其中, $R = 10973731.56852773\ \mathrm{m}^{-1}$ 是氢的里德伯 (Rydberg) 常量. 巴耳末公式与实验观测结果的惊人符合引起了光谱学家的注意. 紧跟着就有不少人对光谱线波长 (波数) 的规律进行了大量分析. 例如, 里德伯对碱金属元素的光谱进行过仔细分析, 发现它们可以分为主线系、锐线系及漫线系等几个线系. 每一线系的各条谱线的波数都有与巴耳末公式类似的规律.

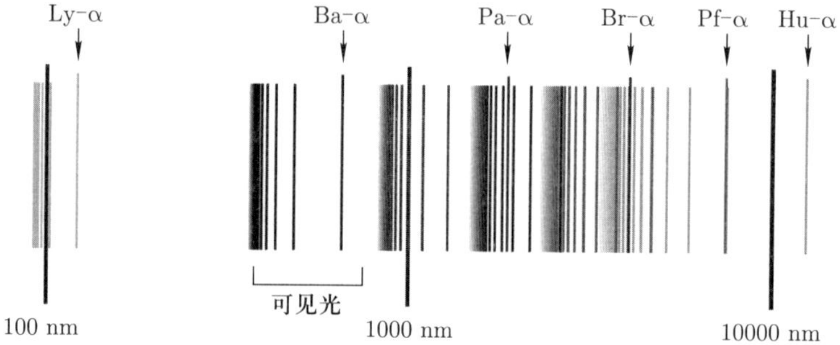

图 1.1.3 氢原子光谱的 6 个线系图

原子光谱为什么不是连续分布而是呈离散的线状光谱? 原子的线状光谱的产生机制是什么? 这些光谱线的波长 (波数) 为什么有如此简单的规律? 光谱线的本质又是什么? 经典理论无法从氢原子的结构来解释氢原子光谱的这些规律. 除此之外, 还有一些其他实验现象在经典理论看来是难以解释的, 这里不再赘述.

1.1.4 固体比热

经典物理在解释固体比热方面也遇到了困难. 固体中每个原子在其平衡位置附近做小幅度振动, 因此可以看成具有 3 个自由度的粒子. 按照经典统计力学, 其平均动能与势能均为 $3kT/2$, 总能量为 $3kT$. 因此 1 mol 原子组成的固体物质的总能量为 $3NkT = 3RT$ (其中, $N = 6.023 \times 10^{23}$ 是阿伏伽德罗 (Avogadro) 常量,

$R = Nk$ 称为普适气体常量). 因此固体的定容比热为 $c_V = 3R \approx 24.9$ J/K. 但是实验发现, 在极低温下固体比热都趋于零. 固体比热随温度变化的示意图如图 1.1.4 所示. 原因是什么? 此外, 若考虑到原子由原子核与若干电子组成, 为什么原子核与电子的多自由度对于固体比热没有贡献. 经典统计物理无法解决这些问题.

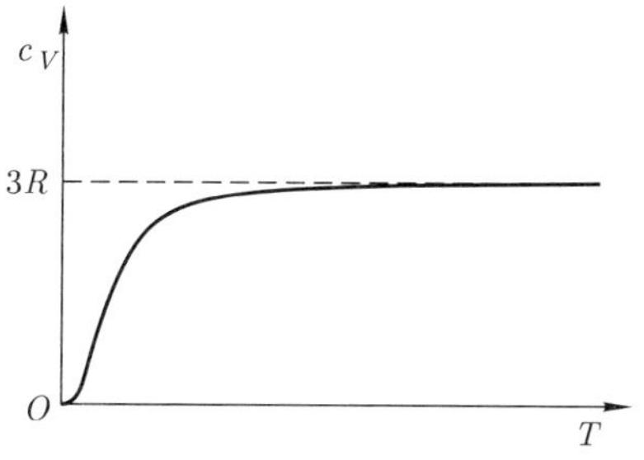

图 1.1.4 固体比热随温度变化的示意图

1.2 量子论的诞生

古希腊毕达哥拉斯 (Pythagoras) 学派认为自然之美要由整数来表示. 例如, 奏出动听音乐的弦的长度应是波长的整数倍. 新的实验现象的发现暴露了经典理论的局限性, 迫使人们去寻找新的物理概念, 建立新的物理理论, 于是量子力学就在这场物理学的危机中诞生了.

1.2.1 普朗克黑体辐射定律

究竟是什么机制使空腔内的原子产生出人们所观察到的黑体辐射能量分布, 对此问题的研究导致了量子力学的诞生. 黑体辐射是近代量子物理的摇篮. 黑体辐射研究的另一层意义在于这是唯一一个涉及 c, k, h 三个普适常量的物理现象.

普朗克, 德国物理学家, 量子概念的创始人, 以发现能量量子化获得 1918 年的诺贝尔物理学奖. 以他的名字命名的普朗克常量于 2019 年被用于重新定义基本单位, 此外, 还有以他的名字命名的科学讲座、机构和学会, 例如, 享誉世界的德国马克斯 (Max) - 普朗克研究所. 普朗克于 1900 年 10 月发表了第一篇相关论文, 给出了黑体辐射能量分布的正确表达式, 此即普朗克定律. 同年 12 月他在德国物理年会上发表的第二篇相关论文则是给出了该表达式的统计物理推导. 普朗克提出: 如果空腔内的黑体辐射和腔壁的原子处于热平衡, 那么黑体辐射的能量分布与腔壁原子的能量分布就有一种对应. 作为辐射原子的模型, 普朗克假定: (1) 原子的性质和谐振子相似, 都以给定的频率 ν 振荡. (2) 黑体只能以 $E = h\nu$ 为能量单位不连续地发射和吸收辐射能量, 而不像经典理论中可以连续发射和吸收辐射能量. 基于这

些基本假定, 普朗克得到了与实验结果相符的黑体辐射公式:

$$E_\nu \mathrm{d}\nu = \frac{8\pi h\nu^3}{c^3}\frac{1}{\exp[h\nu/(kT)]-1}\mathrm{d}\nu. \tag{1.2.1}$$

该公式在长波和短波极限下分别退化为维恩公式和瑞利 – 金斯公式. 普朗克的理论突破了经典物理学在微观领域内的局限性, 打开了人类认识光的粒子性的大门, 开辟了量子论的新纪元.

普朗克于 1900 年发表的第一篇相关论文的研究思路是从辐射温度与熵的关系出发的. 普朗克从热力学基本方程

$$\mathrm{d}U = T\mathrm{d}S - p\mathrm{d}V$$

出发, 得到

$$\mathrm{d}S = \mathrm{d}U/T + p\mathrm{d}V/T,$$

这是构造黑体辐射谱分布公式的关键步骤. 在 $\mathrm{d}S = \mathrm{d}U/T + p\mathrm{d}V/T$ 中, 主角是熵 S. 辐射熵是研究辐射谱分布的突破口. 热辐射达到平衡的过程是熵增加到最大值的过程, 因此要求熵对内能的二阶微分为负. 根据 $\partial S/\partial U = 1/T$, 以及内能与温度成正比, 可得 $\partial S/\partial U \sim 1/U$, 形式上这要求 $\partial^2 S_\nu/\partial U_\nu^2 \sim -U_\nu^{-2}$, 对于指定的频率 ν, U_ν 表示该频率上的平均辐射能量. 普朗克针对 U_ν 进行了详细研究. 他首先把发出辐射的谐振子的熵定义为

$$S = -k\frac{U_\nu}{h\nu}\ln\frac{U_\nu}{h\nu}.$$

从关系式 $\partial^2 S/\partial U_\nu^2 = -k/(U_\nu \times h\nu)$ 出发, 可以解得

$$U_\nu = h\nu \mathrm{e}^{-h\nu/(kT)},$$

此即维恩公式. 常量 h 的引入是为了使 $h\nu$ 具有能量的量纲, 从而使该公式在形式上是合理的, k 是量纲为熵的常量. 其中用到了关系式 $\partial S/\partial U = 1/T$.

库尔巴莫的测量结果表明, 对低频部分可采用

$$\partial^2 S/\partial U_\nu^2 = -k/U_\nu^2$$

的形式. 为了改进维恩公式, 即消除得到的公式在低频范围与实验结果的偏离, 再参照库尔巴莫的结果, 普朗克从 $\partial^2 S/\partial U_\nu^2 = -k/(U_\nu \times h\nu + U_\nu)$ 出发, 把发出辐射的谐振子的熵定义为

$$S = k\left(1+\frac{U_\nu}{h\nu}\right)\ln\left(1+\frac{U_\nu}{h\nu}\right) - k\frac{U_\nu}{h\nu}\ln\frac{U_\nu}{h\nu},$$

可以解得

$$U_\nu = \frac{h\nu}{\mathrm{e}^{h\nu/(kT)} - 1}.$$

此即著名的普朗克公式. 普朗克公式完美地符合实验结果, 这使得他必须为这个公式背后的物理找到理论基础和根源.

为此, 普朗克在其于 1900 年发表的第二篇相关论文中借鉴玻尔兹曼 (Boltzmann) 的研究思路, 引入了统计物理模型, 并根据熵的统计意义来探讨其得到公式的物理意义. 普朗克假设 $P = U_N/\varepsilon$ 个能量单元要分配到 N 个谐振子上. 这相当于把 P 个粒子放到 N 个盒子中的经典概率问题. 可能的方式有 $w = (P+N-1)!/[P!(N-1)!]$ 种, 对应的熵为 $S_N = k\ln w$. 对于非常大的 P 和 N, 利用斯特林 (Stirling) 公式, w 可近似表示为

$$w = \frac{1}{\sqrt{2\pi}}\frac{(P+N-1)^{P+N-1/2}}{P^{P+1/2}(N-1)^{N-1/2}},$$

于是

$$S_N = Nk\left[\left(1+\frac{U}{\varepsilon}\right)\ln\left(1+\frac{U}{\varepsilon}\right) - \frac{U}{\varepsilon}\ln\frac{U}{\varepsilon}\right],$$

其中, $U = U_N/N$ 是平均能量, $S = S_N/N$ 是平均熵, 利用 $\partial S/\partial U = 1/T$, 可得

$$U = \frac{\varepsilon}{\mathrm{e}^{\varepsilon/(kT)} - 1}.$$

若取 $\varepsilon = h\nu$, 我们即得到普朗克公式.

普朗克公式的重要意义之一是引入了物理学基本常量 h, 该常量后来被命名为普朗克常量. 假设 $P = U_N/\varepsilon$ 为整数成了后来的能量量子化概念的关键一步, 普朗克也因此被誉为提出革命性概念的伟大物理学家. 普朗克的能量量子化概念带来了物理学革命, 开辟了物理学的新纪元. 爱因斯坦在普朗克的六十岁生日庆祝会上说道: “在科学的殿堂里有各种各样的人, 有人爱科学是为了满足智力上的快感, 有人是为了纯粹功利的目的, 而普朗克爱科学是为了得到现象世界的普遍的基本规律, 他成了一个以伟大的创造性观念造福于世界的人.”

1.2.2 光量子的概念和光电效应理论

受普朗克工作的启发, 爱因斯坦认为光不仅是电磁波, 而且还有粒子性. 根据光量子理论, 电磁辐射不仅在发射和吸收时以能量为 $h\nu$ 的微粒形式出现, 而且以这种微粒形式在空间中以光速 c 传播, 这种微粒叫作光量子或光子. 由相对论光子的动量和能量的关系 $p = E/c = h\nu/c = h/\lambda$ 可知, 光子的动量 $\boldsymbol{p}$ 与辐射波长 $\lambda = c/\nu$ 的关系. 因此光子的能量和动量分别为

$$
\begin{aligned}
E &= h\nu = \hbar\omega, \\
\boldsymbol{p} &= \frac{h\nu}{c}\boldsymbol{n} = \frac{h}{\lambda}\boldsymbol{n} = \hbar\boldsymbol{k},
\end{aligned} \tag{1.2.2}
$$

其中, $\boldsymbol{n}$ 表示沿光子运动方向的单位矢量, $\hbar = h/(2\pi) = 1.0546\times10^{-34}\ \mathrm{J\cdot s}$ 是约化普朗克常量.

用光子的概念, 爱因斯坦成功解释了光电效应的规律. 当光照射到金属表面时, 能量为 $h\nu$ 的光子被电子吸收, 电子把这份能量的一部分用来克服金属表面对它的吸引, 另一部分用来提供它离开金属表面时的动能, 其能量关系可以写为 $m_{\mathrm{e}}v_{\mathrm{m}}^2/2 = h\nu - W_0$, 其中, m_{e} 是光电子的质量, v_{m} 是光电子的速度, W_0 是逃逸功, 即电子能脱出金属表面所需的最小动能. 从上式不难解释光电效应的两个典型特点: (1) 上式表明光电子的能量只与光的频率 ν 有关, 而光强只决定光子的数目, 从而决定光电子的数目. 这样一来, 经典理论不能解释的光电效应便得到了正确说明. (2) 由上式可以明显看出, 能打出电子的光子的最小能量是光电子的速度 $v_{\mathrm{m}} = 0$ 时由该式所得出的值, 即 $h\nu_0 = W_0$, 从而可得 $\nu_0 = W_0/h$. 由此可知, 当 $\nu < \nu_0$ 时, 电子不能脱出金属表面, 从而没有光电子产生. 这样, 经典理论不能解释的光电效应就得到了说明.

爱因斯坦在 1907 年还进一步把能量不连续的概念用到固体中原子的振动上, 成功解决了固体比热在温度趋于 0 K 时趋于 0 的现象. 这时, 普朗克的能量不连续概念才引起很多人的注意.

通过分析人类对光的认识历程, 可以发现我们对于光本质的认识是螺旋式上升的. 早期, 由牛顿的光的微粒说, 发展到惠更斯 (Huygens) 的光的波动说. 在十九世纪二十年代, 经过杨 (Young)、斯涅尔 (Snell) 等的光的干涉与衍射实验证实之后, 人们普遍承认光的波动说. 到了十九世纪下半叶, 经过麦克斯韦、赫兹等人的工作, 肯定了光是电磁波. 而从光电效应及黑体辐射所揭示出的困难又促使人们重新认识到光的粒子性的一面. 但普朗克 - 爱因斯坦的光量子论绝非微粒说的简单复归, 而是对光本质认识的一大飞跃. 光是粒子性与波动性矛盾的统一体, 具有波粒二象性. 在不同的条件下, 主要矛盾方面会发生转化. 正如一个硬币具有两个面一样, 不同条件下我们只会看到其中某一个面. 例如, 在干涉和衍射实验的条件下, 波动性就成为主要的矛盾方面, 光就表现得像“波”, 而在原子吸收或发射光的情况下, 粒子性就成为主要的矛盾方面, 光就表现得像“粒子”.

1.2.3　康普顿散射

直到康普顿 (Compton) 效应的发现, 普朗克和爱因斯坦的光量子理论才被物理学界所接受. 康普顿效应的发现, 从实验上证实了光子的存在. 实验发现, 高频率的 X 射线被轻元素, 例如, 白蜡、石墨中的电子散射以后, 波长随散射角的增大而增大. 这个效应无法用经典电动力学的理论来解释. 经典电动力学认为电磁波被散射后, 波长不应该发生改变. 但是, 如果把 X 射线被电子散射的过程看成光子与电子的弹性碰撞过程, 则该效应很容易得到解释.

设光子在碰撞前后的能量分别为 $\hbar\omega$ 和 $\hbar\omega'$, m_0 是电子的静止质量. 如图 1.2.1 所示, 设碰撞前光子沿水平方向向右运动, 动量为 $\hbar\omega/c$, 碰撞后光子运动方向的偏转角度为 θ (称为散射角), 动量为 $\hbar\omega'/c$. 碰撞前电子的动量为 0, 碰撞后电子以速度 v 运动, 偏转角度为 θ' (也称为反冲角, 即电子运动方向与入射光子初始方向之间的夹角). 电子在碰撞后的动能为 $\dfrac{m_0c^2}{\sqrt{1-v^2/c^2}}-m_0c^2$, 动量为 $\dfrac{m_0v}{\sqrt{1-v^2/c^2}}$.

根据碰撞前后的能量守恒, 有

$$\hbar\omega=\hbar\omega'+m_0c^2\left(\frac{1}{\sqrt{1-v^2/c^2}}-1\right), \tag{1.2.3}$$

根据碰撞前后的动量守恒, 有

$$\begin{aligned}\frac{\hbar\omega}{c}&=\frac{\hbar\omega'}{c}\cos\theta+\frac{m_0v}{\sqrt{1-\beta^2}}\cos\theta',\\ 0&=\frac{\hbar\omega'}{c}\sin\theta-\frac{m_0v}{\sqrt{1-\beta^2}}\sin\theta',\end{aligned} \tag{1.2.4}$$

其中, $\beta^2=\dfrac{v^2}{c^2}$. 由方程组 (1.2.4) 中第二式取平方可以得出 $\cos^2\theta'$, 将其代入第一式取平方之后的式子, 消去 $\cos\theta'$, 可得

$$\frac{\hbar^2\omega^2}{c^2}+\frac{\hbar^2\omega'^2}{c^2}-\frac{2\hbar^2\omega\omega'}{c^2}\cos\theta=\frac{m_0^2v^2c^2}{c^2-v^2}.$$

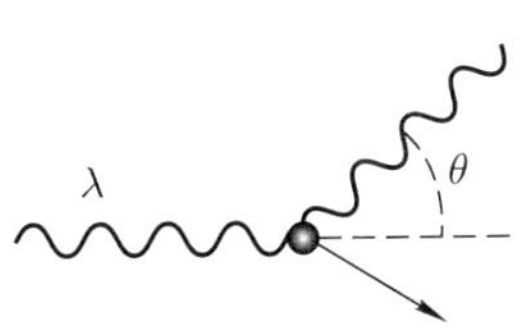

图 1.2.1 康普顿散射示意图

再将上式与 (1.2.3) 式取平方后的式子联立, 消去 v, 就得到

$$\omega-\omega'=\frac{\hbar\omega\omega'}{m_0c^2}(1-\cos\theta)=\frac{2\hbar}{m_0c^2}\omega\omega'\sin^2\frac{\theta}{2},$$

将角频率和波长的关系式 $\omega = 2\pi c/\lambda, \omega' = 2\pi c/\lambda'$ 代入上式, 可以得到波长的变化是

$$\Delta\lambda = \lambda' - \lambda = \frac{4\pi\hbar}{m_0 c}\sin^2\frac{\theta}{2}.$$

该公式由康普顿首先得出. 式中包含了普朗克常量 $h(\hbar = h/(2\pi))$, 经典物理学无法解释它, 因此康普顿散射实验是对光量子概念的一个直接的强有力支持. 它是在 X 射线被自由电子 (或弱束缚电子) 散射的实验中观测到的.

1.2.4 原子结构的玻尔理论

玻尔, 丹麦物理学家, 因对原子结构, 以及从原子发射出的辐射的研究而荣获诺贝尔物理学奖. 玻尔本人不仅对早期量子论的发展起到过重大作用, 而且他的认识论和方法论对量子力学的创建起到了推动和指导作用.

光量子概念必然会促进物理学其他重大疑难问题的解决. 1913 年, 玻尔把这个概念运用到原子结构的问题上, 提出了关于原子结构的玻尔理论. 该理论今天已为量子力学所代替, 但是它在历史上对量子理论的发展起到过重大的推动作用, 而且该理论的某些核心思想至今仍是正确的, 并在量子力学中被保留下来. 玻尔在他的量子论中提出了两个极为重要的概念, 可以认为是对大量实验事实的概括: (1) 原子具有能量不连续的定态. (2) 量子跃迁. 原子的定态只可能是某些具有一定分立能量值 $E_1, E_2, \cdots, E_n$ 的状态, 原子处于定态时不发生辐射, 但是因为某种原因, 电子可以从一个能级 E_n 跃迁到另一个较低 (高) 的能级 E_m, 同时发射 (吸收) 一个光子, 光子的频率满足

$$\nu = \frac{|E_n - E_m|}{h}.$$

而处于基态 (能量最低态) 的原子则不发射光子地稳定存在着. 为了确定电子运动的可能轨道, 玻尔提出量子化条件: 在量子理论中, 角动量必须是 $\hbar$ 的整数倍. 这个量子化条件等价于原子内部圆周轨道上电子波动满足的驻波条件.

1914 年, 弗兰克 (Frank) 和赫兹进行了用电子轰击汞蒸气的实验, 即弗兰克 - 赫兹实验. 实验结果显示, 汞原子内部确实存在能量为 4.9 eV 的量子态. 1920 年, 弗兰克和赫兹又继续改进实验装置, 发现了汞原子内部更多的量子态, 有力地证实了玻尔模型的正确性.

虽然玻尔理论取得了巨大成功, 首次打开了人们认识原子结构的大门, 但对于复杂原子光谱, 如氦原子光谱, 玻尔理论就遇到了极大的困难, 它不仅在定量上无法处理该问题, 甚至在原则上就有问题. 对于谱线的相对强度问题, 在玻尔理论中虽然借助对应原理得到了一些有价值的结果, 但玻尔理论却不能提供系统解决该问题的方法. 此外, 玻尔理论只能处理简单的周期运动, 而不能处理非束缚态问题, 例如, 对于散射问题无能为力. 从理论体系上看, 玻尔提出的原子能量不连续概念和

角动量量子化条件等, 与经典力学是不相容的, 并未从根本上解决量子化的本质问题. 所有这一切都推动着理论进一步发展, 而量子力学就是在克服这些困难和局限性中逐步发展起来的, 并成为二十世纪最重要的物理成就之一.

1.3 光的波粒二象性

在 1.2 节, 我们又用到了光的粒子性概念, 但这并不意味着我们要放弃光的波动理论. 事实上, 在纯微粒说的范围内是无法解释已经由干涉、衍射实验证实了的典型的波动现象的. 在分析著名的杨氏双缝干涉实验时, 我们将会得到下述结论: 只有同时保留光的波动性和粒子性 (尽管这两方面性质先天就显得不可调和), 才能得到对这些现象的完整解释. 我们将说明这个内在矛盾只有通过引入基本的量子概念才能得到解决. 杨氏双缝干涉实验在整个量子力学的发展过程中, 发挥了非常重要的作用. 著名物理学家费曼曾指出: "杨氏双缝干涉实验展现的量子现象绝对不可能以任何经典物理学的方式进行解释, **杨氏双缝干涉实验包含了量子力学的核心思想和量子力学的唯一奥秘**."

1.3.1 杨氏双缝干涉实验

这个实验的装置如图 1.3.1 所示, 由光源 S 发出的单色光照射到不透明板 P 上, 板上开有两条很窄的狭缝 F_1 和 F_2. 光透过狭缝后照射到观察屏 E (如一张可显影的照相底片) 上. 如果我们关闭 F_2, 则在观察屏 E 上便得到光强的一种分布 $I_1(x)$, 这就是 F_1 的衍射图样; 同样, 如果我们关闭 F_1, 则得到 F_2 的衍射图样, 光强可以用 $I_2(x)$ 表示. 当 F_1 和 F_2 都打开时, 在观察屏上便出现一组干涉条纹. 需要指出的是, 这组条纹对应的光强分布 $I(x)$ 并不是 F_1 和 F_2 单独产生的光强分布之和, 即

$$I(x) \neq I_1(x) + I_2(x).$$

对于刚才描述的实验结果, 用微粒理论怎样才能解释呢? 对于只有一条狭缝打开时出现的衍射图样, 有一种观点是用光子冲击狭缝边缘所产生的影响来解释的. 但是更仔细的研究表明这种解释是有问题的. 另一种观点是借助通过狭缝 F_1 的光子和通过狭缝 F_2 的光子之间的相互作用来解释的. 然而这种解释会导致下述与事实不符的结果: 如果把光源 S 的光强减弱, 即减少单位时间内发出的光子数目, 那么光子间的相互作用也应该减弱. 当光源 S 的光强减弱到光子实际上是一个一个地通过狭缝而到达观察屏上时, 由于光子间的相互作用消失, 那么干涉条纹也就应该消失了, 而事实并非如此.

波动理论能够提供对干涉条纹的自然解释. 观察屏 E 上某一点的光强正比于该点的电场振幅的平方. 利用复数记号, 若 $E_1(x)$ 和 $E_2(x)$ 分别表示狭缝 F_1 和 F_2

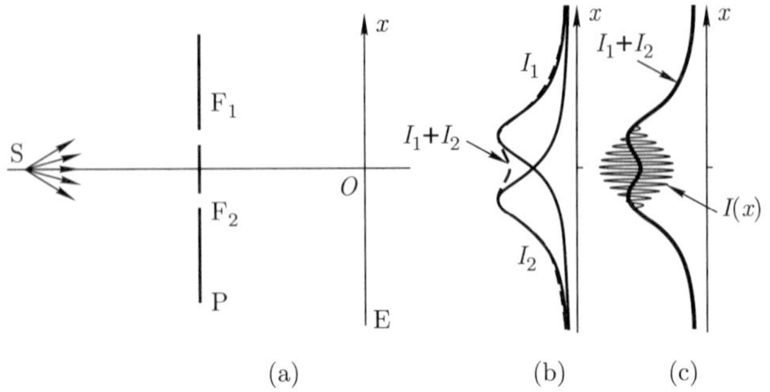

图 1.3.1 杨氏双缝干涉实验装置图, 狭缝 F_1 和 F_2 分别在观察屏 E 上产生衍射图样, 相应的光强分布分别是 $I_1(x)$ 及 $I_2(x)$ (见图 (b) 中的实线). 当 F_1 和 F_2 都打开时, 观察屏上的光强分布 $I(x)$ 呈现出周期性的干涉条纹 (见图 (c) 中的细实线), 但是其并不等于 $I_1(x)+I_2(x)$ (见图 (b) 中的虚线和图 (c) 中的粗实线)

在 x 点处产生的电场 (两条狭缝充当次级光源), 那么当 F_1 和 F_2 都打开时, 该处的总电场为

$$E(x) = E_1(x) + E_2(x),$$

可以得到

$$I(x) \propto |E(x)|^2 = |E_1(x) + E_2(x)|^2 .$$

因为光强 $I_1(x)$ 和 $I_2(x)$ 分别正比于 $|E_1(x)|^2$ 和 $|E_2(x)|^2$, 所以上式表明 $I(x)$ 和 $I_1(x)+I_2(x)$ 之间相差一个干涉项, 该项依赖于 E_1 与 E_2 的相位差, 该项的存在便解释了干涉条纹. 从波动理论可以得出: 如果减弱光源 S 的光强, 则干涉条纹仍然存在, 只不过在强度上有所减弱而已.

但是, 当光源 S 的光强减弱到一个一个地发射光子时, 波动理论的预言和微粒理论的预言都无法得到证实. 1909 年, 泰勒 (Taylor) 设计并且完成了一个很精致的双缝实验. 该实验将入射光的光强大大降低, 在任何时间间隔内, 平均最多只有一个光子被发射出来. 经过很长时间, 累积许多光子照射到观察屏上后, 仍旧会出现类似的干涉图样, 见图 1.3.2. 事实上: (i) 如果将照相底片覆盖在观察屏 E 上, 并曝光足够长时间, 使每一张底片总可以接收到大量的光子, 则显影之后便可证实干涉条纹并未消失. 于是就应该放弃纯微粒说的解释, 因为按照这种理论会得到干涉条纹是光子间相互作用的错误结果. (ii) 反之, 我们也可以使照相底片曝光的时间充分短, 以致照相底片只能接收到若干个光子, 这时可以看到每一个光子都在观察屏 E 上产生一个亮点, 而不是产生强度极弱的干涉图样, 因而也应该放弃纯波动说的解释.

事实上, 当光子陆续到达观察屏上时, 光子对观察屏 E 的冲击是随机分布的,

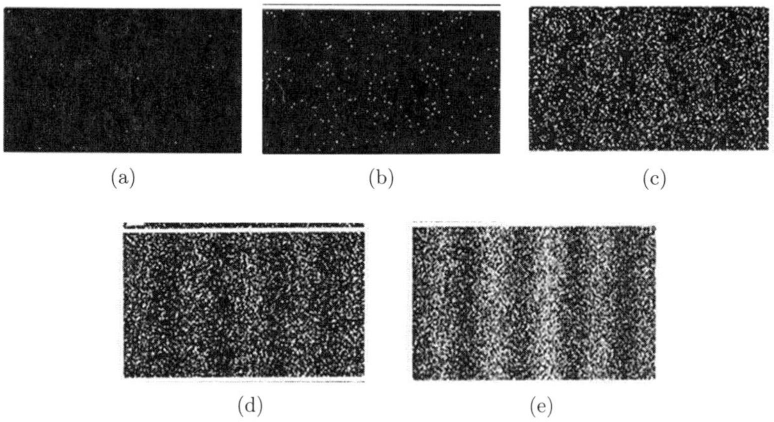

图 1.3.2 光子干涉图样

而且只有当到达观察屏上的光子数目足够多时, 冲击点的分布才是连续的. 在观察屏 E 上某点处的冲击点密度对应于干涉条纹在该点处的强度, 即在亮纹处密度最大, 在暗纹处密度为零. 于是我们可以断言, 干涉图样是由陆续到达的大量光子造成的. 这个实验结果显然导致了一个矛盾: 既然排除了光子间的相互作用, 我们就应该分别考虑一个一个光子; 但是, 打开一条狭缝与打开两条狭缝所观察到的现象却完全不同. 也就是说, 对于通过某一条狭缝的光子而言, 另一条狭缝是否打开不应该产生决定性的影响. 应当注意, 在上述实验中, 我们并不试图判断观察屏所接收的每一个光子到底是通过哪一条狭缝. 如果想要知道每一个光子的具体路径, 可以设想将光子探测器 (光电倍增管) 放在 F_1 和 F_2 的后面, 于是便很容易证实: 如果光子一个一个地到达光子探测器, 那么一个光子通过了哪一条狭缝是完全明确的. 我们要么从 F_1 后面的光子探测器得到信号, 要么从 F_2 后面的光子探测器得到信号, 但不会同时从两个光子探测器得到信号. 但是很显然, 被探测到的光子将被吸收, 因而不能到达观察屏上. 如果我们撤去一个光子探测器, 例如, 撤去 F_1 后面的, 那么 F_2 后面的光子探测器将会告诉我们, 当光子总数很多时, 通过 F_2 的约占光子总数的一半. 由此可知, 那些能够到达观察屏上的光子必是通过了 F_1 的; 但是这些光子在观察屏上逐渐形成的图样并不是干涉图样. 由于 F_2 类似于已关闭, 因此这只能是 F_1 的衍射图样.

1.3.2 光的波粒二象性的量子统一

上述分析表明, 我们若只关注光的粒子性的一面或波动性的一面, 就不可能解释所观察到的全部现象. 然而, 这两方面的性质又很显然是互相排斥的. 要想克服这个困难, 就必须以批判的方式重新审查经典物理的概念. 虽然日常生活的经验告诉我们这些概念是完全成立的, 但在现在涉及的 "微观" 领域, 这些概念可能不再有效. 例如, 当我们将光子探测器放在双缝后面时, 这个新领域的一种本质特征就表现出来了: 每当我们对一个微观体系进行一次测量时, 我们便从根本上干扰了它. 这是一种新的性质, 因为在宏观领域中人们总可以设想出这样的测量仪器, 它们对被测量体系的干扰可以忽略. 例如, 当我们用一把直尺去量一支铅笔的长度时, 很显然铅笔并不会受到直尺的影响. 对经典物理的这种批判性的修正是由实验决定的, 当然也需要由实验来引导从而得到新的概念和理论. 现在我们回到前面关于光子的 "矛盾" —— 一个光子通过一条狭缝, 但其行为却依另一条狭缝是开着还是关着而大不相同. 我们已经看到, 若要在光子通过狭缝时探测它们, 便会妨碍它们到达观察屏. 更一般地, 既要知道每个光子通过了哪条狭缝, 又要观察到干涉图样, 那是不可能的. 为了解决这个矛盾, 我们不得不放弃光子必然通过某一条确定的狭缝这样一个概念. 这样一来, 就必须放弃经典物理学的一个基本概念 —— 粒子的轨道. 虽然每次只有一个光子通过狭缝, 但该光子可以同时通过两条狭缝, 自己与自己干涉.

另一方面, 当光子一个一个地陆续到达观察屏时, 它们对观察屏的冲击逐渐积累而形成干涉图样. 也就是说, 对于一个特定的光子, 我们事先不能确切知道它将到达观察屏上的哪一点. 但是, 这些光子是在完全相同的条件下发射出来的. 这样一来, 我们发现初始条件可以完全决定粒子后来的运动状态这样一个经典概念就不再成立了. 我们只能说, 光子一旦发射出来, 它到达观察屏上 x 点的概率就正比于按波动理论算出的光强 $I(x)$, 即正比于 $|E(x)|^2$.

经过不断探索, 我们形成了**光的波粒二象性的概念**, 可以将它概述如下:

(i) 光的粒子性和波动性是不可分割的, 光同时表现为波和粒子流, 波可以用来计算粒子出现的概率.

(ii) 对光子行为的预言只能是概率性的.

(iii) 波 $E(\boldsymbol{r},t)$ 提供了一个光子在 t 时刻的信息, 它是麦克斯韦方程组的解; 这个波表征光子在 t 时刻的状态. 我们将 $E(\boldsymbol{r},t)$ 解释为一个光子在 t 时刻出现于 $\boldsymbol{r}$ 点的概率幅, 即相应的概率正比于 $|E(\boldsymbol{r},t)|^2$.

1.3.3 马赫 – 曾德尔干涉仪

我们现在来描述一个干涉实验, 从中可以推断出量子力学的一些基本原理. 这个实验装置如图 1.3.3 所示, 被称为马赫 – 曾德尔干涉仪. 我们先用经典光学原理来描述它. 此装置由两个分束器、两个全反射的镜子和两个光电探测器组成. 来自激光器的一束光被分束器 B1 分成上下两束光. 这些光束在镜子上被反射, 并在分束器 B2 处重新汇合, 然后进入光电探测器 D1 和 D2. 我们假设这两个光电探测器是理想的, 即具有 100% 的效率. 在上面的光路中, 插入一个相位调制器, 以便在两束光之间产生一个相对相位差 ϕ. 如果 ϕ 是 2π 的整数倍, 则恢复到 $\phi=0$ 的状态. 而 $\phi=\pi$ 则对应于完全异相的情况. 在分束器 B2 处, 两束光相互干涉, 这种干涉可能是相长干涉 ($\phi=0$) 或相消干涉 ($\phi=\pi$). 例如, D2 的相消干涉意味着在这个光电探测器上的光强等于零. 这反过来意味着 D1 肯定会响应 (相长干涉). 分束器的透射系数 T 和反射系数 R 可以在 0 和 1 之间变化, 满足 $R^2+T^2=1$. 当 $T=R=1/\sqrt{2}$ 时, 即为对称的 (或 50% − 50%) 分束器. 我们知道在这个装置中出现的所有设备都是线性的, 也就是说, 输出与输入成正比.

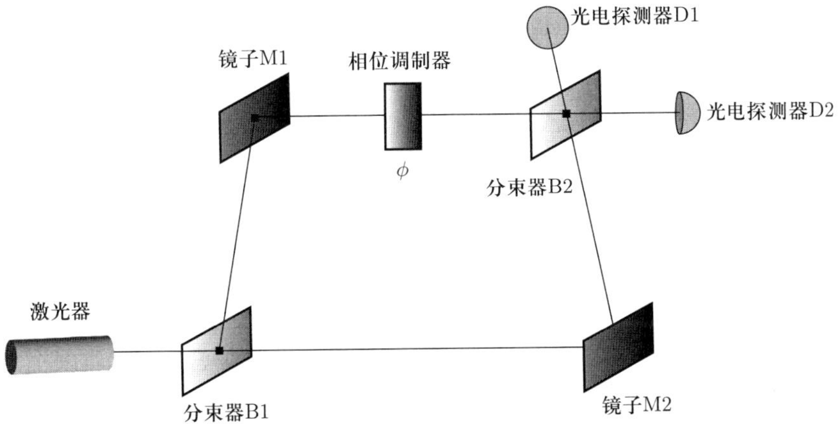

图 1.3.3 MZ 干涉仪

到目前为止, 我们都是基于经典理论来描述 MZ 干涉仪的, 而光具有类似于波的特性, 例如, 相位. 但是, 我们通过光电效应知道, 光具有波粒二象性. 现在考虑每个时刻只有一个单光子被输入到 MZ 干涉仪中 (即两个连续的光子到达的时间间隔比光电探测器的时间分辨率大得多). 通过光强和光子的能量, 可以很容易计算出每秒钟被输入到 MZ 干涉仪中的光子数目. 在每个时间段, 单光子在 D1 或 D2 上被探测到, 而不是同时在两个探测器上被探测到. 然而, 为了获得良好的统计数据, 在经过很多次 ($N \gg 1$) 实验后, 我们观察到, D1 将响应 $N_1=N(1-\cos\phi)/2$ 次, D2 将响应 $N_2=N(1+\cos\phi)/2$ 次. 如果 $\phi=0$, D2 就会响应; 如果 $\phi=\pi$, D2 就不会响应. 在不同的 ϕ 值下重复相同的实验很多次, 我们会得到如图 1.3.4 所示的结果. 这种行为是典型的干涉现象. 由于每次最多只有一个光子存在于仪器内, 因此我们可以说是光子自己和自己干涉.

单光子的自身干涉迫使我们承认单光子不是定域在两个光路中的任何一个. 现在, 如果我们去掉分束器 B1, 则这个单光子一定从下面的光路中通过. 在这种情况

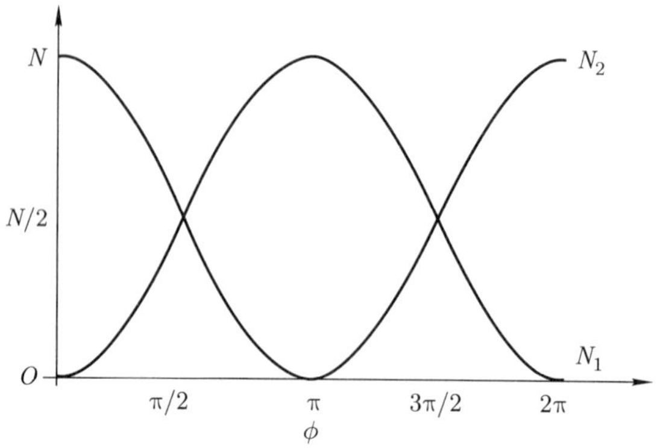

图 1.3.4 D1 和 D2 光子计数的统计结果

下, 我们可以把此单光子的 “状态” 用符号 ψ_l 表示. 如果我们把分束器 B1 换作一个反射率等于 100% 的镜子, 则此单光子一定通过上面的光路到达光电探测器. 我们把这种情况下的单光子的 “状态” 用符号 ψ_u 表示. 因此, 当我们使用分束器 B1 以后, 就能得到这样的结论: 此时单光子的状态一定是两种状态 ψ_l 和 ψ_u 的**线性叠加**.

态叠加原理 对于一般情况, 如果 ψ_1 和 ψ_2 是体系的可能状态, 那么它们的线性叠加

$$\psi = c_1\psi_1 + c_2\psi_2 \quad (c_1, c_2 \text{ 是复数})$$

也是这个体系的一个可能状态, 这就是量子力学中的态叠加原理. 态叠加原理还有下面的含义: 当粒子处于态 ψ_1 和态 ψ_2 的线性叠加态 ψ 时, 粒子是既处于态 ψ_1, 又处于态 ψ_2.

1.3.4 光的偏振测量

掌握了前面引入的那些概念之后, 我们现在来讨论另一个简单但很有代表性的光学实验. 这个实验关注的是光的偏振. 这个实验现象使我们必须引入有关物理量测量的一些基本概念. 在此实验中, 一单色平面偏振光照射到检偏器 A 上, 检偏器 A 只允许沿 x 方向偏振的光通过, 而沿 y 方向偏振的光则被吸收. Oz 表示这束光的传播方向, $\boldsymbol{e}_p$ 是标志这束光的偏振方向的单位矢量 (见图 1.3.5).

在光强充分大时, 对于这个实验的经典描述如下. 该单色平面偏振光由如下形式的电场描述:

$$\boldsymbol{E}(\boldsymbol{r}, t) = E_0\boldsymbol{e}_p\mathrm{e}^{\mathrm{i}(kz-\omega t)},$$

其中, E_0 是一个常量, 光强 I 正比于 $|E_0|^2$, k 是光的波数, ω 是光的角频率. 它通

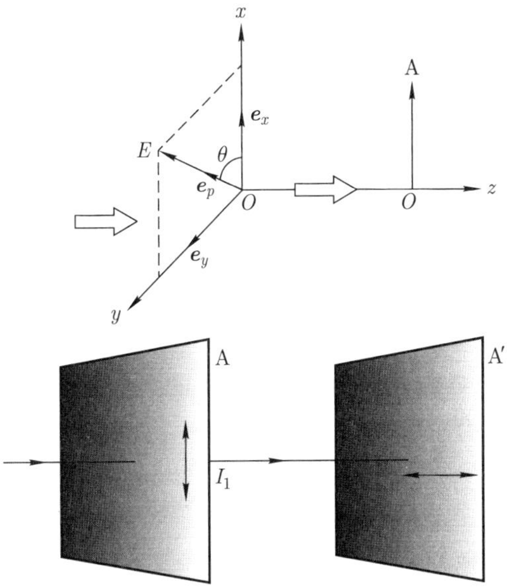

图 1.3.5 测量光的偏振的实验示意图

过检偏器 A 之后, 便成为沿 x 方向偏振的平面光, 即

$$\boldsymbol{E}'(\boldsymbol{r},t) = E_0'\boldsymbol{e}_x\mathrm{e}^{\mathrm{i}(kz-\omega t)},$$

其中, $\boldsymbol{e}_x$ 是 x 方向的单位矢量, 透射光的光强 I' 正比于 $|E_0'|^2$. 根据波动光学的马吕斯 (Malus) 定律, 有

$$I' = I\cos^2\theta,$$

其中, 夹角 $\theta = (\boldsymbol{e}_x, \boldsymbol{e}_p)$.

在量子水平上, 光强 I 很小, 此时光子是一个一个地到达检偏器的, 那么情况将会发生改变. 这时我们要在检偏器的后面安置一个单光子探测器. 首先, 注意到探测器绝不会记录到一个光子的一部分, 因为光子或者整个通过检偏器, 或者整个被检偏器吸收, 虽然这一系列光子的量子态都一样. 其次, 我们不可能准确预言到达检偏器的那个光子是通过检偏器还是被吸收; 我们只能知道光子通过第二个检偏器的相应概率为 $\cos^2\theta$. 最后, 当一个一个地到达检偏器的光子数目 N 很大时, 在检偏器后面实际探测到的光子数目就成为 $N\cos^2\theta$, 在这个意义上, 我们又得到了经典规律.

总结上述实验结果, 我们可以得到如下关于量子测量的基本概念:

(i) 测量仪器 (例如, 检偏器、单光子探测器等) 只能给出某些特殊的测量结果, 我们称之为**本征结果**. 在上述实验中只有两种可能的本征结果: 光子通过或不能通过检偏器, 在 MZ 干涉实验中光子被探测器探测到或探测不到. 我们称在这些情况下的测量结果是量子化的. 这与经典情况完全不同. 例如, 在经典光偏振测量实验中, 透射光的光强 I' 可随 θ 角连续变化. 每一个本征结果都有与之对应的本征态. 在上面的实验中, 两个本征态由如下关系式描述: $\boldsymbol{e}_p = \boldsymbol{e}_x$ 或 $\boldsymbol{e}_p = \boldsymbol{e}_y$ (其中, $\boldsymbol{e}_y$ 是 y 方向的单位矢量). 若 $\boldsymbol{e}_p = \boldsymbol{e}_x$, 我们便可以确定光子将通过检偏器; 反之, 若 $\boldsymbol{e}_p = \boldsymbol{e}_y$, 则光子一定不能通过检偏器. 因而本征结果与本征态之间有这样的对应: 如果测量以前粒子处于某个本征态, 则本次测量结果便是确定的, 它只能是与这个本征态对应的本征结果.

(ii) 如果测量以前粒子的状态是任意的, 那么我们只能预言测得各种本征结果的概率. 为了求得这些概率, 我们可将粒子的态分解为各本征态的线性叠加. 于是, 对于任意的 $\boldsymbol{e}_p$, 有

$$\boldsymbol{e}_p = \boldsymbol{e}_x \cos\theta + \boldsymbol{e}_y \sin\theta. \tag{1.3.1}$$

于是, 测得某一本征结果的概率正比于该本征态的系数的模的平方. 从 (1.3.1) 式可知, 每个光子通过检偏器的概率为 $\cos^2\theta$, 不能通过检偏器的概率为 $\sin^2\theta$ (当然, $\cos^2\theta + \sin^2\theta = 1$). 值得注意的是, 上述分解的方式依赖于我们所使用的测量仪器的类型, 这是因为我们必须使用与测量仪器相应的各种本征态. 在 (1.3.1) 式中, x 轴和 y 轴的选择是由检偏器决定的.

(iii) 对体系进行测量以后, 它就处于某个本征态上. 例如, 上述实验中光通过检偏器后, 成为沿 $\boldsymbol{e}_x$ 方向的偏振光. 若在第一个检偏器后面安置另一个检偏器 A′, 使其光轴与第一个检偏器的光轴平行, 则凡是通过 A 的光子都将通过 A′. 于是我们可以得到, 通过 A 以后, 光子的态是用 $\boldsymbol{e}_x$ 描述的本征态. 在这里, 光子的态发生了突变: 测量以前, 光子的态是由与 $\boldsymbol{e}_p$ 共线的矢量 $\boldsymbol{E}(\boldsymbol{r}, t)$ 确定的; 测量以后, 我们得到一项补充信息 (光子已通过检偏器), 为了表达这个信息, 我们引入另一个与 $\boldsymbol{e}_x$ 共线的矢量, 来描述此刻光子的态. 这便说明了我们前面提到过的基本事实: 测量从根本上干扰了量子体系, 量子测量会使体系的量子态发生坍缩.

1.4 实物粒子的波粒二象性

爱因斯坦的光量子论、光具有波粒二象性, 以及玻尔的量子论, 启发了德布罗意, 他仔细分析了光的微粒说与波动说的发展史, 注意到几何光学与经典力学的相似性, 提出了实物粒子 (静止质量 $m \neq 0$ 的粒子) 也具有波动性. 也就是说, 粒子和光一样也具有波粒二象性.

1.4.1 德布罗意关系与物质波假说

德布罗意, 法国物理学家, 量子力学的奠基人之一, 因发现电子的波动性, 以及对量子理论的研究而获得诺贝尔物理学奖. 在德布罗意之前, 人们对自然界的认识只局限于两种基本的物质类型: 实物和场. 前者由原子、电子等粒子构成, 光则属于电磁场. 德布罗意把粒子和波通过下面的关系式联系起来: 粒子的能量 E 和动量 $\boldsymbol{p}$ 与波的频率 ν 和波长 λ 之间的关系正如光子和光的关系一样, 即

$$E = h\nu = \hbar\omega,$$
$$\boldsymbol{p} = \frac{h}{\lambda}\boldsymbol{n} = \hbar\boldsymbol{k},$$

其中, ω 为角频率, $\boldsymbol{k}$ 为波矢, 该公式称为德布罗意公式或德布罗意关系.

德布罗意通过类比光的波粒二象性, 认为实物粒子的波动性与光有相似之处. 但由于 h 是一个很小的量, 因此实物粒子的波长实际上是很短的. 在一般的宏观条件下, 波动性不会表现出来 (粒子性是主要矛盾方面), 所以用经典力学来处理是恰当的. 但是到了原子世界中, 原子大小约为 1 Å, 那么实物粒子的波动性便会明显表现出来. 此时, 经典力学就不适用了, 正如几何光学不能用来处理光的干涉与衍射现象一样. 为了证实这一设想, 1923 年, 德布罗意提出了电子衍射实验的设想. 因此处理原子世界中粒子的运动时, 需要一种新的力学规律 —— 波动力学. 这个问题是薛定谔在 1926 年解决的. 1925 年, 海森伯提出了另一种处理原子内部电子运动的完全不同的理论形式 —— 矩阵力学. 随后, 薛定谔本人证明了波动力学和矩阵力学在理论上是等价的. 后来, 狄拉克给出了统一波动力学和矩阵力学的数学框架.

自由粒子的能量和动量都是常量, 所以由德布罗意关系可知, 与自由粒子联系的波的频率和波矢 (或波长) 都不变, 即它是一个平面波. 频率为 ν、波长为 λ、沿 $\boldsymbol{n}$ 方向传播的平面波为

$$\psi = A\mathrm{e}^{\mathrm{i}(\boldsymbol{k}\cdot\boldsymbol{r}-\omega t)}.$$

把德布罗意关系代入上式, 可以得到与自由粒子联系的平面波 (或者说, 描述自由粒子的平面波):

$$\psi = A\mathrm{e}^{\frac{\mathrm{i}}{\hbar}(\boldsymbol{p}\cdot\boldsymbol{r}-Et)},$$

这种波称为德布罗意波.

设自由粒子的动能为 E, 速度远小于光速, 则 $E = p^2/(2m)$. 由此可知, 德布罗意波长为

$$\lambda = \frac{h}{p} = \frac{h}{\sqrt{2mE}}.$$

若使电子加速的电势差为 U, 则 $E = eU$, 其中, e 是电子电荷的大小. 将 h, m, e 的值代入德布罗意波长的公式, 可得

$$\lambda = \frac{h}{\sqrt{2meU}} \approx \frac{12.26\ \mathrm{V}^{1/2}}{\sqrt{U}}\ \text{Å}.$$

例如, 电子电荷是 1.6×10^{-19} C, 质量是 0.91×10^{-30} kg, 经过 200 V 电势差加速的电子获得的能量为 $E = eU = 3.2 \times 10^{-17}$ J. 这个能量就是电子的动能, 即 $\frac{mv^2}{2} = 3.2 \times 10^{-17}$ J. 因此 $v = 8.39 \times 10^6$ m/s. 于是, 按照德布罗意关系, 该加速电子的波长是 $\lambda = h/(mv) = 8.7 \times 10^{-11}$ m.

1.4.2 物质波的实验验证

实物粒子的波动性在 1927 年被戴维森 (Davisson) 和革末 (Germer) 所做的电子衍射实验证实, 两位物理学家因此获得 1937 年的诺贝尔物理学奖. 实验中用具有一定能量 (波长) 的电子垂直照射到金属镍单晶 (立方晶体) 的磨光平面 (例如, (1, 1, 1) 晶面) 上, 通过观测不同角度上的反射波强度, 他们发现了与 X 射线相似的衍射现象, 如图 1.4.1 所示. 在磨光平面上成列地排列着整齐的原子, 该平面可以看成许多线形光栅的集合. 对于不同的磨光平面, 光栅常量不同. 在电子垂直入射的情况下, 单晶表面等效于一个反射光栅, 其光栅间距 a 依赖于晶格常数及磨光平面的取向. 当满足如下条件时, 将出现反射波增强现象:

$$a \sin\theta = n\lambda, \quad n = 1, 2, 3, \cdots,$$

其中, θ 是衍射角度, λ 是电子的波长. 根据入射电子的能量, 可以计算出其波长.

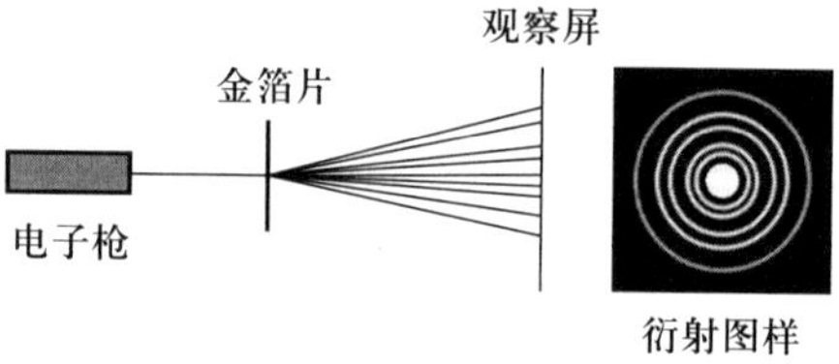

图 1.4.1 电子衍射图样

反射波强度的峰值将出现于如下方向:

$$\theta_n = \arcsin\,(n\lambda/a), \quad n = 1, 2, 3, \cdots,$$

此预期值与实验观测结果相符. 后来很多实验都证实, 不仅电子, 而且质子、中子、原子、分子等都具有波动性. 例如, 利用具有单一能量的氦原子束和氢分子束完成了类似的晶格衍射实验. 利用由核反应堆得到的慢中子束同样能观测到中子的衍

射现象. 1999 年, 维也纳大学的蔡林格小组利用超大分子 C_{60}, 即富勒烯, 成功观测到了衍射图样. C_{60} 是由 60 个碳原子构成的球状分子, 质量为 1.196×10^{-24} kg, 直径为 1 nm, 被形象地称作 "小足球". 实物粒子的波动性在现代科学实验与生产技术中有广泛应用. 例如, 扫描隧道显微镜、慢中子衍射技术等, 可用来研究晶体结构与生物大分子结构等.

1.4.3 波函数与薛定谔方程

按照德布罗意的物质波假说, 我们将把在 1.3 节中引入的关于光子的那些概念推广到实物粒子. 于是, 我们便得到下面的要点, 并将其作为量子力学的基本假定:

(1) **我们必须用态的概念代替经典的轨道概念. 一个粒子的量子态是由波函数 $\psi(\boldsymbol{r},t)$ 描述的, 这个函数是坐标和时间的复值函数, 它包含了关于这个粒子可能得到的一切信息.**

(2) $\psi(\boldsymbol{r},t)$ **描述粒子出现的概率幅**. 由于粒子的可能位置是连续的, 因此 t 时刻在位置 $\boldsymbol{r}$ 处的体积元 $\mathrm{d}\boldsymbol{r}=\mathrm{d}x\mathrm{d}y\mathrm{d}z$ 中找到粒子的概率 $\mathrm{d}P(\boldsymbol{r},t)$ 应该正比于 $\mathrm{d}\boldsymbol{r}$ 和在这个区域内的每一点处找到粒子的概率, 于是

$$\mathrm{d}P(\boldsymbol{r},t)=C|\psi(\boldsymbol{r},t)|^2\ \mathrm{d}\boldsymbol{r},$$

其中, C 是归一化因子. 我们将 $|\psi(\boldsymbol{r},t)|^2$ 解释为相应的概率密度.

(3) **对于任意物理量 $\mathcal{A}$ 的测量**:

(a) 所得结果一定属于本征结果的集合 $\{a\}$. 每一个本征值 a 都有一个本征态和它相联系, 即都有一个对应的本征函数 $\psi_a(\boldsymbol{r})$, 如果 $\psi(\boldsymbol{r},t_0)=\psi_a(\boldsymbol{r})$ (t_0 是进行测量的时刻), 则测量结果一定是 a. 若与物理量 $\mathcal{A}$ 对应的算符为 $\hat{A}$ (关于算符的具体介绍见第四章), 则

$$\hat{A}\psi_a(\boldsymbol{r})=a\psi_a(\boldsymbol{r}).$$

(b) 如果 $\psi(\boldsymbol{r},t)$ 是任意的, 在 t_0 时刻进行测量, 则测得本征值 a 的概率 P_a 可按如下方式计算: 我们将归一化的 $\psi(\boldsymbol{r},t_0)$ 按函数 $\psi_a(\boldsymbol{r})$ 展开为

$$\psi(\boldsymbol{r},t_0)=\sum_a c_a\psi_a(\boldsymbol{r}),$$

于是

$$P_a=|c_a|^2\,.$$

(c) 如果测得的结果为 a, 那么刚测量之后粒子的波函数为 (波函数的坍缩)

$$\psi'(\boldsymbol{r},t_0)=\psi_a(\boldsymbol{r}).$$

(4) $\psi(\boldsymbol{r},t)$ 的演化遵从薛定谔方程. 如果质量为 m 的粒子受到势场 $V(\boldsymbol{r},t)$ 的作用, 则它的**波函数 $\psi(\boldsymbol{r},t)$ 遵从薛定谔方程**

$$\mathrm{i}\hbar\frac{\partial}{\partial t}\psi(\boldsymbol{r},t)=-\frac{\hbar^2}{2m}\nabla^2\psi(\boldsymbol{r},t)+V(\boldsymbol{r},t)\psi(\boldsymbol{r},t), \tag{1.4.1}$$

其中, $\nabla^2=\dfrac{\partial^2}{\partial x^2}+\dfrac{\partial^2}{\partial y^2}+\dfrac{\partial^2}{\partial z^2}$. 对 ψ 的概率幅的解释和态叠加原理结合起来, 便会给出波动型的结果. 此外, 还要注意, 薛定谔方程对于时间是一阶的, 粒子在 t_0 时刻的波函数 $\psi(\boldsymbol{r},t_0)$ 能决定它以后的状态. 由此可见, 在实物和辐射之间存在着深刻的相似: 在这两种情况下, 要正确描述各种现象, 都必须引入量子概念, 特别是波粒二象性的概念. 在接下来的章节中, 我们将详细讨论以上基本假定, 并介绍如何利用这些基本原理解决实际问题.

习 题

1. 一个能量为 5 MeV 的电子与一个静止的正电子相遇后发生湮灭, 产生两个光子, 其中一个光子沿着电子入射的方向运动, 试确定这两个光子的能量.

2. 试确定氢原子光谱中位于可见光谱区的那些谱线的波长.

3. 静止的氢原子从第一激发态跃迁到基态时会辐射一个光子. 试确定该氢原子获得的反冲速度, 以及反冲能量与辐射出的光子能量之比.

4. 若一个电子的动能等于其静质量能, 试确定该电子的速度和德布罗意波长.

5. 室温 ($T\sim 300$ K) 下中子的速度为 2200 m/s, 试计算它的德布罗意波长; 求相同温度下电子的速度, 并计算电子的德布罗意波长.

6. 利用 Ca 阴极光电管做光电效应实验, 采用不同波长 λ 的单色光照射时, 测出相应光电流的反向截止电压, 也就是说, 使光电效应产生的光电流降为零所需施加的最小反向电压 U_0 (见表 1.1). 试确定普朗克常量.

表 1.1 采用不同波长的单色光照射时, 测出的相应光电流的反向截止电压

单色光波长 λ/nm	253.6	313.2	365.0	404.7
反向截止电压 U_0/V	1.95	0.98	0.50	0.14

7. 试确定动能分别为 $1\ \mathrm{eV}, 100\ \mathrm{eV}, 1\ \mathrm{keV}, 1\ \mathrm{MeV}, 12\ \mathrm{GeV}$ 的电子的德布罗意

波长和频率. 对于镍晶体, 实验测得其晶格间距为 0.215 nm, 试确定上述哪些能量的电子可在镍晶体上产生显著的衍射. 对于确定的 30° 衍射角呢?

8. 如果我们需要观测一个大小为 2.5 Å 的物体, 可用的光子的最小能量是多少? 若把光子改为电子呢?

第二章 物质波与薛定谔方程

在第一章, 我们通过类比光的波粒二象性特征得到微观粒子的波粒二象性, 并通过几个典型理想实验得到了关于物质波的一些重要结论. 玻恩在 1926 年提出了概率波的概念, 把微观粒子的波动性与粒子性统一起来, 更确切地说, 把微观粒子的 "原子性" 与波的 "相干叠加性" 统一起来. 玻恩, 德国理论物理学家, 对量子力学的发展做出了重要贡献, 在固体物理学及光学方面也有所建树. 玻恩因在量子力学领域的基础研究, 特别是对波函数的统计诠释而获得诺贝尔物理学奖. 玻恩认为德布罗意提出的物质波或薛定谔方程中的波函数所描述的并不像经典波那样代表实在的物理量在空间分布的波动 (例如, 机械波中的位置矢量, 电磁波中的电场强度和磁感应强度), 而是刻画粒子在空间的概率分布的概率波而已. 本章我们来详细介绍物质波的概念及其满足的动力学方程.

2.1 波函数的统计解释

2.1.1 电子双缝干涉实验

下面我们借鉴费曼的思路通过电子双缝干涉实验来讨论电子的波动性和粒子性, 如图 2.1.1 所示. 我们有一把电子枪, 它包括一根用电流加热的钨丝, 外面套有一个开有小孔的金属盒, 如果钨丝相对金属盒处于负电压, 则由钨丝发射的电子将加速飞往盒壁, 其中一些电子会穿过金属盒上的小孔. 所有从电子枪发射的电子都带有相同的能量. 在电子枪的前方放置一块薄金属挡板, 板上有两条狭缝. 金属挡板的后面有另一块作为 "后障" 的板. 在后障的前面放置一个可移动的探测器, 它可以是盖革 (Geiger) 计数器, 也可以是一个电子倍增器.

这个实验的结果是图 2.1.1(c) 所画出的标有 P_{12} 的一条曲线. 显然, 当双缝都打开时测得的结果 P_{12} 并不是每条狭缝单独打开时测得的结果 P_1 与 P_2 之和. 与光子的双缝干涉实验类似, 我们可以得出结论: 电子穿过双缝后存在干涉. 在后障上发生的情况可以用 ϕ_1 和 ϕ_2 两个复数 (它们是 x 的函数) 来描述. $|\phi_1|^2$ 给出了狭缝 1 单独打开时的效应. 也就是说, $P_1=|\phi_1|^2$. 同样, 狭缝 2 单独打开时的效应由 $|\phi_2|^2$ 给出, 即 $P_2=|\phi_2|^2$. 双缝的联合效应正是 $P_{12}=|\phi_1+\phi_2|^2$. 这里的数学表达式与水波或光波的情形是一样的. 我们可以得到结论: **电子以颗粒的形式到达后障, 像粒子一样, 这些颗粒到达后障的概率分布像波的强度分布一样**, 正是从这个

意义来说, 电子的行为有时像粒子, 有时像波.

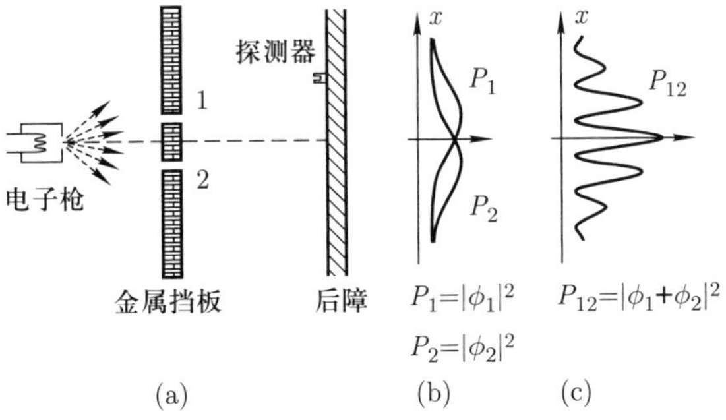

图 2.1.1 电子双缝干涉实验

2.1.2 统计解释

下面我们来考察上述电子双缝干涉实验. 如果入射电子流的强度很大, 即单位时间内有许多电子通过双缝, 则覆盖在后障上的照相底片上很快就会出现干涉图样, 显示出电子的波动性. 如果入射电子流的强度很小, 即电子一个一个地通过双缝, 则底片上就会出现一个一个点, 显示出电子的粒子性. 这些点在底片上的位置并不都是重合在一起的. 开始时, 它们看起来似乎是毫无规则地散布着, 随着时间的延长, 点的数量逐渐增多, 它们在底片上的分布就形成了干涉条纹, 显示出电子的波动性. 由此可见, 实验所显示的电子的波动性是许多电子在同一实验中的统计结果, 或者是一个电子在许多次相同实验中的统计结果. 波函数正是为描述粒子的这种行为而引入的. 玻恩通过分析电子双缝干涉实验, 提出了**波函数的统计解释: 波函数在空间中某一点的强度 (振幅的绝对值的平方) 和在该点找到粒子的概率成正比. 按照这种解释, 描述粒子的波乃是概率波**.

现在我们根据对波函数的这种统计解释再来分析电子双缝干涉实验. 电子通过双缝后, 描述粒子的波发生干涉, 在底片上的干涉图样中, 有许多干涉相长和干涉相消的地方. 在干涉相长的地方, 波的强度大, 粒子到达这里的概率也大, 因而到达这里的粒子多; 在干涉相消的地方, 波的强度很小或等于零, 粒子到达这里的概率也很小或等于零, 因而到达这里的粒子很少或没有.

知道了描述微观体系的波函数后, 由波函数振幅的绝对值的平方就可以得出粒子在空间中的任意一点出现的概率. 不仅如此, 事实上, 由波函数可以得出微观体系的各种性质, 因此我们说波函数 (也称为概率幅) 可以描述体系的**量子态 (简称状态或态)**. 由于粒子必定要在空间中的某一点出现, 因此粒子在空间中各点出现的概率之和等于 1, 所以粒子在空间中各点出现的概率只取决于波函数在空间中各点的相对强度, 而不取决于强度的绝对大小. 如果把波函数在空间中各点的振幅同时加大一倍, 则并不影响粒子在空间中各点出现的概率, 换句话说, 将波函数乘以一个常量后, 所描述的粒子的状态并不改变. 量子力学中的波函数的这种性质是其他波动过程 (例如, 声波、光波等) 所没有的.

根据波函数的统计诠释, 很自然地要求该粒子 (不产生, 也不湮灭) 在空间中各点出现的概率之和为 1, 即要求 $\psi(\boldsymbol{r})$ 满足如下条件:

$$\int_{(\text{全})} |\psi(\boldsymbol{r})|^2 \mathrm{d}\boldsymbol{r} = 1 \quad (\mathrm{d}\boldsymbol{r} = \mathrm{d}x\mathrm{d}y\mathrm{d}z). \tag{2.1.1}$$

该式称为**波函数的归一化条件**. 还应提到, 即使加上了归一化条件, 波函数仍然有一个模为 1 的因子的不定性, 或者说, 相位不定性. 因为, 假设 $\psi(\boldsymbol{r})$ 是归一化波函数, 则 $\mathrm{e}^{\mathrm{i}\alpha}\psi(\boldsymbol{r})$ (α 为实常量, 即相位) 也是归一化的, 也即这两个波函数描述的是同一个概率波.

2.1.3 量子概率的进一步理解

从统计物理我们知道, 对于大量粒子 (粒子数目在阿伏伽德罗常量这个数量级上) 组成的体系, 由于我们的计算手段和资源的限制, 不可能知道每个粒子的运动状态, 因此我们不得不借助统计规律来描述宏观体系的热力学性质. 但是, 在量子力学中, 即使是单个粒子, 其也具有概率属性. 经典统计物理中的概率和量子力学中的概率具有本质上的不同.

下面考察前面讲过的 MZ 干涉仪. 我们知道, 对于 MZ 干涉仪, 单光子被探测器 D1 或 D2 探测到的概率分别为 $P_1 = (1-\cos\phi)/2$, $P_2 = (1+\cos\phi)/2$. 我们已经知道, 这个结果是由于单光子同时通过上下两个光路到达探测器以后形成干涉导致的, 如图 2.1.2 所示. 如果使用一个屏把分束器 B1 和镜子 M2 之间的光路阻断, 则光子被屏吸收的概率是 1/2. 同样, 此光子有 1/2 的概率通过上面的光路到达分束器 B2. 对于对称的分束器, 此光子到达两个探测器的概率都是 1/2. 如此一来, 对于到达 MZ 干涉仪中的单光子, 其被探测器 D1 或 D2 探测到的概率各为 1/4. 我们同样可以知道 MZ 干涉仪中上面的光路被阻断的情形下, 单光子被探测器 D1 或 D2 探测到的概率也各为 1/4. 我们发现, 对于上下两个光路同时打开的情形, 单光子被探测器 D1 探测到的概率并不等于两个光路分别打开情形下单光子被探测器 D1 探测到的概率之和. 这和前面的单光子双缝干涉实验的结果类似, 这是由于概率波的干涉导致的.

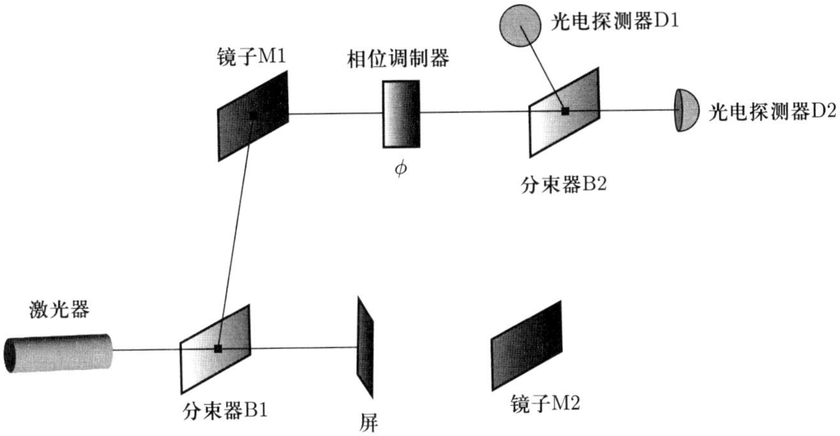

图 2.1.2 MZ 干涉仪中有一个光路被阻断的情形

例 粒子的波函数为 $\psi(x) = A\sin(\pi x/a)$ $(0 \leqslant x \leqslant a)$, 求归一化常量 A.

解答 由于在全空间 (一维) 发现粒子的概率为 1, 因此

$$\int_{(\text{全})} \psi^*(x)\psi(x)\mathrm{d}x = \int_0^a |A|^2 \left(\sin\frac{\pi x}{a}\right)^2 \mathrm{d}x = 1,$$

由此可得, $|A| = \sqrt{2/a}$.

2.2 态叠加原理

2.2.1 态叠加原理的一般表述

前面通过分析单光子在 MZ 干涉仪中的干涉行为, 我们发现必须承认单光子同时通过两个光路才能解释其干涉现象. 进一步, 我们引出量子力学中的态叠加原理. 下面以电子双缝干涉实验为例来说明这个问题. 用 ϕ_1 表示电子通过上面的狭缝到达后障的状态, 用 ϕ_2 表示电子通过下面的狭缝到达后障的状态, 用 ϕ 表示电子通过两条狭缝到达后障的状态. 那么, ϕ 可以写为 ϕ_1 和 ϕ_2 的线性叠加, 即 $\phi = c_1\phi_1 + c_2\phi_2$, 其中, c_1 和 c_2 是复数. 对于一般的情况, 如果 ψ_1 和 ψ_2 是体系的可能状态, 那么它们的线性叠加

$$\psi = c_1\psi_1 + c_2\psi_2 \quad (c_1, c_2 \text{ 是复数}) \tag{2.2.1}$$

也是这个体系的一个可能状态, 这就是量子力学中的**态叠加原理**. 当粒子处于态 ψ_1 和态 ψ_2 的线性叠加态 ψ 时, 粒子是既处于态 ψ_1, 又处于态 ψ_2. 按照态叠加原理, 电子在后障上一点 P 出现的概率密度是

$$\begin{aligned}|\phi|^2 &= |c_1\phi_1 + c_2\phi_2|^2 = (c_1^*\phi_1^* + c_2^*\phi_2^*)(c_1\phi_1 + c_2\phi_2) \\ &= |c_1\phi_1|^2 + |c_2\phi_2|^2 + c_1^*c_2\phi_1^*\phi_2 + c_1c_2^*\phi_1\phi_2^*.\end{aligned}$$

上式右边第一项是电子通过上面的狭缝出现在 P 点的概率密度, 第二项是电子通过下面的狭缝出现在 P 点的概率密度, 第三、第四项是 ϕ_1 和 ϕ_2 的干涉项. 电子通过双缝后在 P 点出现的概率密度 $|\phi|^2$ 一般不等于其通过上面的狭缝到达 P 点的概率密度 $|c_1\phi_1|^2$ 与通过下面的狭缝到达 P 点的概率密度 $|c_2\phi_2|^2$ 之和, 而是等于 $|c_1\phi_1|^2 + |c_2\phi_2|^2$ 再加上干涉项.

2.2.2 态叠加的物理意义

现在考虑一个归一化的态 ψ, 它是态 ψ_1 和态 ψ_2 的线性叠加, 即

$$\begin{aligned}\psi &= \lambda_1\psi_1 + \lambda_2\psi_2, \\ |\lambda_1|^2 + |\lambda_2|^2 &= 1.\end{aligned} \tag{2.2.2}$$

我们知道, 如果体系处于态 ψ, 那么, 我们发现它处于态 ψ_1 的概率是 $|\lambda_1|^2$, 处于态 ψ_2 的概率是 $|\lambda_2|^2$. 这种说法的确切含义是: **若 ψ_1 和 ψ_2 是可观测量 B 的对应于互异本征值 b_1 和 b_2 的归一化的本征矢量, 则测量 B 得到 b_1 的概率是 $|\lambda_1|^2$, 得到 b_2 的概率是 $|\lambda_2|^2$**. 这种说法可能使我们认为像 (2.2.2) 式中那样的态 ψ 是两个态 (ψ_1 和 ψ_2) 各自以权重 $|\lambda_1|^2$ 及 $|\lambda_2|^2$ 参与构成的统计混合态. 换句话说, 就是认为: 由 N (N 很大) 个处于 (2.2.2) 式表示的态 ψ 的全同体系构成的集合完全等价于由 $N|\lambda_1|^2$ 个处于态 ψ_1 和 $N|\lambda_2|^2$ 个处于态 ψ_2 的 N 个全同体系构成的集合. 事实上, 关于态 ψ 的这种解释是错误的, 它将导致错误的物理预言.

考虑沿 z 轴传播的偏振光, 光子的偏振态由下列单位矢量表示 (见图 2.2.1):

$$\boldsymbol{e} = \frac{1}{\sqrt{2}}(\boldsymbol{e}_x + \boldsymbol{e}_y). \tag{2.2.3}$$

这个态是互相正交的两个偏振态 $\boldsymbol{e}_x$ 和 $\boldsymbol{e}_y$ 的线性叠加, 它表示在与 $\boldsymbol{e}_x$ 和 $\boldsymbol{e}_y$ 都成 $45°$ 角的方向上的线偏振光. 如果认为处于态 $\boldsymbol{e}$ 的 N 个光子相当于处于态 $\boldsymbol{e}_x$ 的 $N\times\left|1/\sqrt{2}\right|^2 = N/2$ 个光子加上处于态 $\boldsymbol{e}_y$ 的 $N\times\left|1/\sqrt{2}\right|^2 = N/2$ 个光子, 那显然不对. 事实上, 如果我们在光传播的路径上插入一个偏振方向 $\boldsymbol{e}'$ 正交于 $\boldsymbol{e}$ 的检偏器, 那么, 处于态 $\boldsymbol{e}$ 的 N 个光子中没有一个能通过这个检偏器. 反之, 如果是统计混合态, 即 $N/2$ 个光子处于态 $\boldsymbol{e}_x$, $N/2$ 个光子处于态 $\boldsymbol{e}_y$, 则会有 $N/2$ 个光子通过

此检偏器. 从这个例子可以看出, 诸如 (2.2.3) 式那样的线性叠加态, 即在与 $\boldsymbol{e}_x$ 和 $\boldsymbol{e}_y$ 都成 45° 角方向上的线偏振光, 与态 $\boldsymbol{e}_x$ 和态 $\boldsymbol{e}_y$ 以相同的比例构成的统计混合态, 即自然光 (或非偏振光), 在物理上显然是不同的.

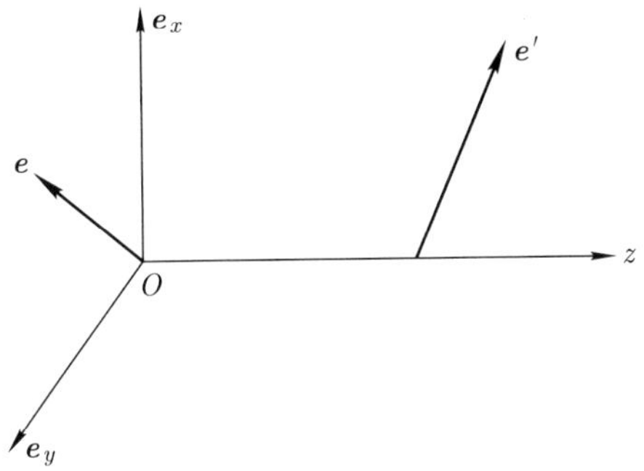

图 2.2.1 光子偏振态的叠加

2.3 态叠加原理的应用

2.3.1 量子比特

把量子力学原理应用到信息领域, 可以产生颠覆性的新技术, 量子计算就是最典型的代表. 量子比特 (qubit), 或者称为量子位, 是量子计算中的基本单元, 它是经典比特的量子版. 与经典比特只能是 0 或 1 的二进制状态不同, 量子比特可以同时处于 0 (用态 ψ_0 表示) 和 1 (用态 ψ_1 表示) 的叠加态. 具体来说, 一个量子比特的状态可以用一个线性组合表示为

$$\psi = \alpha\psi_0 + \beta\psi_1.$$

根据态叠加原理, 一个量子比特是既处于 0 也处于 1 的状态, 相应的概率分别为 $|\alpha|^2$ 和 $|\beta|^2$. 量子信息以量子态作为信息单元, 信息从产生、传输、处理和检测等方面均服从量子力学的规律. 基于量子力学的特性, 例如, 叠加性、不可克隆性等, 量子信息可以实现经典信息无法实现的新的信息功能, 突破现有信息技术的物理极限. 目前, 承载量子比特的常见物理体系主要包括光子、原子、离子阱、极性分子、量子点、固态电子自旋、超导量子电路、拓扑量子体系等.

从信息存储的角度来看, 如果是一个存储器, 对于经典比特, 每次只能存储 0 或 1 一个数, 而对于量子比特, 每次却可以同时存储 0 和 1 两个数; 如果是两个存储器, 对于经典比特, 每次也只能存储 00, 01, 10, 11 中的一个数, 而对于量子比特, 每次却可以同时存储 00, 01, 10, 11 四个数; 如果推广到 N 个存储器, 对于经典比特, 每次只能存储一个确定的 N 位二进制代码, 而对于量子比特, 每次却可以同时存储 2^N 个 N 位二进制代码.

另外, 从信息处理 (计算) 的角度来看, 经典处理器每次对 N 个存储器实行一次操作, 每次只能变换或处理一组数据; 而量子处理器每次却可以对 N 个存储器实行一次操作, 同时变换或处理 2^N 组数据. 换句话说, 对 N 个量子存储器实行一次操作, 相当于对经典存储器实行 2^N 次操作, 这就是量子计算的巨大并行运算能力. 同时, 采用合适的量子算法, 这个并行运算能力可以大大提高计算机的运算速度.

2.3.2 量子不可克隆定理

态叠加原理的另一个应用是量子不可克隆定理. 维斯特 (Wüst)、楚雷克 (Zurek) 和多伊奇 (Deutch) 在 1982 年证明制造量子克隆机是行不通的. 理论上讲, 这台量子机器输入一个状态为 ψ (要被复制的粒子) 的粒子, 再输入一个状态为 X (类似于复印机中的白纸) 的粒子, 然后输出两个状态为 ψ (原件加副本) 的粒子, 即

$$\psi X \to \psi\psi.$$

假设我们制造出了一个可以克隆量子态 ψ_1 的量子机器:

$$\psi_1 X \to \psi_1\psi_1.$$

同理, 对于量子态 ψ_2, 有

$$\psi_2 X \to \psi_2\psi_2.$$

这里, 两种量子态 ψ_1 和 ψ_2 可以是光子的两种偏振态或其他自由度. 但是, 如果我们输入线性组合 $\psi = \alpha\psi_1 + \beta\psi_2$, 则得

$$\psi X \to \alpha\psi_1\psi_1 + \beta\psi_2\psi_2,$$

这不是我们想要的结果. 我们想要的结果是

$$\begin{aligned}\psi X \to \psi\psi &= (\alpha\psi_1 + \beta\psi_2)(\alpha\psi_1 + \beta\psi_2) \\ &= \alpha^2\psi_1\psi_1 + \beta^2\psi_2\psi_2 + \alpha\beta(\psi_1\psi_2 + \psi_2\psi_1).\end{aligned}$$

因此, 我们可以制造一个机器去克隆水平偏振和竖直偏振的光子状态, 但无法克隆任何非平庸的线性叠加态. 这就好像我们买了一台复印机, 它可以完美地复制垂直方向和水平方向的文本, 但若文本是沿着对角线方向排列的, 复制时则完全失真. 量子不可克隆定理开辟了量子密码学这个新领域, 可利用该定理来检测在传送信息的过程中是否遭到敌方的窃听. 信息的发送方爱丽丝 (Alice) 和信息的接收方鲍勃 (Bob) 希望就解码信息的密钥达成一致, 而不必面对面地进行实际会晤. 爱丽丝利

用精心准备的光子流将密钥 (一串数字) 发送给鲍勃. 但他们担心他们的敌人夏娃 (Eve) 可能会在他们不知情的情况下截获这一通信, 从而破解密码. 爱丽丝准备了四种不同状态的一串光子: 线偏振 (水平 H 和垂直 V) 和圆偏振 (左 L 和右 R), 并将其发送给鲍勃. 夏娃希望在途中捕获并克隆光子, 然后将原始光子发送给鲍勃, 而鲍勃没有发现被窃听. 夏娃知道, 爱丽丝和鲍勃稍后会比较光子样本的记录, 以确保没有被篡改. 这就是为什么夏娃必须完整克隆光子, 这样才不会被发现. 但是量子不可克隆定理使得夏娃的克隆机无法成功, 爱丽丝和鲍勃在比较样本时会发现她窃听的情况. 这就是量子信息领域的绝对安全保密通信的基本思想.

2.4 薛定谔方程

我们已经知道, 一个微观粒子的量子态用波函数 $\psi(\boldsymbol{r},t)$ 来描述, 这个函数包含了关于这个粒子可能得到的一切信息. 下一步最核心的问题是要解决量子态怎样随时间演化, 以及在各种具体情况下如何求出波函数的问题. 薛定谔在 1926 年提出的波动方程成功地解决了这个问题. 薛定谔, 奥地利理论物理学家, 量子力学奠基人之一. 1926 年, 薛定谔提出一种描述微观粒子的行为和状态演化的基本方程, 为量子力学奠定了坚实的基础. 薛定谔还提出薛定谔的猫这一思想实验, 试图证明量子力学在宏观条件下的不完备性. 因为发现了在原子理论里很有用的新形式, 薛定谔于 1933 年获得了诺贝尔物理学奖.

2.4.1 方程的引入

下面我们从一个最简单的途径来引入量子力学中的波动方程. 如前所述, 薛定谔方程是量子力学中最基本的方程, 是量子力学的一个基本假定, 并不能从比它更基本的假定来证明它. 它的正确性是由在各种具体情况下从该方程得出的结论和实验结果相比较来检验的.

下面先讨论自由粒子的情况. 粒子的能量 E 及动量 $\boldsymbol{p}$ 之间的关系是

$$E = \frac{p^2}{2m},$$

其中, m 是粒子的质量. 按照德布罗意关系, 与粒子运动相联系的波的角频率 ω 及波矢 $\boldsymbol{k}$ ($|\boldsymbol{k}| = 2\pi/\lambda$) 分别为

$$\omega = E/\hbar,$$

$$\boldsymbol{k} = \boldsymbol{p}/\hbar.$$

或者说, 与具有一定能量 E 及动量 $\boldsymbol{p}$ 的粒子相联系的是单色平面波. 自由粒子的波函数可用平面波表示为

$$\psi(\boldsymbol{r},t) = A\mathrm{e}^{\frac{\mathrm{i}}{\hbar}(\boldsymbol{p}\cdot\boldsymbol{r}-Et)}, \tag{2.4.1}$$

它是所要建立的方程的解, A 为归一化常量. 将 (2.4.1) 式对时间求偏导, 可以得到

$$\frac{\partial\psi}{\partial t}=-\frac{\mathrm{i}}{\hbar}E\psi. \tag{2.4.2}$$

再将 (2.4.1) 式对 x 求二次偏导, 可以得到

$$\frac{\partial^2\psi}{\partial x^2}=-\frac{Ap_x^2}{\hbar^2}\mathrm{e}^{\frac{\mathrm{i}}{\hbar}(p_x x+p_y y+p_z z-Et)}=-\frac{p_x^2}{\hbar^2}\psi,$$

同理可得

$$\frac{\partial^2\psi}{\partial y^2}=-\frac{p_y^2}{\hbar^2}\psi,$$
$$\frac{\partial^2\psi}{\partial z^2}=-\frac{p_z^2}{\hbar^2}\psi.$$

把以上三式相加, 可得

$$\frac{\partial^2\psi}{\partial x^2}+\frac{\partial^2\psi}{\partial y^2}+\frac{\partial^2\psi}{\partial z^2}=\nabla^2\psi=-\frac{p^2}{\hbar^2}\psi, \tag{2.4.3}$$

其中, ∇ 为

$$\nabla=\boldsymbol{i}\frac{\partial}{\partial x}+\boldsymbol{j}\frac{\partial}{\partial y}+\boldsymbol{k}\frac{\partial}{\partial z}.$$

利用自由粒子的能量和动量之间的关系式

$$E=\frac{p^2}{2m},$$

并比较 (2.4.2) 式和 (2.4.3) 式, 可以得到自由粒子的波函数所满足的微分方程:

$$\mathrm{i}\hbar\frac{\partial\psi}{\partial t}=-\frac{\hbar^2}{2m}\nabla^2\psi,$$

它满足如下条件: (1) 方程是线性的. (2) 方程的系数不含体系的状态参量, 例如, 动量、能量等. (2.4.2) 式和 (2.4.3) 式可改写为如下形式:

$$\begin{aligned}E\psi&=\mathrm{i}\hbar\frac{\partial}{\partial t}\psi,\\(\boldsymbol{p}\cdot\boldsymbol{p})\psi&=(-\mathrm{i}\hbar\nabla)\cdot(-\mathrm{i}\hbar\nabla)\psi.\end{aligned} \tag{2.4.4}$$

由 (2.4.4) 式可以看出, 粒子的能量 E 和动量 $\boldsymbol{p}$ 分别与下列作用在波函数上的算符相当:

$$E\to\mathrm{i}\hbar\frac{\partial}{\partial t},\quad \boldsymbol{p}\to-\mathrm{i}\hbar\nabla. \tag{2.4.5}$$

这两个算符分别称为**能量算符和动量算符**.

现在利用 (2.4.5) 式来建立在势场中单粒子的波函数所满足的微分方程. 设粒子在势场 $V(\boldsymbol{r},t)$ 中运动. 在这种情况下, 粒子的能量和动量之间的关系式是

$$E=\frac{p^2}{2m}+V(\boldsymbol{r},t).$$

将上式两边同时乘以波函数 $\psi(\boldsymbol{r},t)$, 并以 (2.4.5) 式代入, 可以得到 $\psi(\boldsymbol{r},t)$ 所满足的微分方程, 即

$$\mathrm{i}\hbar\frac{\partial\psi}{\partial t}=-\frac{\hbar^2}{2m}\nabla^2\psi+V(\boldsymbol{r},t)\psi. \tag{2.4.6}$$

这是量子力学中描述微观体系运动的**薛定谔波动方程或薛定谔方程**, 它描述在势场 $V(\boldsymbol{r},t)$ 中的粒子状态随时间的变化. 上面我们只是在形式上建立了薛定谔方程, 而不是从数学上真正将它推导出来. 薛定谔方程作为量子力学的基本假定之一, 其正确性由该方程在具体问题中的理论预言和实验结果相比较来验证.

2.4.2 定态薛定谔方程

如果势场不含时间, 即变为 $V(\boldsymbol{r})$, 则薛定谔方程 (2.4.6) 可以用分离变量法进行求解. 我们考虑该方程的一种特解:

$$\psi(\boldsymbol{r},t)=\psi(\boldsymbol{r})\xi(t).$$

方程 (2.4.6) 的解可以表示为许多这种特解之和. 将上式代入方程 (2.4.6), 并使其两边同时除以 $\psi(\boldsymbol{r})\xi(t)$, 可以得到

$$\frac{\mathrm{i}\hbar}{\xi}\frac{\mathrm{d}\xi}{\mathrm{d}t}=\frac{1}{\psi}\left[-\frac{\hbar^2}{2m}\nabla^2\psi+V(\boldsymbol{r})\psi\right].$$

因为这个等式的左边只是 t 的函数, 右边只是 $\boldsymbol{r}$ 的函数, 而 t 和 $\boldsymbol{r}$ 是相互独立的变量, 所以只有当两边都等于同一个常量时, 等式才能被满足. 以 E 表示这个常量, 则由等式左边等于 E, 有

$$\mathrm{i}\hbar\frac{\mathrm{d}\xi}{\mathrm{d}t}=E\xi.$$

由等式右边等于 E, 有

$$-\frac{\hbar^2}{2m}\nabla^2\psi+V(\boldsymbol{r})\psi=E\psi. \tag{2.4.7}$$

这样, 薛定谔方程 (2.4.6) 的特解可以表示为

$$\psi(\boldsymbol{r},t)=\psi(\boldsymbol{r})\mathrm{e}^{-\frac{\mathrm{i}E}{\hbar}t}. \tag{2.4.8}$$

这个波函数的频率是确定的, 即 $\omega=E/\hbar$. 按照德布罗意关系, E 就是体系处于这个波函数所描述的状态时的能量. 由此可见, 当体系处于 (2.4.8) 式所描述的状态时, 其能量具有确定值, 这种状态被称为定态. (2.4.8) 式被称为定态波函数. 方程 (2.4.7) 被称为**定态薛定谔方程**.

我们可以发现, 算符 $\mathrm{i}\hbar\frac{\partial}{\partial t}$ 和 $-\frac{\hbar^2}{2m}\nabla^2+V(\boldsymbol{r})$ 是完全相当的, 这可以由它们分别作用在定态波函数 (2.4.8) 上看出. 而且从薛定谔方程还可以看出, 它们作用在体系的任意一个波函数上都是相当的. 这两个算符都被称为能量算符. 此外, 算符 $-\frac{\hbar^2}{2m}\nabla^2+V(\boldsymbol{r})$ 和经典力学中的哈密顿 (Hamilton) 函数对应, 所以此算符又被称为**哈密顿算符**, 通常以 $\hat{H}$ 表示. 于是方程 (2.4.7) 可写为

$$\hat{H}\psi=E\psi, \tag{2.4.9}$$

$$\hat{H}=-\frac{\hbar^2}{2m}\nabla^2+V(\boldsymbol{r}). \tag{2.4.10}$$

我们把这种类型的方程 (见方程 (2.4.9)) 称为**本征方程**, 其中, E 称为算符 $\hat{H}$ 的本征值, ψ 称为算符 $\hat{H}$ 的对应于本征值 E 的本征函数. 也就是说, 如果将 $\hat{H}$ 作用于"本征函数" $\psi(\boldsymbol{r})$ 上, 则仍然得到这个函数, 不过要乘以对应的"本征值" E. 由上面的讨论可知, 当体系处于能量的本征态时, 粒子的能量有确定的数值, 这个数值就是与这个本征函数相对应的能量算符的本征值.

一般而言, 本征方程 (2.4.9) 有一系列本征值. 以 E_n 表示体系的哈密顿算符的第 n 个本征值, ψ_n 是与 E_n 相对应的本征函数, 则体系的第 n 个定态波函数是

$$\psi_n(\boldsymbol{r},t)=\psi_n(\boldsymbol{r})\mathrm{e}^{-\frac{\mathrm{i}E_n}{\hbar}t}.$$

含时薛定谔方程的一般解可以写为这些定态波函数的线性叠加:

$$\psi(\boldsymbol{r},t)=\sum_n c_n\psi_n(\boldsymbol{r})\mathrm{e}^{-\frac{\mathrm{i}E_n}{\hbar}t},$$

其中, 复数 c_n 是常系数. 根据前面的基本假设, 我们可以知道体系处于第 n 个本征态的概率是 $|c_n|^2$.

2.4.3 波动力学的建立

我们现在来介绍薛定谔建立波动力学的主要思想和基本工作. 薛定谔的波动力学是他在 1926 年陆续发表的四篇题为 "**量子化是本征值问题**" 的相关论文中建立起来的. 第一篇相关论文讨论氢原子的波动力学方程. 如果我们完全站在经典力学的立场上, 不引入任何新的假设, 那么氢原子问题就是我们已经多次讨论过的开普勒 (Kepler) 问题, 它的结论与氢原子的实际情况不符, 薛定谔为氢原子引入了德布罗意于 1924 年提出来的假设: 电子像光一样具有波粒二象性. 下面我们就来介绍薛定谔建立波动力学的第一篇相关论文的基本内容: 用经典力学的哈密顿理论, 加上电子具有波粒二象性的假设, 以氢原子为实例, 建立普适的定态波动力学方程.

我们以不含时的单粒子力学体系为例, 其哈密顿量为

$$H=\frac{1}{2m}p^2+V(\boldsymbol{r})=\frac{1}{2m}(p_x^2+p_y^2+p_z^2)+V(\boldsymbol{r}), \tag{2.4.11}$$

其中, m 为粒子的质量, $\boldsymbol{p}$ 为粒子的动量, $p_i\ (i=x,y,z)$ 为粒子在相应方向的动量分量, $\boldsymbol{r}$ 为粒子的位置矢量, $V(\boldsymbol{r})$ 为粒子的势函数, 相应的哈密顿 – 雅可比 (Jacobi) 方程为

$$\frac{1}{2m}\left[\left(\frac{\partial W}{\partial x}\right)^2+\left(\frac{\partial W}{\partial y}\right)^2+\left(\frac{\partial W}{\partial z}\right)^2\right]+V(\boldsymbol{r})=E, \tag{2.4.12}$$

其中, W 为作用量.

薛定谔的第一个关键假设是: 令

$$W=\hbar\ln\psi, \tag{2.4.13}$$

其中, ψ 无量纲, $\hbar$ 是与哈密顿特性函数同量纲的一个比例函数. 将 (2.4.13) 式代入 (2.4.12) 式并整理得

$$\frac{\hbar^2}{2m}\left[\left(\frac{\partial \psi}{\partial x}\right)^2+\left(\frac{\partial \psi}{\partial y}\right)^2+\left(\frac{\partial \psi}{\partial z}\right)^2\right]+[V(\boldsymbol{r})-E]\psi^2=0.$$

薛定谔的第二个关键假设是: 认为微观粒子并不直接满足上述方程. 上述方程左边部分对起点和终点的空间积分后的变分为零, 即

$$\delta\int_1^2\left\{\frac{\hbar^2}{2m}\left[\left(\frac{\partial \psi}{\partial x}\right)^2+\left(\frac{\partial \psi}{\partial y}\right)^2+\left(\frac{\partial \psi}{\partial z}\right)^2\right]+[V(\boldsymbol{r})-E]\psi^2\right\}\mathrm{d}\boldsymbol{r}=0.$$

上式可简写为

$$\delta\int_1^2\left\{\frac{\hbar^2}{2m}(\nabla\psi)^2+[V(\boldsymbol{r})-E]\psi^2\right\}\mathrm{d}\boldsymbol{r}=0.$$

将变分算符作用到被积函数上, 且把变分与梯度算符交换顺序, 然后将整个式子除以 2, 可得

$$\int_1^2 \left\{\frac{\hbar^2}{2m}\nabla\psi\cdot\nabla\delta\psi + [V(\boldsymbol{r})-E]\psi\delta\psi\right\}\mathrm{d}\boldsymbol{r} = 0.$$

对上式左边第一项的核心部分进行分部积分, 可得

$$\begin{aligned}\int_1^2 \nabla\psi\cdot\nabla\delta\psi\mathrm{d}\boldsymbol{r} &= \int_1^2 [\nabla\cdot(\nabla\psi\delta\psi) - \nabla^2\psi\delta\psi]\mathrm{d}\boldsymbol{r}\\ &= \oint_S (\nabla\psi\delta\psi)\cdot\mathrm{d}S - \int_1^2 \nabla^2\psi\delta\psi\mathrm{d}\boldsymbol{r}.\end{aligned}$$

一个有物理意义的 ψ 必须使得上式中的表面积分为零, 于是将仅剩的第二项代回原式, 可得

$$\int_1^2 \left\{-\frac{\hbar^2}{2m}\nabla^2\psi + [V(\boldsymbol{r})-E]\psi\right\}\delta\psi\mathrm{d}\boldsymbol{r} = 0.$$

由于 $\delta\psi$ 的任意性, 因此上式中的被积函数为零, 即

$$-\frac{\hbar^2}{2m}\nabla^2\psi + V(\boldsymbol{r})\psi = E\psi, \tag{2.4.14}$$

写成分量形式为

$$-\frac{\hbar^2}{2m}\left(\frac{\partial^2\psi}{\partial x^2} + \frac{\partial^2\psi}{\partial y^2} + \frac{\partial^2\psi}{\partial z^2}\right) + V(\boldsymbol{r})\psi = E\psi. \tag{2.4.15}$$

这正是微观粒子的定态薛定谔方程. 薛定谔推导定态薛定谔方程的过程生动体现了他本人的天才思想和物理直觉, 是人类科学史上光彩夺目的一页. 薛定谔利用其得到的定态薛定谔方程去求解氢原子的能量本征值问题, 所得结果可以完美解释氢原子的光谱结构, 从而间接证明了此方程的正确性. 但正如我们前面所说的, 无法从更基本的原理来推导出薛定谔方程, 因此我们把薛定谔方程作为量子力学的一个基本原理或假设.

2.4.4 归一化与概率守恒

我们在讨论了体系波函数怎样随时间演化后, 接下来讨论粒子在一定空间区域内出现的概率随时间的变化规律.

设描述粒子状态的波函数是 $\psi(\boldsymbol{r},t)$, 则 t 时刻在 $\boldsymbol{r}$ 点周围单位体积内出现粒子的概率 (即概率密度) 是

$$w(\boldsymbol{r},t) = \psi^*(\boldsymbol{r},t)\psi(\boldsymbol{r},t) = |\psi(\boldsymbol{r},t)|^2. \tag{2.4.16}$$

概率密度随时间的变化率是

$$\frac{\partial w}{\partial t}=\psi^{*}\frac{\partial \psi}{\partial t}+\frac{\partial \psi^{*}}{\partial t}\psi. \tag{2.4.17}$$

由薛定谔方程 (2.4.6) 和它的共轭复数方程 (注意: $V(\boldsymbol{r})$ 是实量) 可得

$$\begin{aligned}\frac{\partial \psi}{\partial t}&=\frac{\mathrm{i}\hbar}{2m}\nabla^{2}\psi+\frac{1}{\mathrm{i}\hbar}V(\boldsymbol{r})\psi,\\ \frac{\partial \psi^{*}}{\partial t}&=-\frac{\mathrm{i}\hbar}{2m}\nabla^{2}\psi^{*}-\frac{1}{\mathrm{i}\hbar}V(\boldsymbol{r})\psi^{*}.\end{aligned}$$

将上两式代入 (2.4.17) 式, 可以得到

$$\frac{\partial w}{\partial t}=\frac{\mathrm{i}\hbar}{2m}\left(\psi^{*}\nabla^{2}\psi-\psi\nabla^{2}\psi^{*}\right)=\frac{\mathrm{i}\hbar}{2m}\nabla\cdot\left(\psi^{*}\nabla\psi-\psi\nabla\psi^{*}\right). \tag{2.4.18}$$

令

$$\boldsymbol{J}\equiv\frac{\mathrm{i}\hbar}{2m}\left(\psi\nabla\psi^{*}-\psi^{*}\nabla\psi\right),$$

则 (2.4.18) 式可写为

$$\frac{\partial w}{\partial t}+\nabla\cdot\boldsymbol{J}=0. \tag{2.4.19}$$

该方程是概率或粒子数守恒定律的微分形式, 它具有连续性方程的形式, 可以类比丁电荷守恒定律的微分形式. 为了说明方程 (2.4.19) 和矢量 $\boldsymbol{J}$ 的物理意义, 将方程 (2.4.19) 对空间中的任意一个体积 Ω 求积分, 即

$$\int_{\Omega}\frac{\partial w}{\partial t}\,\mathrm{d}\tau=\frac{\mathrm{d}}{\mathrm{d}t}\int_{\Omega}w\mathrm{d}\tau=-\int_{\Omega}\nabla\cdot\boldsymbol{J}\,\mathrm{d}\tau.$$

应用高斯定理, 把上式右边的体积分变为面积分, 可以得到

$$\int_{\Omega}\frac{\partial w}{\partial t}\,\mathrm{d}\tau=-\oint_{S}\boldsymbol{J}\cdot\mathrm{d}\boldsymbol{S}=-\oint_{S}J_{\mathrm{n}}\mathrm{d}S, \tag{2.4.20}$$

面积分是对包围体积 Ω 的封闭面 S 进行的. (2.4.20) 式左边表示单位时间内体积 Ω 中概率的增加, 右边是对矢量 $\boldsymbol{J}$ 在体积 Ω 的边界面 S 上的法向分量 J_{n} 的面积分. 因而可以把 $\boldsymbol{J}$ 解释为概率流密度矢量, 它在 S 面上的法向分量 J_{n} 表示单位时间内流过 S 面上单位面积的概率. (2.4.20) 式说明单位时间内体积 Ω 中增加的概率等于从体积 Ω 外部穿过 Ω 的边界面 S 而流进 Ω 内部的概率. 我们假定波函数

在无限远处为零, 于是可以把积分区域 Ω 扩展到整个空间, 这时 (2.4.20) 式右边的面积分显然为零, 所以有

$$\frac{\mathrm{d}}{\mathrm{d}t}\int_{\infty} w\mathrm{d}\tau = \frac{\mathrm{d}}{\mathrm{d}t}\int_{\infty} \psi^*\psi\mathrm{d}\tau = 0,$$

即在整个空间内找到粒子的概率与时间无关. 如果波函数 ψ 是归一化的, 即 $\int_{\infty} \psi^*\psi\mathrm{d}\tau = 1$, 那么可知, ψ 将保持归一化的性质, 而不随时间改变. 也即, 如果粒子在初始时刻的波函数是归一化的, 则其波函数在以后任意时刻都保持归一化.

例 假设一个粒子的初态是两个定态的线性叠加:

$$\psi(x,0) = c_1\psi_1(x) + c_2\psi_2(x).$$

假设常量 c_n 和 $\psi_n(x)$ 是实量, 其中, $n = 1, 2$. 求任意时刻的波函数 $\psi(x,t)$ 和概率密度.

解答 任意时刻的波函数为

$$\psi(x,t) = c_1\psi_1(x)\mathrm{e}^{-\mathrm{i}E_1t/\hbar} + c_2\psi_2(x)\mathrm{e}^{-\mathrm{i}E_2t/\hbar},$$

其中, E_1, E_2 是 ψ_1, ψ_2 相对应的能量, 由此可知

$$\begin{aligned} w = |\psi(x,t)|^2 &= \left[c_1\psi_1(x)\mathrm{e}^{\mathrm{i}E_1t/\hbar} + c_2\psi_2(x)\mathrm{e}^{\mathrm{i}E_2t/\hbar}\right] \\ &\quad \times \left[c_1\psi_1(x)\mathrm{e}^{-\mathrm{i}E_1t/\hbar} + c_2\psi_2(x)\mathrm{e}^{-\mathrm{i}E_2t/\hbar}\right] \\ &= c_1^2\psi_1^2 + c_2^2\psi_2^2 + 2c_1c_2\psi_1\psi_2\cos\left[(E_2 - E_1)\,t/\hbar\right]. \end{aligned}$$

习 题

1. 设 $\psi(\boldsymbol{r},0) = c_1\psi_{E_1}(\boldsymbol{r}) + c_2\psi_{E_2}(\boldsymbol{r})$, 求 $\psi(\boldsymbol{r},t)$. 讨论 $\rho(\boldsymbol{r},t), \boldsymbol{j}(\boldsymbol{r},t)$.

2. 对于一维自由粒子, 设 $\psi(x,0) = \exp(\mathrm{i}p_0x/\hbar)/\sqrt{2\pi\hbar}$, 求 $\psi(x,t)$.

3. 对于 MZ 干涉仪, 证明单光子被探测器 D1 或 D2 探测到的概率分别为 $P_1 = (1-\cos\phi)/2, P_2 = (1+\cos\phi)/2$.

4. 考虑沿 z 轴传播的偏振光, 光子的偏振态由下列单位矢量表示:

$$\boldsymbol{e} = \frac{1}{\sqrt{2}}(\boldsymbol{e}_x + \boldsymbol{e}_y).$$

若在光传播的路径上插入一个偏振方向 $\boldsymbol{e}_x'$ 平行于 $\boldsymbol{e}_x$ 的检偏器, 则处于态 $\boldsymbol{e}$ 的 N $(N \gg 1)$ 个光子中有多少个能通过这个检偏器? 对于通过第一个检偏器的光子, 在光传播的路径上再插入一个偏振方向为 $\boldsymbol{e}' = (\boldsymbol{e}_x - \boldsymbol{e}_y)/\sqrt{2}$ 的检偏器, 试问有多少个光子能通过此检偏器? 若去掉第一个检偏器而直接插入第二个检偏器, 试问处于态 $\boldsymbol{e}$ 的 N 个光子中有多少个能通过这个检偏器?

5. 讨论以下波函数的归一化问题:

(1) 设 $\psi(x) = A\sin(2\pi x/a)(0 \leqslant x \leqslant a)$, 求归一化常量 A.

(2) 设 $\psi(x) = A\exp\left(-\alpha^2 x^2/2\right)$, 其中, α 为已知实常量, 求归一化常量 A.

6. 设 ψ_1 和 ψ_2 是薛定谔方程的两个解, 证明

$$\frac{\mathrm{d}}{\mathrm{d}t}\int \mathrm{d}\boldsymbol{r}\psi_1^*(\boldsymbol{r},t)\psi_2(\boldsymbol{r},t) = 0.$$

7. 证明: 若某一维束缚的粒子在一给定的时刻是定态, 则它将永远保持定态.

8. 考虑一个一维束缚的粒子, 若在 $t=0$ 时刻, 波函数在 $-a < x < a$ 范围内是常量, 而在其他处为零, 利用体系的本征态描述以后任意时刻的完整波函数.

第三章　一维定态问题

在阐述了量子力学的基本方程 —— 薛定谔方程以后, 本章我们利用薛定谔方程来处理一类简单的问题 —— 一维定态问题. 这有助于更具体地理解已学过的基本原理和概念, 也有助于进一步阐明其他基本原理. 一维定态问题在数学上处理起来比较简单, 而且容易得出严格的结果, 从而能够进行详细讨论. 量子力学体系的许多特性, 都可以在这些一维定态问题中体现出来. 另外, 一维定态问题还是处理各种复杂问题的基础. 例如, 一维线性谐振子问题, 对于解决分子的振动、晶格的振动, 以及辐射场的量子化等问题, 都具有重要的作用. 事实上, 线性谐振子的量子力学处理方法, 是**正则量子化方案**的基础.

3.1　一维定态问题的表述

3.1.1　一维定态薛定谔方程

设粒子的质量为 m, 沿 x 方向运动, 势能为 $V(x)$, 则其薛定谔方程为

$$\mathrm{i}\hbar\frac{\partial}{\partial t}\psi(x,t)=\left[-\frac{\hbar^2}{2m}\frac{\partial^2}{\partial x^2}+V(x)\right]\psi(x,t).$$

以下讨论定态, 即具有一定能量 E 的状态. 根据分离变量法, 波函数可改写为

$$\psi(x,t)=\psi(x)\mathrm{e}^{-\mathrm{i}Et/\hbar}.$$

$\psi(x)$ 满足下列定态薛定谔方程:

$$\left[-\frac{\hbar^2}{2m}\frac{\mathrm{d}^2}{\mathrm{d}x^2}+V(x)\right]\psi(x)=E\psi(x), \tag{3.1.1}$$

即

$$\frac{\mathrm{d}^2}{\mathrm{d}x^2}\psi+\frac{2m}{\hbar^2}[E-V(x)]\psi=0.$$

在求解上述微分方程时, 要根据具体问题中的边界条件来定解. 在量子力学中, 如不做特别声明, 都假定势能 V 取实量, 即

$$V^*(x)=V(x).$$

3.1.2 一维定态的性质

接下来几节主要是解两个具有简单势能的定态薛定谔方程. 下面讨论定态波函数的一些基本性质.

(1) **它们是定态**. 尽管波函数本身

$$\psi(x,t)=\psi(x)\mathrm{e}^{-\mathrm{i}Et/\hbar}$$

明显和时间有关, 但其概率密度

$$|\psi(x,t)|^2=\psi^*\psi=\psi^*\mathrm{e}^{\mathrm{i}Et/\hbar}\psi\mathrm{e}^{-\mathrm{i}Et/\hbar}=|\psi(x)|^2$$

却不依赖时间, 因为时间指数因子相互抵消了.

(2) **一般解是分离变量解的线性叠加**. 我们将会看到, 定态薛定谔方程给出一个无限解集 $(\psi_1(x),\psi_2(x),\psi_3(x),\cdots)$, 每一个解都有相对应的能量本征值 $(E_1,E_2,E_3,\cdots)$. 这样, 对应于每一个允许的能量, 都有不同的波函数:

$$\psi_1(x,t)=\psi_1(x)\mathrm{e}^{-\mathrm{i}E_1t/\hbar},\quad \psi_2(x,t)=\psi_2(x)\mathrm{e}^{-\mathrm{i}E_2t/\hbar},\quad \cdots,$$

一旦得到分离变量解, 便可以构造一般解, 其形式为

$$\psi(x,t)=\sum_n c_n\psi_n(x)\mathrm{e}^{-\mathrm{i}E_nt/\hbar}.$$

这样, 每一个薛定谔方程 (含时) 的解都能写成这样的形式, 余下的事情就是简单地找出满足具体问题的初始条件的适当常量 $(c_1,c_2,c_3,\cdots)$. 这里的要点是: 一旦解出了定态薛定谔方程, 就可以根据它们得到含时薛定谔方程的一般解.

我们可以把问题表述为: 给定一个势能 (不含时) $V(x)$ 和一个初始波函数 $\psi(x,0)$, 求出任意时刻的波函数 $\psi(x,t)$. 首先求解定态薛定谔方程 (3.1.1). 一般来说, 我们会得到一个无限解集 $(\psi_1(x),\psi_2(x),\psi_3(x),\cdots)$, 每一个解都有相对应的能量本征值 $(E_1,E_2,E_3,\cdots)$. 为了满足 $\psi(x,0)$, 我们把这些解做线性组合:

$$\psi(x,0)=\sum_n c_n\psi_n(x),$$

总能找出合适的常量 $c_1,c_2,c_3,\cdots$, 使之与初态相匹配. 要得到 $\psi(x,t)$, 只需再对每一项加上与其对应的时间指数因子 $\exp(-\mathrm{i}E_nt/\hbar)$ 即可, 因此有

$$\psi(x,t)=\sum_n c_n\psi_n(x)\mathrm{e}^{-\mathrm{i}E_nt/\hbar}=\sum_n c_n\psi_n(x,t). \tag{3.1.2}$$

每一个分离变量解都是定态解, 即

$$\psi_n(x,t)=\psi_n(x)\mathrm{e}^{-\mathrm{i}E_n t/\hbar}.$$

需要强调的是, 尽管定态解的概率和期望值都不依赖时间, 但是一般解 (见 (3.1.2) 式) 并不具备这个性质. 因为不同的定态对应于不同的能量, 所以在计算 $|\psi|^2$ 的时候, 时间指数因子不能相互抵消.

(3) 对于任意波函数 $\psi(x,t)$, 由波函数的统计诠释, 可得坐标 x 的期望值为

$$\langle x\rangle=\int x|\psi(x,t)|^2\mathrm{d}x=\int\psi^*(x,t)x\psi(x,t)\mathrm{d}x,$$

而**能量的期望值**为

$$\langle H\rangle=\int\psi^*(x,t)\hat{H}\psi(x,t)\mathrm{d}x=\int\psi^*(x,0)\hat{H}\psi(x,0)\mathrm{d}x.$$

这是因为体系处于第 n 个能量本征态的概率是 $|c_n|^2$, 对应的能量本征值是 E_n, 于是平均能量为 $\sum\limits_n|c_n|^2E_n$. 计算过程如下:

$$\begin{aligned}\langle H\rangle&=\int\psi^*(x,t)\hat{H}\psi(x,t)\mathrm{d}x\\&=\sum_{n,m}c_nc_mE_m\mathrm{e}^{\mathrm{i}E_nt/\hbar}\mathrm{e}^{-\mathrm{i}E_mt/\hbar}\int\psi_n^*(x)\psi_m(x)\mathrm{d}x\\&=\sum_{n,m}c_nc_mE_m\mathrm{e}^{\mathrm{i}E_nt/\hbar}\mathrm{e}^{-\mathrm{i}E_mt/\hbar}\delta_{nm}=\sum_n|c_n|^2E_n.\end{aligned}$$

(4) **对于定态波函数, 它们是具有确定总能量的态**. 在经典力学中, 总能量 (动能加势能) 被称为哈密顿函数, 即

$$H(x,p)=\frac{p^2}{2m}+V(x).$$

在量子力学中, 对应的哈密顿算符可以通过标准的替换规则 $p\to-\mathrm{i}\hbar\dfrac{\partial}{\partial x}$ 得到, 因此

$$\hat{H}=-\frac{\hbar^2}{2m}\frac{\partial^2}{\partial x^2}+V(x).$$

这样, 定态薛定谔方程可以写为

$$\hat{H}\psi=E\psi.$$

总能量的期望值是

$$\langle H\rangle=E.$$

另外,

$$\hat{H}^2\psi = \hat{H}(\hat{H}\psi) = \hat{H}(E\psi) = E(\hat{H}\psi) = E^2\psi,$$

于是

$$\langle \hat{H}^2 \rangle = E^2.$$

所以 $\hat{H}$ 的标准差 $\langle(\Delta\hat{H})^2\rangle = \langle\hat{H}^2\rangle - \langle H\rangle^2 = 0$. 因此定态解有这样一种性质: 总能量的每次测量结果都是确定的值 E (这也是把分离常量用 E 标记的原因).

3.2 一维无限深方势阱

3.2.1 问题的提出

如图 3.2.1 所示, 考虑在一维空间中运动的粒子, 它的势能在一定区域内为零, 而在此区域以外为无穷大, 即

$$V(x) = \begin{cases} 0, & 0 \leqslant x \leqslant a, \\ \infty, & \text{其他地方}. \end{cases}$$

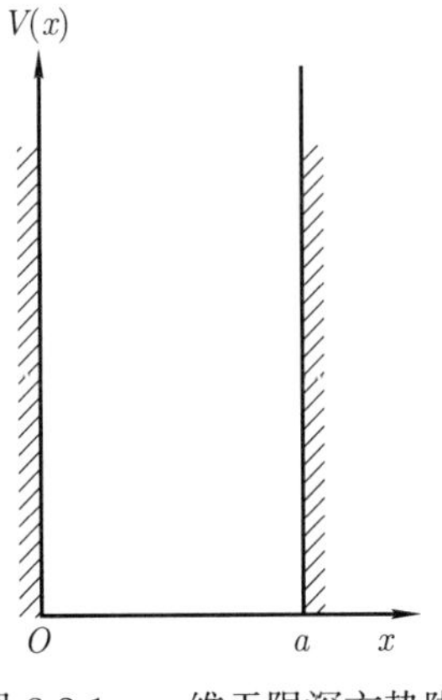

图 3.2.1 一维无限深方势阱

这种类型的势称为**一维无限深方势阱**. 一个粒子在这样的势阱中除了在两个端点 ($x = 0,\ x = a$) 外都是自由的, 而在两个端点处有无穷大的力限制它逃逸. 一个经典的例子就是一个小球在水平光滑的轨道上运动, 然后在轨道两端发生完全弹性碰撞, 使得它在轨道上永远不停地来回运动.

在势阱内, $V = 0$, 质量为 m 的粒子的定态薛定谔方程为

$$-\frac{\hbar^2}{2m}\frac{\mathrm{d}^2\psi}{\mathrm{d}x^2} = E\psi. \tag{3.2.1}$$

在势阱外, 定态薛定谔方程为

$$-\frac{\hbar^2}{2m}\frac{\mathrm{d}^2\psi}{\mathrm{d}x^2}+V_0\psi=E\psi,$$

其中, $V_0\to\infty$. 根据波函数应满足的连续性和有限性条件, 只有当 $\psi=0$ 时, 上式才能成立, 所以有

$$\psi=0,\quad x>a \text{ 或 } x<0.$$

这是解方程 (3.2.1) 时需要用到的边界条件. 在势阱外, $\psi(x)=0$, 在这里找到粒子的概率为零.

3.2.2 本征值与本征态

方程 (3.2.1) 是经典谐振子的运动方程, 其一般解是

$$\psi(x)=A\sin kx+B\cos kx,$$

其中, A 和 B 是任意常量. 这些常量一般是由问题的边界条件决定的. $\psi(x)$ 的连续性要求

$$\psi(0)=\psi(a)=0,$$

以使势阱内外的解连续. 由于

$$\psi(0)=A\sin 0+B\cos 0=B,$$

因此 $B=0$, 所以

$$\psi(x)=A\sin kx.$$

这样, $\psi(a)=A\sin ka=0$, 要么 $A=0$ (这样, 会得到平庸的不可归一化的解 $\psi(x)=0$), 要么 $\sin ka=0$, 这就意味着

$$ka=0,\pm\pi,\pm2\pi,\pm3\pi,\cdots.$$

但是 $k=0$ 没有意义 (它同样意味着 $\psi(x)=0$), 而且负解并不能给出新解, 因为我们可以把负号合并到 A 中, 所以可区分的解满足

$$k_n=\frac{n\pi}{a},\quad n=1,2,3,\cdots,$$

也就是说, 在 $x=a$ 处的边界条件确定了常量 k_n, 因此 E 的可能值是

$$E_n=\frac{\hbar^2k_n^2}{2m}=\frac{n^2\pi^2\hbar^2}{2ma^2}.\tag{3.2.2}$$

与经典情况相比, 一个量子化的粒子在一维无限深方势阱中的能量只能取特殊的许可值. 为了求出 A, 我们归一化 ψ:

$$\int_0^a |A|^2 \sin^2 k_n x \cdot \mathrm{d}x = |A|^2 \frac{a}{2} = 1,$$

所以 $|A|^2 = \frac{2}{a}$. 这仅决定了 A 的模, 我们可以简单地取其正实根: $A = \sqrt{\frac{2}{a}}$ (A 的相位没有物理意义). 这样, 势阱内的解是

$$\psi_n(x) = \sqrt{\frac{2}{a}} \sin \frac{n\pi}{a} x. \tag{3.2.3}$$

如前所述, 解定态薛定谔方程会得到一个无限解集 (每一个正整数 n 对应一个解). 前几个正整数 n 对应的能量本征函数画在图 3.2.2 中. 这些图看起来像是在一个长度为 a 的弦上的驻波, ψ_1 具有最低的能量, 称为基态, 其他态的能量正比于 n^2, 称为激发态.

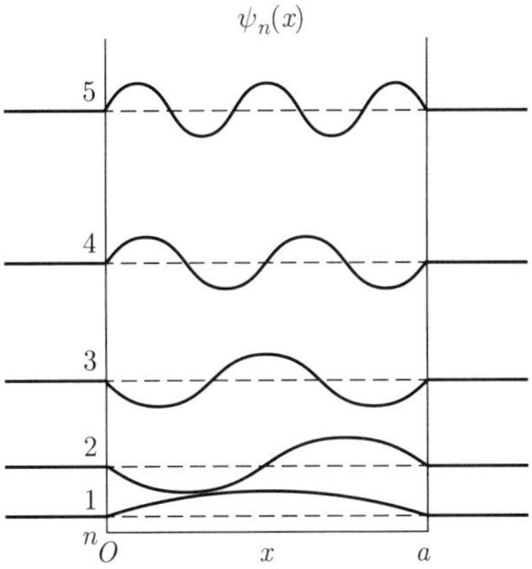

图 3.2.2　一维无限深方势阱的能量本征函数

下面总结一下函数 $\psi_n(x)$ 的重要性质:

(1) 它们相对于势阱的中心是奇偶交替的: ψ_1 是偶函数, ψ_2 是奇函数, ψ_3 是偶函数, 以此类推.

(2) 随着能量的增加, 态的节点 (与 x 轴的交点, 端点不计) 数逐次增加 1 : ψ_1 没有节点, ψ_2 有一个节点, ψ_3 有两个节点, 以此类推.

(3) **它们是彼此正交的**, 也就是说, 当 $m \neq n$ 时, 有

$$\int \psi_m^*(x)\psi_n(x)\mathrm{d}x = 0.$$

事实上, 我们可以把正交性和归一性写在一起:

$$\int \psi_m^*(x)\psi_n(x)\mathrm{d}x = \delta_{mn}.$$

所以我们说诸 ψ 是正交归一化的.

(4) **它们是完备的, 对于任意一个函数 $f(x)$, 我们都可以用它们的线性叠加来表示**:

$$f(x) = \sum_n c_n\psi_n(x) = \sqrt{\frac{2}{a}}\sum_n c_n \sin\frac{n\pi}{a}x. \tag{3.2.4}$$

不难看出, (3.2.4) 式其实就是 $f(x)$ 的傅里叶 (Fourier) 展开式. 对于给定的 $f(x)$, 其展开系数 c_n 可以用下述方法得到: 在 (3.2.4) 式两边同时乘以 ψ_m^*, 然后积分, 可得

$$\int \psi_m^*(x)f(x)\mathrm{d}x = \sum_n c_n \int \psi_m^*(x)\psi_n(x)\mathrm{d}x = \sum_n c_n\delta_{mn} = c_m,$$

这样, $f(x)$ 的展开系数就是

$$c_n = \int \psi_n^*(x)f(x)\mathrm{d}x.$$

一维无限深方势阱的定态是

$$\psi_n(x,t) = \sqrt{\frac{2}{a}}\sin\frac{n\pi}{a}x\cdot \mathrm{e}^{-\mathrm{i}[n^2\pi^2\hbar/(2ma^2)]t}.$$

含时薛定谔方程的一般解是定态解的线性叠加:

$$\psi(x,t) = \sum_n c_n\sqrt{\frac{2}{a}}\sin\frac{n\pi}{a}x\cdot \mathrm{e}^{-\mathrm{i}[n^2\pi^2\hbar/(2ma^2)]t}. \tag{3.2.5}$$

可以选择适当的 c_n 使之能拟合任意指定的初始波函数 $\psi(x,0)$:

$$\psi(x,0) = \sum_n c_n\psi_n(x),$$

$\{\psi_n(x)\}$ 的完备性保证了总能用这种形式表示 $\psi(x,0)$, 它们的正交归一性允许我们得到需要的待定系数:

$$c_n = \sqrt{\frac{2}{a}}\int_0^a \sin\frac{n\pi}{a}x\cdot\psi(x,0)\mathrm{d}x, \tag{3.2.6}$$

即对于给定的一个初始波函数 $\psi(x,0)$, 我们首先用 (3.2.6) 式求出待定系数 c_n, 然后将之代入 (3.2.5) 式得到 $\psi(x,t)$. 下面我们通过几个实例来说明上面的方法.

例 1 对于在一维无限深方势阱中运动的粒子, 其初始波函数是

$$\psi(x,0)=Ax(a-x),\quad 0\leqslant x\leqslant a,$$

其中, A 是常量, 在势阱外, $\psi=0$. 求 $\psi(x,t)$.

解答 首先需要归一化 $\psi(x,0)$, 求出 A:

$$1=\int_0^a|\psi(x,0)|^2\mathrm{d}x=|A|^2\int_0^a x^2(a-x)^2\mathrm{d}x=|A|^2\frac{a^5}{30},$$

所以

$$A=\sqrt{\frac{30}{a^5}}.$$

待定系数是

$$\begin{aligned}
c_n&=\sqrt{\frac{2}{a}}\int_0^a\sin\frac{n\pi}{a}x\cdot\sqrt{\frac{30}{a^5}}x(a-x)\mathrm{d}x\\
&=\frac{2\sqrt{15}}{a^3}\left(a\int_0^a x\sin\frac{n\pi}{a}x\cdot\mathrm{d}x-\int_0^a x^2\sin\frac{n\pi}{a}x\cdot\mathrm{d}x\right)\\
&=\frac{2\sqrt{15}}{a^3}\left\{a\left[\left(\frac{a}{n\pi}\right)^2\sin\frac{n\pi}{a}x-\frac{ax}{n\pi}\cos\frac{n\pi}{a}x\right]_0^a\right.\\
&\quad\left.-\left[2\left(\frac{a}{n\pi}\right)^2x\sin\frac{n\pi}{a}x-\frac{(n\pi x/a)^2-2}{(n\pi/a)^3}\cos\frac{n\pi}{a}x\right]_0^a\right\}\\
&=\frac{2\sqrt{15}}{a^3}\left[-\frac{a^3}{n\pi}\cos n\pi+a^3\frac{(n\pi)^2-2}{(n\pi)^3}\cos n\pi+a^3\frac{2}{(n\pi)^3}\cos 0\right]\\
&=\frac{4\sqrt{15}}{(n\pi)^3}(\cos 0-\cos n\pi)\\
&=\begin{cases}0, & n\text{ 为偶数},\\ 8\sqrt{15}/(n\pi)^3, & n\text{ 为奇数}.\end{cases}
\end{aligned}$$

因此

$$\psi(x,t)=\sqrt{\frac{30}{a}}\left(\frac{2}{\pi}\right)^3\sum_{n=1,3,5,\cdots}\frac{1}{n^3}\sin\frac{n\pi}{a}x\cdot\mathrm{e}^{-\mathrm{i}n^2\pi^2\hbar t/(2ma^2)}.$$

例 2 一个电子处于阱宽为 a 的一维无限深方势阱的基态上, 势阱的两壁突然反向运动, 使得阱宽变为 $2a$, 试求电子留在基态的概率.

解答 势阱两壁突然反向运动, 使得阱宽 $a \to 2a$, 电子波函数来不及改变. 电子在阱宽为 $2a$ 的势阱中的波函数并不是其本征态, 但是可以由其本征态展开. 对于阱宽为 a 的势阱, x 轴的坐标原点取在势阱中心, x' 轴的坐标原点取在势阱左壁, 本征函数可写为

$$\psi_n(x') = \sqrt{\frac{2}{a}}\sin\frac{n\pi}{a}x' = \sqrt{\frac{2}{a}}\sin\frac{n\pi}{a}\left(x+\frac{a}{2}\right)$$
$$= \sqrt{\frac{2}{a}}\sin\left(\frac{n\pi x}{a}+\frac{n\pi}{2}\right).$$

同理可得, 阱宽为 $2a$ 的势阱的本征函数为

$$\psi_n'(x) = \sqrt{\frac{1}{a}}\sin\frac{n\pi}{2a}(x+a) = \sqrt{\frac{1}{a}}\sin\left(\frac{n\pi x}{2a}+\frac{n\pi}{2}\right).$$

前者的基态波函数可以由后者的本征函数展开, 即

$$\psi_1(x) = \sum_n C_n\psi_n'(x),$$

其中,

$$C_1 = \int_{-a/2}^{a/2}\psi_1'(x)\psi_1(x)\mathrm{d}x = \frac{\sqrt{2}}{a}\int_{-a/2}^{a/2}\sin\left(\frac{\pi x}{2a}+\frac{\pi}{2}\right)\sin\left(\frac{\pi x}{a}+\frac{\pi}{2}\right)\mathrm{d}x$$
$$= \frac{\sqrt{2}}{a}\int_{-a/2}^{a/2}\cos\frac{\pi x}{2a}\cdot\cos\frac{\pi x}{a}\cdot\mathrm{d}x = \frac{8}{3\pi}.$$

因此电子留在基态的概率为

$$|C_1|^2 = \frac{64}{9\pi^2}.$$

例 3 一个质量为 m 的粒子在一维无限深方势阱 $(0 \leqslant x \leqslant a)$ 中运动, 初态波函数为

$$\psi(x,0) = \sqrt{\frac{8}{5a}}\left(1+\cos\frac{\pi x}{a}\right)\sin\frac{\pi x}{a}.$$

(1) 在后来的某一时刻 t_0, 粒子的波函数是什么? (2) 体系在 $t=0$ 和 $t=t_0$ 时刻的平均能量是多少? (3) 在 $t=t_0$ 时刻, 在势阱左半部 $(0 \leqslant x \leqslant a/2)$ 找到粒子的概率是多少?

解答 (1) 一维无限深方势阱中粒子的定态波函数为 $\psi_n = \sqrt{\dfrac{2}{a}}\sin\dfrac{n\pi x}{a}$, 相应的能量为 $E_n = \dfrac{n^2\pi^2\hbar^2}{2ma^2}$. 将粒子的初态波函数用这组定态波函数展开, 即

$$\psi(x,0)=\sum_n A_n\psi_n,$$

也可写为

$$\psi(x,0)=A_1\psi_1+A_2\psi_2,$$

其中, $A_1=\sqrt{4/5}, A_2=\sqrt{1/5}$, 所以

$$\psi(x,0)=\sqrt{\frac{4}{5}}\left(\sqrt{\frac{2}{a}}\sin\frac{\pi x}{a}\right)+\sqrt{\frac{1}{5}}\left(\sqrt{\frac{2}{a}}\sin\frac{2\pi x}{a}\right).$$

$t=t_0$ 时刻粒子的波函数为

$$\begin{aligned}\psi\left(x,t_0\right)&=\mathrm{e}^{-\mathrm{i}\hat{H}t_0/\hbar}\psi(x,0)=\mathrm{e}^{-\mathrm{i}E_1t_0/\hbar}A_1\psi_1+\mathrm{e}^{-\mathrm{i}E_2t_0/\hbar}A_2\psi_2\\&=\mathrm{e}^{-\mathrm{i}E_1t_0/\hbar}\sqrt{\frac{4}{5}}\left(\sqrt{\frac{2}{a}}\sin\frac{\pi x}{a}\right)+\mathrm{e}^{-\mathrm{i}E_2t_0/\hbar}\sqrt{\frac{1}{5}}\left(\sqrt{\frac{2}{a}}\sin\frac{2\pi x}{a}\right).\end{aligned}$$

(2) $t=0$ 时刻, 有

$$\langle E\rangle=\int\psi^*(x,0)\hat{H}\psi(x,0)\mathrm{d}x=\frac{4}{5}E_1+\frac{1}{5}E_2=\frac{4\pi^2\hbar^2}{5ma^2}.$$

同理可得, $t=t_0$ 时刻的平均能量与 $t=0$ 时刻相同.

(3) 概率为

$$\begin{aligned}&\int_0^{a/2}\psi^*\left(x,t_0\right)\psi\left(x,t_0\right)\mathrm{d}x\\&=\int_0^{a/2}\left(\mathrm{e}^{-\mathrm{i}E_1t_0/\hbar}A_1\psi_1+\mathrm{e}^{-\mathrm{i}E_2t_0/\hbar}A_2\psi_2\right)^*\left(\mathrm{e}^{-\mathrm{i}E_1t_0/\hbar}A_1\psi_1+\mathrm{e}^{-\mathrm{i}E_2t_0/\hbar}A_2\psi_2\right)\mathrm{d}x\\&=\int_0^{a/2}\left[A_1^2\psi_1^2+A_2^2\psi_2^2+2A_1A_2\psi_1\psi_2\cos\frac{\left(E_2-E_1\right)t_0}{\hbar}\right]\mathrm{d}x\\&=\int_0^{a/2}\left(\frac{8}{5a}\sin^2\frac{\pi x}{a}+\frac{2}{5a}\sin^2\frac{2\pi x}{a}+\frac{8}{5a}\sin\frac{\pi x}{a}\sin\frac{2\pi x}{a}\cos\frac{3\pi^2\hbar t_0}{2ma^2}\right)\mathrm{d}x\\&=\int_0^{a/2}\left[\frac{4}{5a}\left(1-\cos\frac{2\pi x}{a}\right)+\frac{1}{5a}\left(1-\cos\frac{4\pi x}{a}\right)\right.\\&\quad\left.+\frac{4}{5a}\left(\cos\frac{\pi x}{a}-\cos\frac{3\pi x}{a}\right)\cos\frac{3\pi^2\hbar t_0}{2ma^2}\right]\mathrm{d}x\\&=\frac{1}{2}+\frac{16}{15\pi}\cos\frac{3\pi^2\hbar t_0}{2ma^2}.\end{aligned}$$

3.3 一维线性谐振子

3.3.1 谐振子在物理学中的作用

这一节我们专门讨论一种特别重要的物理体系 —— 一维线性谐振子. 此体系的最简单的例子就是处于下述势场中的一个质量为 m 的粒子, 此势场只依赖于坐标 x (见图 3.3.1), 其形式为

$$V(x)=\frac{1}{2}kx^2,$$

其中, k 是一个正的实常量. 粒子受到的恢复力为

$$F_x=-\frac{\mathrm{d}V}{\mathrm{d}x}=-kx.$$

这个力正比于粒子与坐标原点 $(x=0)$ 之间的距离 x, 在这个力的作用下, 粒子总是被拉向坐标原点 ($V(x)$ 为极小值的位置).

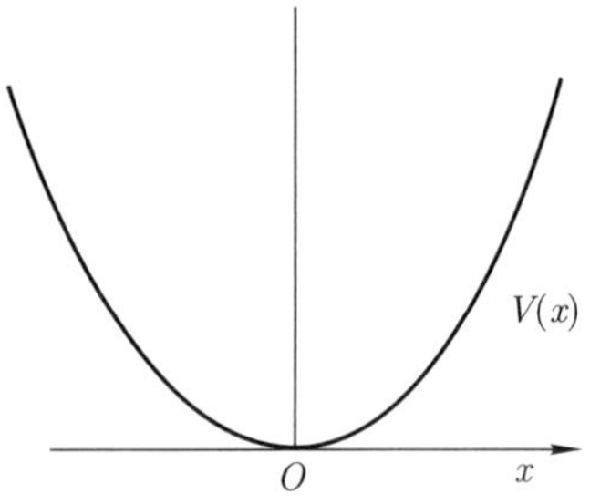

图 3.3.1 一维线性谐振子势

我们知道, 在经典力学中, 此粒子的运动在 x 轴上是围绕坐标原点的正弦型振荡, 其角频率为

$$\omega=\sqrt{\frac{k}{m}}.$$

很多体系都遵从 (至少近似遵从) 谐振子的方程. 每当我们研究一个物理体系在稳定平衡位置附近的行为时, 所得的方程在微小振动的极限情况下就是谐振子的方程. 因此, 我们在这里将要得到的结果都可以应用到一系列重要的物理现象上. 例如, 分子中的原子在平衡位置附近的振动, 晶格中的原子或离子的振荡 (声子), 以及磁性材料中磁矩的集体进动等. 谐振子模型也是电磁场量子化的基础. 我们知道, 在空腔中存在着无穷多种可能的驻波 (即空腔的简正模式). 我们可以将电磁场按照这些简正模式展开, 利用麦克斯韦方程组可以证明, 展开式的诸系数 (它们描述电磁场在每一时刻的状态) 各自所满足的微分方程都与谐振子的方程相同, 其中的 ω 就是对应的简正模式的角频率. 换言之, 电磁场在形式上相当于独立的谐振子

的集合. 只要将对应于空腔的各个简正模式的谐振子量子化, 就可以实现电磁场的量子化. 这正是标准正则量子化的基本思想. 此外, 正是对这些谐振子在热平衡下的行为的研究 (如黑体辐射问题) 引导普朗克在历史上首先把常量 h 引入物理学中.

3.3.2 谐振子定态方程的代数解法

量子力学的问题是要解势能为

$$V(x)=\frac{1}{2}m\omega^2x^2$$

时的薛定谔方程, 其中, m 为谐振子的质量, x 为谐振子的坐标, ω 为谐振子的角频率. 我们已经知道, 只需求解定态薛定谔方程就可以了, 即求解方程

$$-\frac{\hbar^2}{2m}\frac{\mathrm{d}^2\psi}{\mathrm{d}x^2}+\frac{1}{2}m\omega^2x^2\psi=E\psi. \tag{3.3.1}$$

接下来我们将采用代数解法对谐振子满足的薛定谔方程进行求解, 这种方法是狄拉克提出的, 具有非常广泛的应用. 现在, 我们将方程 (3.3.1) 改写为

$$\frac{1}{2m}\left[\hat{p}^2+(m\omega x)^2\right]\psi=E\psi,$$

其中, $\hat{p}\equiv-\mathrm{i}\hbar\dfrac{\mathrm{d}}{\mathrm{d}x}$ 是动量算符. 求解的基本思想是分解哈密顿算符

$$\hat{H}=\frac{1}{2m}\left[\hat{p}^2+(m\omega x)^2\right].$$

我们将利用基本关系式

$$u^2+v^2=(\mathrm{i}u+v)(-\mathrm{i}u+v).$$

但是现在的情况没那么简单, 因为 $\hat{p}$ 和 x 是算符, 而算符的次序一般来说是不能彼此交换的 ($x\hat{p}$ 和 $\hat{p}x$ 是不一样的). 下面我们来计算下列量, 设

$$\hat{a}\equiv\frac{1}{\sqrt{2\hbar m\omega}}(\mathrm{i}\hat{p}+m\omega x),\quad \hat{a}^\dagger\equiv\frac{1}{\sqrt{2\hbar m\omega}}(-\mathrm{i}\hat{p}+m\omega x),$$

那么

$$\begin{aligned}\hat{a}\hat{a}^\dagger&=\frac{1}{2\hbar m\omega}(\mathrm{i}\hat{p}+m\omega x)(-\mathrm{i}\hat{p}+m\omega x)\\&=\frac{1}{2\hbar m\omega}\left[\hat{p}^2+(m\omega x)^2-\mathrm{i}m\omega(x\hat{p}-\hat{p}x)\right].\end{aligned}$$

我们看到有一个额外项 $x\hat{p}-\hat{p}x$, 称之为 x 与 $\hat{p}$ 的**对易子**, 这是衡量它们是否能够交换的量度. 一般而言, 算符 $\hat{A}$ 和 $\hat{B}$ 的对易子 (用一个方括号表示, 和经典力学中的泊松 (Poisson) 括号对应) 是

$$[\hat{A}, \hat{B}] = \hat{A}\hat{B} - \hat{B}\hat{A}. \tag{3.3.2}$$

如果利用这种符号, 则

$$\hat{a}\hat{a}^\dagger = \frac{1}{2\hbar m\omega}\left[\hat{p}^2 + (m\omega x)^2\right] - \frac{\mathrm{i}}{2\hbar}[x, \hat{p}].$$

接下来我们需要求出 x 和 $\hat{p}$ 的对易子. 当用这种抽象的表示运算时, 需要非常小心地对待算符, 也即必须把它作用在一个测试函数 $f(x)$ 上, 否则极易产生错误. 只是在最后我们需要把测试函数去掉, 只留下关于算符的方程即可. 对于目前的例子, 有

$$[x, \hat{p}]f(x) = x\frac{\hbar}{\mathrm{i}}\frac{\mathrm{d}}{\mathrm{d}x}f - \frac{\hbar}{\mathrm{i}}\frac{\mathrm{d}}{\mathrm{d}x}(xf) = \frac{\hbar}{\mathrm{i}}\left(x\frac{\mathrm{d}f}{\mathrm{d}x} - x\frac{\mathrm{d}f}{\mathrm{d}x} - f\right) = \mathrm{i}\hbar f(x).$$

为了得出所要的结果, 需要去掉测试函数, 则

$$[x, \hat{p}] = \mathrm{i}\hbar, \tag{3.3.3}$$

这个结果就是量子力学中的**正则对易关系**. 利用 (3.3.3) 式, 有

$$\hat{a}\hat{a}^\dagger = \frac{1}{\hbar\omega}\hat{H} + \frac{1}{2},$$

或

$$\hat{H} = \hbar\omega\left(\hat{a}\hat{a}^\dagger - \frac{1}{2}\right).$$

注意: $\hat{a}^\dagger$ 和 $\hat{a}$ 的次序非常重要, 如果 $\hat{a}^\dagger$ 在左边, 则有

$$\hat{a}^\dagger\hat{a} = \frac{1}{\hbar\omega}\hat{H} - \frac{1}{2}.$$

特别地, 有

$$\left[\hat{a}, \hat{a}^\dagger\right] = 1. \tag{3.3.4}$$

所以哈密顿算符还可以等价地写成

$$\hat{H} = \hbar\omega\left(\hat{a}^\dagger\hat{a} + \frac{1}{2}\right). \tag{3.3.5}$$

利用 $\hat{a}$ 和 $\hat{a}^\dagger$, 可将谐振子的薛定谔方程写为如下形式:

$$\hbar\omega\left(\hat{a}^{\dagger}\hat{a}+\frac{1}{2}\right)\psi=E\psi. \tag{3.3.6}$$

现在, 我们来证明: 如果 ψ 能够满足能量为 E 的薛定谔方程 (即 $\hat{H}\psi=E\psi$), 则 $\hat{a}^{\dagger}\psi$ 能够满足能量为 $E+\hbar\omega$ 的薛定谔方程, 即

$$\hat{H}\left(\hat{a}^{\dagger}\psi\right)=(E+\hbar\omega)\left(\hat{a}^{\dagger}\psi\right).$$

上式的证明过程如下:

$$\begin{aligned}\hat{H}\left(\hat{a}^{\dagger}\psi\right)&=\hbar\omega\left(\hat{a}^{\dagger}\hat{a}+\frac{1}{2}\right)\left(\hat{a}^{\dagger}\psi\right)=\hbar\omega\left(\hat{a}^{\dagger}\hat{a}\hat{a}^{\dagger}+\frac{1}{2}\hat{a}^{\dagger}\right)\psi\\&=\hbar\omega\hat{a}^{\dagger}\left(\hat{a}\hat{a}^{\dagger}+\frac{1}{2}\right)\psi=\hat{a}^{\dagger}\left[\hbar\omega\left(\hat{a}^{\dagger}\hat{a}+1+\frac{1}{2}\right)\psi\right]\\&=\hat{a}^{\dagger}(\hat{H}+\hbar\omega)\psi=\hat{a}^{\dagger}(E+\hbar\omega)\psi=(E+\hbar\omega)\left(\hat{a}^{\dagger}\psi\right).\end{aligned}$$

同理可证, $\hat{a}\psi$ 能够满足能量为 $E-\hbar\omega$ 的薛定谔方程, 即

$$\begin{aligned}\hat{H}\left(\hat{a}\psi\right)&=\hbar\omega\left(\hat{a}\hat{a}^{\dagger}-\frac{1}{2}\right)\left(\hat{a}\psi\right)=\hbar\omega\hat{a}\left(\hat{a}^{\dagger}\hat{a}-\frac{1}{2}\right)\psi\\&=\hat{a}\left[\hbar\omega\left(\hat{a}\hat{a}^{\dagger}-1-\frac{1}{2}\right)\psi\right]=\hat{a}(\hat{H}-\hbar\omega)\psi\\&=\hat{a}(E-\hbar\omega)\psi=(E-\hbar\omega)\left(\hat{a}\psi\right).\end{aligned}$$

所以这是一种生成新解的极好方法, 如果我们得到了一个解, 则通过升降能量就可以得到其他解. 我们称 $\hat{a}^{\dagger}$ 为升阶算符 (产生算符), $\hat{a}$ 为降阶算符 (湮灭算符).

如果反复应用降阶算符, 我们最终会到达一个低于零的能量状态, 但是线性谐振子势体系的最低能量不可能为负. 事实上, 有一个最低的阶梯 (称为 ψ_0), 使得

$$\hat{a}\psi_0=0.$$

我们可以利用如下关系确定 $\psi_0(x)$:

$$\frac{1}{\sqrt{2\hbar m\omega}}\left(\hbar\frac{\mathrm{d}}{\mathrm{d}x}+m\omega x\right)\psi_0=0,$$

上式还可写为

$$\frac{\mathrm{d}\psi_0}{\mathrm{d}x}=-\frac{m\omega}{\hbar}x\psi_0.$$

这个微分方程很容易求解. 对其左右两边整理后求积分可得

$$\int\frac{\mathrm{d}\psi_0}{\psi_0}=-\frac{m\omega}{\hbar}\int x\mathrm{d}x\Rightarrow\ln\psi_0=-\frac{m\omega}{2\hbar}x^2+\text{常量},$$

所以

$$\psi_0(x) = A\mathrm{e}^{-\frac{m\omega}{2\hbar}x^2}.$$

我们现在对它进行归一化:

$$1 = |A|^2\int_{-\infty}^{\infty}\mathrm{e}^{-m\omega x^2/\hbar}\mathrm{d}x = |A|^2\sqrt{\frac{\pi\hbar}{m\omega}},$$

所以 $|A|^2 = \sqrt{m\omega/(\pi\hbar)}$, 因此

$$\psi_0(x) = \left(\frac{m\omega}{\pi\hbar}\right)^{1/4}\mathrm{e}^{-\frac{m\omega}{2\hbar}x^2}.$$

下面把它代入薛定谔方程以确定相应的能量本征值. 因为 $\hbar\omega\left(\hat{a}^\dagger\hat{a}+\frac{1}{2}\right)\psi_0 = E_0\psi_0$, 利用 $\hat{a}\psi_0 = 0$, 可得

$$E_0 = \frac{1}{2}\hbar\omega.$$

现在我们得到了谐振子的基态, 因此可以反复应用升阶算符生成激发态, 每一步增加能量 $\hbar\omega$:

$$\psi_n(x) = A_n\left(\hat{a}^\dagger\right)^n\psi_0(x), \quad E_n = \left(n+\frac{1}{2}\right)\hbar\omega, \tag{3.3.7}$$

其中, A_n 是归一化常量. 通过将升阶算符反复作用于 ψ_0, 原则上能够得出谐振子的所有定态. 同时, 可以确定谐振子所允许的能量 (见图 3.3.2).

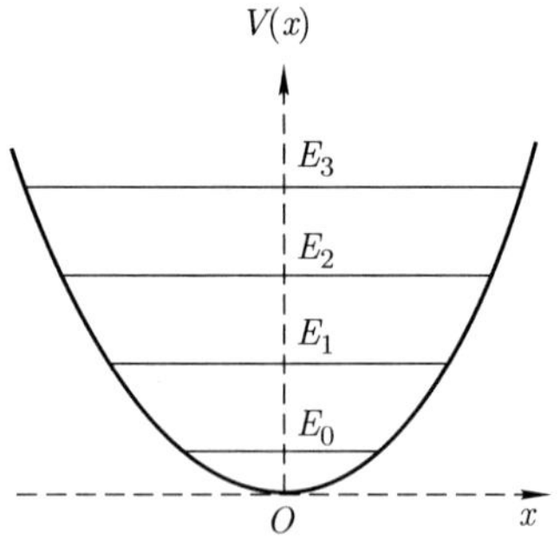

图 3.3.2 一维线性谐振子的能级

下面利用代数方法得到归一化常量. 我们知道

$$\hat{a}^\dagger\psi_n = c_n\psi_{n+1}, \quad \hat{a}\psi_n = d_n\psi_{n-1},$$

比例因子 c_n 和 d_n 待定. 首先注意到, 对于任意函数 $f(x)$ 和 $g(x)$, 有

$$\int_{-\infty}^{\infty} f^*\left(\hat{a}^\dagger g\right)\mathrm{d}x=\int_{-\infty}^{\infty}(\hat{a}f)^* g\mathrm{d}x^{①}. \tag{3.3.8}$$

特别地, 有

$$\int_{-\infty}^{\infty}\left(\hat{a}^\dagger\psi_n\right)^*\left(\hat{a}^\dagger\psi_n\right)\mathrm{d}x=\int_{-\infty}^{\infty}\left(\hat{a}\hat{a}^\dagger\psi_n\right)^*\psi_n\mathrm{d}x,$$

因为

$$\hat{a}^\dagger\hat{a}\psi_n=n\psi_n,\quad \hat{a}\hat{a}^\dagger\psi_n=(n+1)\psi_n,$$

所以

$$\int_{-\infty}^{\infty}\left(\hat{a}^\dagger\psi_n\right)^*\left(\hat{a}^\dagger\psi_n\right)\mathrm{d}x=|c_n|^2\int_{-\infty}^{\infty}|\psi_{n+1}|^2\mathrm{d}x=(n+1)\int_{-\infty}^{\infty}|\psi_n|^2\mathrm{d}x,$$
$$\int_{-\infty}^{\infty}\left(\hat{a}\psi_n\right)^*\left(\hat{a}\psi_n\right)\mathrm{d}x=|d_n|^2\int_{-\infty}^{\infty}|\psi_{n-1}|^2\mathrm{d}x=n\int_{-\infty}^{\infty}|\psi_n|^2\mathrm{d}x.$$

由于 ψ_n 和 $\psi_{n\pm1}$ 已是归一化的, 因此可得 $|c_n|^2=n+1, |d_n|^2=n$, 所以

$$\hat{a}^\dagger\psi_n=\sqrt{n+1}\psi_{n+1},\quad \hat{a}\psi_n=\sqrt{n}\psi_{n-1}. \tag{3.3.9}$$

这样一来, 有

$$\psi_1=\hat{a}^\dagger\psi_0,\quad \psi_2=\frac{1}{\sqrt{2}}\hat{a}^\dagger\psi_1=\frac{1}{\sqrt{2}}\left(\hat{a}^\dagger\right)^2\psi_0,$$
$$\psi_3=\frac{1}{\sqrt{3}}\hat{a}^\dagger\psi_2=\frac{1}{\sqrt{3\cdot2}}\left(\hat{a}^\dagger\right)^3\psi_0,\quad \psi_4=\frac{1}{\sqrt{4}}\hat{a}^\dagger\psi_3=\frac{1}{\sqrt{4\cdot3\cdot2}}\left(\hat{a}^\dagger\right)^4\psi_0,$$

以此类推. 于是我们可以得到

$$\psi_n=\frac{1}{\sqrt{n!}}\left(\hat{a}^\dagger\right)^n\psi_0, \tag{3.3.10}$$

---

①下面证明 (3.3.8) 式. 因为

$$\int_{-\infty}^{\infty} f^*\left(\hat{a}^\dagger g\right)\mathrm{d}x=\frac{1}{\sqrt{2\hbar m\omega}}\int_{-\infty}^{\infty} f^*\left(-\hbar\frac{\mathrm{d}}{\mathrm{d}x}+m\omega x\right)g\mathrm{d}x,$$

利用分部积分可将 $\int f^*\frac{\mathrm{d}g}{\mathrm{d}x}\mathrm{d}x$ 转变为 $-\int\left(\frac{\mathrm{d}f}{\mathrm{d}x}\right)^* g\mathrm{d}x$, 所以

$$\int_{-\infty}^{\infty} f^*\left(\hat{a}^\dagger g\right)\mathrm{d}x=\frac{1}{\sqrt{2\hbar m\omega}}\int_{-\infty}^{\infty}\left[\left(\hbar\frac{\mathrm{d}}{\mathrm{d}x}+m\omega x\right)f\right]^* g\mathrm{d}x=\int_{-\infty}^{\infty}(\hat{a}f)^* g\mathrm{d}x.$$

即 (3.3.7) 式中的归一化因子是 $A_n = 1/\sqrt{n!}$ (特别有, $A_1 = 1$). 与一维无限深方势阱的情况一样, 一维线性谐振子的定态是相互正交的:

$$\int_{-\infty}^{\infty} \psi_m^* \psi_n \mathrm{d}x = \delta_{mn}.$$

利用 (3.3.9) 式两次, 并结合 (3.3.8) 式, 就可以证明上式:

$$\begin{aligned}\int_{-\infty}^{\infty} \psi_m^* \left(\hat{a}^\dagger \hat{a}\right) \psi_n \mathrm{d}x = n \int_{-\infty}^{\infty} \psi_m^* \psi_n \mathrm{d}x &= \int_{-\infty}^{\infty} \left(\hat{a}\psi_m\right)^* \left(\hat{a}\psi_n\right) \mathrm{d}x \\ &= \int_{-\infty}^{\infty} \left(\hat{a}^\dagger \hat{a}\psi_m\right)^* \psi_n \mathrm{d}x = m \int_{-\infty}^{\infty} \psi_m^* \psi_n \mathrm{d}x.\end{aligned}$$

除非 $m = n$, 否则 $\int_{-\infty}^{\infty} \psi_m^* \psi_n \mathrm{d}x$ 必须为零.

能量本征态的正交性意味着, 我们可以将初始波函数 $\psi(x,0)$ 按定态 ψ_n 展开:

$$\psi(x,0) = \sum_n c_n \psi_n.$$

同样可以利用傅里叶展开去确定展开系数, $|c_n|^2$ **就是测量能量时得到 E_n 值的概率**. 于是体系的能量平均值为

$$\langle E \rangle = \sum_n |c_n|^2 E_n = \sum_n |c_n|^2 \left(n + \frac{1}{2}\right) \hbar\omega. \tag{3.3.11}$$

3.3.3 谐振子定态方程的解析解法

我们现在回到一维线性谐振子的定态薛定谔方程

$$-\frac{\hbar^2}{2m}\frac{\mathrm{d}^2\psi}{\mathrm{d}x^2} + \frac{1}{2}m\omega^2 x^2 \psi = E\psi,$$

可以用级数的方法直接对其进行求解. 引入一个无量纲的变量

$$\xi \equiv \sqrt{\frac{m\omega}{\hbar}}x.$$

利用 ξ, 可将薛定谔方程改写为

$$\frac{\mathrm{d}^2\psi}{\mathrm{d}\xi^2} = \left(\xi^2 - K\right)\psi, \tag{3.3.12}$$

其中, K 是以 $\hbar\omega/2$ 为单位的能量:

$$K \equiv \frac{2E}{\hbar\omega}.$$

现在的问题是解方程 (3.3.12), 并在求解过程中得到 K 的可能值 (从而得到 E 的可能值). 首先, 我们看到, 对于很大的 ξ (也即很大的 x), 含 ξ^2 的项起决定作用, 我们可以略去含 K 的项. 所以在这样的区域, 有

$$\frac{\mathrm{d}^2\psi}{\mathrm{d}\xi^2} \approx \xi^2\psi,$$

其近似解为

$$\psi(\xi) \approx A\mathrm{e}^{-\xi^2/2} + B\mathrm{e}^{\xi^2/2},$$

其中, A 和 B 为待定系数, 注意到含 B 的项不能归一化 (当 $|x| \to \infty$ 时, 该项趋于无穷大), 所以物理上可接受的解应具有的渐近形式为

$$\psi(\xi) \to \mathrm{e}^{-\xi^2/2}, \quad \text{当 } \xi \text{ 很大时}.$$

如果我们令

$$\psi(\xi) = h(\xi)\mathrm{e}^{-\xi^2/2},$$

对上式求导, 可得

$$\frac{\mathrm{d}\psi}{\mathrm{d}\xi} = \left(\frac{\mathrm{d}h}{\mathrm{d}\xi} - \xi h\right)\mathrm{e}^{-\xi^2/2},$$

$$\frac{\mathrm{d}^2\psi}{\mathrm{d}\xi^2} = \left[\frac{\mathrm{d}^2h}{\mathrm{d}\xi^2} - 2\xi\frac{\mathrm{d}h}{\mathrm{d}\xi} + \left(\xi^2 - 1\right)h\right]\mathrm{e}^{-\xi^2/2}.$$

此时, 薛定谔方程 (3.3.12) 可改写为

$$\frac{\mathrm{d}^2h}{\mathrm{d}\xi^2} - 2\xi\frac{\mathrm{d}h}{\mathrm{d}\xi} + (K-1)h = 0. \tag{3.3.13}$$

下面我们来寻求方程 (3.3.13) 的 ξ 幂级数解:

$$h(\xi) = a_0 + a_1\xi + a_2\xi^2 + \cdots = \sum_{j=0}^{\infty} a_j\xi^j.$$

对这个级数求导, 可得

$$\frac{\mathrm{d}h}{\mathrm{d}\xi} = a_1 + 2a_2\xi + 3a_3\xi^2 + \cdots = \sum_{j=0}^{\infty} ja_j\xi^{j-1},$$

$$\frac{\mathrm{d}^2h}{\mathrm{d}\xi^2} = 2a_2 + 2\cdot 3a_3\xi + 3\cdot 4a_4\xi^2 + \cdots = \sum_{j=0}^{\infty}(j+1)(j+2)a_{j+2}\xi^j.$$

把以上结果代入 (3.3.13) 式, 可以得到

$$\sum_{j=0}^{\infty}\left[(j+1)(j+2)a_{j+2}-2ja_j+(K-1)a_j\right]\xi^j=0.$$

要使上式成立, 由幂级数展开的唯一性可知, 每一个 ξ 幂次前的系数必须为零, 即

$$(j+1)(j+2)a_{j+2}-2ja_j+(K-1)a_j=0,$$

因此

$$a_{j+2}=\frac{2j+1-K}{(j+1)(j+2)}a_j, \tag{3.3.14}$$

这个递推公式和薛定谔方程是等价的. 从 a_0 开始, 它可以给出所有的偶系数:

$$a_2=\frac{1-K}{2}a_0,\quad a_4=\frac{5-K}{12}a_2=\frac{(5-K)(1-K)}{24}a_0,\quad \cdots,$$

从 a_1 开始, 它可以给出所有的奇系数:

$$a_3=\frac{3-K}{6}a_1,\quad a_5=\frac{7-K}{20}a_3=\frac{(7-K)(3-K)}{120}a_1,\quad \cdots,$$

因此完整的解可以写作

$$h(\xi)=h_{偶}(\xi)+h_{奇}(\xi),$$

其中,

$$h_{偶}(\xi)\equiv a_0+a_2\xi^2+a_4\xi^4+\cdots$$

是建立在 a_0 之上的 ξ 的偶函数,

$$h_{奇}(\xi)\equiv a_1\xi+a_3\xi^3+a_5\xi^5+\cdots$$

是建立在 a_1 之上的 ξ 的奇函数. 因此方程 (3.3.14) 以两个任意常量 (a_0 和 a_1) 确定了 $h(\xi)$. 这正是求解一个二阶微分方程时得到的两个积分常量. 对于非常大的 j, 高次项的系数之比是

$$\frac{a_{j+2}}{a_j}\underset{j\to\infty}{\longrightarrow}\frac{2}{j}.$$

下面将此式与 e^{ξ^2} 的级数展开式

$$e^{\xi^2}=1+\frac{\xi^2}{1!}+\frac{\xi^4}{2!}+\cdots+\frac{\xi^j}{\frac{j}{2}!}+\frac{\xi^{j+2}}{\left(\frac{j}{2}+1\right)!}+\cdots$$

进行比较, 以 b_j 表示该级数展开式中 ξ^j 的系数, 则

$$\frac{b_{j+2}}{b_j}=\frac{\dfrac{j}{2}!}{\left(\dfrac{j}{2}+1\right)!}=\frac{1}{\dfrac{j}{2}+1}\xrightarrow[j\to\infty]{}\frac{2}{j}.$$

由此可见, 当 ξ 很大时, h 的行为与 e^{ξ^2} 相同, 那么 ψ 的行为就应该是 $e^{\xi^2/2}$, 这种渐近行为导致波函数是发散的. 这里仅有一种方法可以避免这种发散行为: 对于归一化的解, 级数展开式必须在某处中断. 这里必须存在某个 "最高的" j (将它记为 n), 使得递推公式满足 $a_{n+2}=0$ (这样可以切断 $h_{偶}$ 的级数展开式或者 $h_{奇}$ 的级数展开式, 而没有被切断的一个必须从零开始: 如果 n 是偶数, 则设 $a_1=0$, 如果 n 是奇数, 则设 $a_0=0$). 所以对于物理上可接受的解, 方程 (3.3.14) 要求

$$K=2n+1,$$

其中, n 为非负的整数, 也就是说, 能量必须是

$$E_n=\left(n+\frac{1}{2}\right)\hbar\omega,\quad n=0,1,2,\cdots.$$

这样, 通过一种完全不同的方法, 我们又一次得到了代数解法所表示的重要的量子化条件.

对于允许的 K 值, 递推公式为

$$a_{j+2}=\frac{-2(n-j)}{(j+1)(j+2)}a_j.$$

如果 $n=0$, 则级数展开式仅有一项 (我们必须选择 $a_1=0$ 以去掉 $h_{奇}$ 的所有项, 令 $j=0$ 导致 $a_2=0$)

$$h_0(\xi)=a_0,$$

因此

$$\psi_0(\xi)=a_0e^{-\xi^2/2},$$

除了归一化外, 该式正是前面所给出的结果. 对于 $n=1$, 我们取 $a_0=0$, 且取 $j=1$ 导致 $a_3=0$, 所以

$$h_1(\xi)=a_1\xi,$$

因此

$$\psi_1(\xi)=a_1\xi e^{-\xi^2/2}.$$

对于 $n=2, j=0$ 给出 $a_2=-2a_0, j=2$ 给出 $a_4=0$, 所以

$$h_2(\xi)=a_0\left(1-2\xi^2\right),$$

因此

$$\psi_2(\xi)=a_0\left(1-2\xi^2\right)\mathrm{e}^{-\xi^2/2}.$$

其余各项可以类似得到.

一般而言, $h_n(\xi)$ 是一个最高幂次为 n 的 ξ 的多项式. 如果 n 是一个偶数, 则多项式中仅含有偶次幂项, 如果 n 是一个奇数, 则多项式中仅含有奇次幂项. 除了最前面的因子 (a_0 或 a_1) 外, 称它们为**厄米多项式** $H_n(\xi)$. 通常选择一个乘数因子以保证 ξ 最高幂次的系数是 2^n. 这样一来, 归一化的谐振子定态波函数是

$$\psi_n(x)=\left(\frac{m\omega}{\pi\hbar}\right)^{1/4}\frac{1}{\sqrt{2^n n!}}H_n(\xi)\mathrm{e}^{-\xi^2/2}. \tag{3.3.15}$$

它们与利用代数解法得到的结果完全一致. 下面我们列出前几个厄米多项式 $H_n(\xi)$ 的表达式:

$$\begin{aligned}
H_0&=1,\\
H_1&=2\xi,\\
H_2&=4\xi^2-2,\\
H_3&=8\xi^3-12\xi,\\
H_4&=16\xi^4-48\xi^2+12.
\end{aligned}$$

一维线性谐振子的能量本征函数如图 3.3.3 所示.

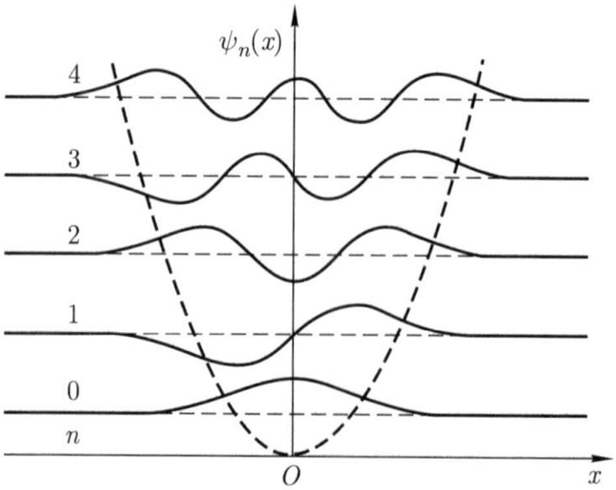

图 3.3.3 一维线性谐振子的能量本征函数

例 1 对于一维线性谐振子, 求降阶算符 $\hat{a}$ 的本征态, 并将其表示成各能量本征态 ψ_n 的线性叠加.

解答 算符 $\hat{a}$ 对于能量本征态 ψ_n 作用的结果为

$$\hat{a}\psi_n = \sqrt{n}\psi_{n-1}.$$

设

$$\psi_\alpha = \sum_n C_n(\alpha)\psi_n$$

满足本征方程

$$\hat{a}\psi_\alpha = \alpha\psi_\alpha,$$

其中, α 为本征值. 于是

$$\alpha\psi_\alpha = \alpha\sum_n C_n\psi_n = \hat{a}\sum_n C_n\psi_n = \sum_n C_n\sqrt{n}\psi_{n-1},$$

以 ψ_{n-1}^* 左乘上式, 并利用正交归一化条件即得

$$C_n = \frac{\alpha}{\sqrt{n}}C_{n-1},$$

以此类推, 即得

$$C_n = \frac{\alpha^n}{\sqrt{n!}}C_0,$$

其中, C_0 为归一化常量. 归一化条件为

$$\int \psi_\alpha^*\psi_\alpha \mathrm{d}x = \sum_n |C_n|^2 = |C_0|^2\sum_n \frac{|\alpha^2|^n}{n!} = 1.$$

由于

$$\sum_n \frac{|\alpha^2|^n}{n!} = \mathrm{e}^{|\alpha|^2},$$

因此

$$C_0 = \mathrm{e}^{-\frac{1}{2}|\alpha|^2}\mathrm{e}^{\mathrm{i}\delta},$$

其中, δ 为实数. 通常, 可取 C_0 为正实数, 即取 $\delta = 0$. 这时

$$\psi_\alpha = \sum_n C_n\psi_n = \mathrm{e}^{-\frac{1}{2}|\alpha|^2}\sum_n \frac{\alpha^n}{\sqrt{n!}}\psi_n.$$

这就是算符 $\hat{a}$ 的本征态.

例 2 谐振子的哈密顿量可以用自然单位 $(m = \hbar = \omega = 1)$ 写成

$$\hat{H} = \left(\hat{a}^\dagger \hat{a} + \frac{1}{2}\right),$$

其中, $\hat{a} \equiv (x + \mathrm{i}\hat{p})/\sqrt{2}, \hat{a}^\dagger \equiv (x - \mathrm{i}\hat{p})/\sqrt{2}$. 某个未归一化的能量本征函数为

$$\psi_a = \left(2x^3 - 3x\right) \mathrm{e}^{-x^2/2}.$$

求能量最接近 ψ_a 的另外两个未归一化的本征函数.

解答 首先考察 ψ_a 对应的占有数是多少. 因为

$$\begin{aligned}\hat{a}^\dagger \hat{a} \psi_a &= \frac{1}{2}\left(x - \frac{\mathrm{d}}{\mathrm{d}x}\right)\left(x + \frac{\mathrm{d}}{\mathrm{d}x}\right)\left(2x^3 - 3x\right) \mathrm{e}^{-x^2/2} \\ &= \frac{1}{2}\left(x - \frac{\mathrm{d}}{\mathrm{d}x}\right)\left(6x^2 - 3\right) \mathrm{e}^{-x^2/2} \\ &= 3\left(2x^3 - 3x\right) \mathrm{e}^{-x^2/2} = 3\psi_a.\end{aligned}$$

由此可见, ψ_a 对应的占有数为 3. 所以能量最接近 ψ_a 的另外两个本征函数对应的占有数分别为 2 和 4, 波函数分别为

$$\psi_1 = \hat{a}\psi_a = \frac{1}{\sqrt{2}}\left(x + \frac{\mathrm{d}}{\mathrm{d}x}\right)\left(2x^3 - 3x\right) \mathrm{e}^{-x^2/2} \sim \left(2x^2 - 1\right) \mathrm{e}^{-x^2/2},$$

$$\psi_2 = \hat{a}^\dagger \psi_a = \frac{1}{\sqrt{2}}\left(x - \frac{\mathrm{d}}{\mathrm{d}x}\right)\left(2x^3 - 3x\right) \mathrm{e}^{-x^2/2} \sim \left(4x^4 - 12x^2 + 3\right) \mathrm{e}^{-x^2/2}.$$

上面的结果已将无关紧要的常量因子略去.

例 3 在 $t = 0$ 时刻, 处于势场 $V(x) = m\omega^2 x^2/2$ 中的粒子由波函数

$$\psi(x, 0) = A \sum_n \left(\frac{1}{\sqrt{2}}\right)^n \psi_n(x)$$

描述. $\psi_n(x)$ 是能量为

$$E_n = \left(\frac{1}{2} + n\right) \hbar\omega$$

的本征态. (1) 求归一化常量 A. (2) 给出粒子在任意时刻的波函数. (3) 证明 $|\psi(x, t)|^2$ 是时间的周期函数, 指出最大周期 T. (4) 求 $t = 0$ 时刻的能量平均值.

解答 (1) 利用归一化条件, 有

$$\int \psi^*(x,0)\psi(x,0)\mathrm{d}x = |A|^2 \sum_{m,n} \left(\frac{1}{2}\right)^{(m+n)/2} \int \psi_m^* \psi_n \mathrm{d}x = 2|A|^2 = 1,$$

取 A 为正实数, 则

$$A = \frac{1}{\sqrt{2}}.$$

(2) 粒子在任意时刻的波函数为

$$\psi(x,t) = \mathrm{e}^{-\mathrm{i}Ht/\hbar}\psi(x,0) = \sum_n \left(\frac{1}{\sqrt{2}}\right)^{n+1} \mathrm{e}^{-\mathrm{i}\omega t\left(n+\frac{1}{2}\right)}\psi_n(x).$$

(3) 根据上面得到的 $\psi(x,t)$, 可知

$$|\psi(x,t)|^2 = \sum_{m,n} \left(\frac{1}{2}\right)^{\frac{m+n}{2}+1} \mathrm{e}^{-\mathrm{i}\omega t(n-m)}\psi_n(x)\psi_m^*(x).$$

显然, $\exp[-\mathrm{i}\omega t(n-m)]$ 是时间的周期函数, 最大周期为 $2\pi\omega$.

(4) 在 $t=0$ 时刻, 能量的平均值为

$$\langle H\rangle = \int \psi^*(x,0)\hat{H}\psi(x,0)\mathrm{d}x = \sum_n \frac{1}{2^{n+1}}\left(n+\frac{1}{2}\right)\hbar\omega.$$

注意到

$$\sum_n \frac{1}{x^n} = \frac{x}{x-1},$$

于是

$$\sum_n \frac{-n}{x^{n+1}} = \frac{-1}{(x-1)^2},$$

从而得

$$\sum_n \frac{n}{2^{n+1}} = 1.$$

将之代入上面给出的 $\langle H\rangle$ 的表达式, 可得

$$\langle H\rangle = \frac{3}{2}\hbar\omega.$$

习 题

1. 对于一维无限深方势阱中的粒子, 设其初态为

$$\psi(x,0)=\frac{1}{\sqrt{2}}\left[\psi_1(x)+\psi_2(x)\right],$$

求 $\psi(x,t)$.

2. 设在一维无限深方势阱中运动粒子的状态用

$$\psi(x)=\frac{4}{\sqrt{a}}\sin\frac{\pi x}{a}\cos^2\frac{\pi x}{a}$$

描述, 求粒子能量的可能测量值及相应的概率.

3. 一个带电 q 的谐振子, 若受到均匀外电场 $\mathcal{E}$ 的作用, 则其势能为

$$V(x)=\frac{1}{2}\mu\omega_0^2x^2-q\mathcal{E}x,$$

求其能量本征值和本征函数.

4. 求一维线性谐振子处于第一激发态时概率最大的位置.

5. 一个处于谐振子势中的粒子, 其初态为

$$\psi(x,0)=A\left[3\psi_0(x)+4\psi_1(x)\right].$$

(1) 求出归一化常量 A. (2) 给出 $\psi(x,t)$ 和 $|\psi(x,t)|^2$. (3) 如果测量这个粒子的能量, 有哪些可能值? 出现的概率分别是多少?

6. 一个质量为 m 的粒子处于谐振子势 $V_1(x)=kx^2/2\ (k>0)$ 的基态.

(1) 如果弹性系数突然增大一倍, 即势场突然变为 $V_2(x)=kx^2\ (k>0)$, 随即测量粒子的能量, 求粒子处于 V_2 势场的基态的概率.

(2) 势场由 V_1 突变为 V_2 后, 不进行测量, 经过一段时间 τ 后, 让势场重新恢复成 V_1, 问 τ 取什么值时, 粒子状态将周期性地恢复到最初的基态?

7. 在 $t=0$ 时刻, 处于谐振子势 $V=kx^2/2$ 中的一个粒子的波函数为

$$\psi(x,0)=A\mathrm{e}^{-(\alpha x)^2/2}\left[\cos\beta\cdot H_0(\alpha x)+\frac{\sin\beta}{2\sqrt{2}}H_2(\alpha x)\right],$$

其中, α 和 A 为实常量, $\alpha^2=\sqrt{mk}/\hbar$, 且厄米多项式是归一化的, 并有

$$\int_{-\infty}^{\infty}\mathrm{e}^{-\alpha^2x^2}\left[H_n(\alpha x)\right]^2\ \mathrm{d}x=\frac{\sqrt{\pi}}{\alpha}2^nn!.$$

(1) 写出 $\psi(x,t)$ 的表达式.

(2) 在该态中测得粒子能量的可能值是什么? 得到这些值的相对概率为多大?

(3) 在 $t=0$ 时刻 $\langle x\rangle$ 为多少? $\langle x\rangle$ 是怎样随时间变化的?

8. 考虑一个一维线性谐振子. 在不使用波函数的情况下, 用代数方法解决下列问题.

(1) 构造 ψ_0 和 ψ_1 的线性组合, 使 $\langle x\rangle$ 尽可能大.

(2) 假设在 $t=0$ 时刻谐振子处于 (1) 中构造的状态, 求在 $t>0$ 时的 $\psi(t)$.

(3) 在 $t>0$ 时, 求 $\langle x\rangle$.

(4) 求 $\langle(\Delta x)^2\rangle$ 作为时间函数的具体表达式.

9. 自由转子 —— 一个量子 "刚体" 的哈密顿量为 $\hat{H}=\hat{J}_z^2/(2I_z)$, 其中, I_z 为惯性矩, 它能自由地在 xy 平面内旋转, φ 为转角.

(1) 找出其能量本征值 E_n 和本征函数 $\psi_n(\varphi)$.

(2) 在 $t=0$ 时刻转子由 $\psi(0)=A\sin^2\varphi$ 描述, 求在 $t>0$ 时的 $\psi(t)$.

10. 一个处于一维无限深方势阱中的粒子, 其初始波函数是

$$\psi(x,0)=\begin{cases}Ax, & 0\leqslant x\leqslant a/2,\\ A(a-x), & a/2<x\leqslant a.\end{cases}$$

(1) 画出 $\psi(x,0)$ 的图形, 然后求出 A.

(2) 求出 $\psi(x,t)$.

(3) 测量能量得到结果为 E_1 的概率是多少?

11. 设一个质量为 m 的粒子在势阱

$$V(x)=\begin{cases}\infty, & x<0,\\ \dfrac{1}{2}m\omega^2x^2, & x\geqslant 0\end{cases}$$

中运动, 求粒子的能级.

12. 处于谐振子势中的一个质量为 m 的粒子从初态

$$\psi(x,0)=A\left(1-2\sqrt{\frac{m\omega}{\hbar}}x\right)^2\mathrm{e}^{-\frac{m\omega}{2\hbar}x^2}$$

开始运动, 其中, A 为一个常量.

(1) 根据谐振子的定态, 确定 A 和该状态的展开系数 c_n.

(2) 测量粒子的能量, 能得到哪些结果? 各结果对应的概率是多少? 能量平均值是多少?

(3) 经过一段时间 T 后的波函数是

$$\psi(x,T)=B\left(1+2\sqrt{\frac{m\omega}{\hbar}}x\right)^2\mathrm{e}^{-\frac{m\omega}{2\hbar}x^2},$$

其中, B 为一个常量, 求 T 最小的可能值是多少?

13. 两个质量为 m 的粒子沿 x 轴运动, 它们通过具有特征弹性系数 k 的力相互作用. 假设当它们处于能量为 E_0 的基态时, k 突然减半. 随即测量体系的能量, 那么测量结果是基态能量的概率是多少?

14. 氯化钠晶体内有一系列负离子空穴, 每个空穴束缚一个电子. 可将这些被束缚的电子看成束缚在三维无限深势阱中的粒子, 阱宽约为 1 个晶格常数, 即 $a = 1$ Å. 设晶体处于室温, 考虑热分布可知, 晶体内的电子几乎全部处于基态. 试估计被氯化钠晶体内这些束缚电子强烈吸收的电磁波的最大波长.

15. 近年来, 设计纳米尺度的量子点已成为现实. 在量子点内部, 固体的传导电子在低温下是被禁闭的. 控制这种设备能级的可能性导致了在微电子学和光电子学中非常有趣的应用. 2023 年诺贝尔化学奖就颁给了在量子点方面做出杰出贡献的几位科学家.

一个量子点是由一种材料 B 沉积在一块材料 A 上构成的, 例如, 砷化铟 (材料 B) 被沉积在砷化镓 (材料 A) 上就可以形成一种量子点. 我们感兴趣的是一个电子在二维量子点中的运动, 忽略自旋效应. 我们假定, 在固体中电子的动力学由薛定谔方程描述, 其中, (a) 用有效质量 μ 替换电子的质量; (b) 材料 A 和材料 B 的原子产生了一个在原子尺度上缓慢变化的有效势场 $V(x, y)$. 假定在量子点中的一个电子受到的二维有效势场为

$$V(x, y) = \frac{1}{2}\mu\omega^2(x^2 + y^2).$$

用

$$\hat{H}_0 = (\hat{p}_x^2 + \hat{p}_y^2)/(2\mu) + V(x, y)$$

标记该电子的哈密顿量.

在量子点中电子的有效质量是 $\mu = 0.07\ m_0$, 其中, m_0 是真空中电子的质量. 我们假定 $\hbar\omega = 0.060$ eV, 即 $\omega/(2\pi) = 1.45 \times 10^{13}$ Hz.

(1) 求在基态上的电子位置分布的特征长度 $l_0 = \sqrt{\hbar/(\mu\omega)}$ 的值.

(2) 利用一维线性谐振子的相关知识, 求此量子点的第一激发态和基态的能量, 以及对应的波函数.

第四章　量子力学中的力学量

我们已经知道, 由于微观粒子具有波粒二象性, 因此需要用波函数来描述微观粒子的状态. 量子力学中微观粒子的力学量 (例如, 位置坐标、动量、角动量、能量等可观测物理量) 的性质也不同于经典粒子的力学量. 经典粒子的力学量在任何状态下都有确定值, 而微观粒子由于其波粒二象性, 一般而言, 力学量具有确定值这一结论不再成立. 因此, 我们必须采用和经典力学不同的方式, 即**用算符来表示微观粒子的力学量**. 我们接下来将讨论怎样用算符来表示力学量、力学量与算符的关系, 以及引入算符后量子力学的一般规律所取的形式.

4.1　表示力学量的算符

4.1.1　算符的运算规则

算符是指作用于函数上的运算符号. 设某种运算把一个函数 u 变为另一个函数 v, 可用符号表示为

$$\hat{F}u = v,$$

则表示这种运算的符号 $\hat{F}$ 就被称为算符. 例如, $\dfrac{\mathrm{d}u}{\mathrm{d}x} = v$, $\dfrac{\mathrm{d}}{\mathrm{d}x}$ 是微商算符; 又如, $\displaystyle\int u\mathrm{d}x = v$, 积分运算也是算符.

算符具有下列基本性质:

(1) 单位算符 $\hat{I}$.

单位算符 $\hat{I}$ 作用于任意函数 u 上, u 保持不变, 即

$$\hat{I}u = u.$$

(2) 算符相等.

如果算符 $\hat{F}$ 和 $\hat{G}$ 分别作用于任意函数 u 上, 且满足

$$\hat{F}u = \hat{G}u,$$

则算符 $\hat{F}$ 和 $\hat{G}$ 相等, 即

$$\hat{F} = \hat{G}.$$

(3) 算符相加.

对于任意函数 u, 有

$$(\hat{F}+\hat{G})u=\hat{F}u+\hat{G}u.$$

算符之和为线性运算, 且满足加法交换律和结合律.

交换律

$$\hat{F}+\hat{G}=\hat{G}+\hat{F}.$$

结合律

$$(\hat{F}+\hat{G})+\hat{M}=\hat{F}+(\hat{G}+\hat{M}).$$

(4) 算符乘积.

对于任意函数 u, 有

$$(\hat{F}\hat{G})u=\hat{F}(\hat{G}u).$$

一般来说, 算符乘积不满足乘法交换律, 即 $\hat{F}\hat{G}\neq\hat{G}\hat{F}$, 称为算符 $\hat{F}$ 与 $\hat{G}$ **不对易**. 这表明 $\hat{F}$ 和 $\hat{G}$ 作用于任意函数 u 上, 一般来说, 结果与 $\hat{F}$ 和 $\hat{G}$ 作用的次序有关. 在某些情况下, 如果

$$(\hat{F}\hat{G})u=(\hat{G}\hat{F})u,$$

则称算符 $\hat{F}$ 与 $\hat{G}$ **对易**. 例如, $\hat{F}=x$, $\hat{G}=y$. 又如, $\hat{F}=\dfrac{\partial}{\partial x}$, $\hat{G}=\dfrac{\partial}{\partial y}$. 需要注意的是, 如果 $\hat{A}$ 与 $\hat{B}$ 对易, $\hat{B}$ 与 $\hat{C}$ 对易, 并不能得出 $\hat{A}$ 与 $\hat{C}$ 对易或不对易的结论. 例如, $\dfrac{\partial}{\partial x}$ 与 $\dfrac{\partial}{\partial y}$ 对易, $\dfrac{\partial}{\partial y}$ 与 x 对易, 但是 $\dfrac{\partial}{\partial x}$ 与 x 不对易. 如果算符 $\hat{F}$ 与 $\hat{G}$ 满足

$$\hat{F}\hat{G}=-\hat{G}\hat{F},$$

则称算符 $\hat{F}$ 与 $\hat{G}$ **反对易**.

(5) 逆算符.

若

$$\hat{F}\hat{G}=\hat{I},$$

则称 $\hat{F}$ 与 $\hat{G}$ 互为逆算符, 记作 $\hat{G}^{-1}=\hat{F}$, $\hat{F}^{-1}=\hat{G}$, 且有

$$\hat{G}\hat{F}=\hat{I}.$$

不难证明

$$(\hat{F}\hat{G})^{-1}=\hat{G}^{-1}\hat{F}^{-1}.$$

需要注意的是, 并非所有算符都存在逆算符.

(6) 算符的复共轭与转置.

(a) 数学中函数的内积定义为

$$(u, v) \equiv \int u^* v \, \mathrm{d}\boldsymbol{r} = \left(\int u v^* \, \mathrm{d}\boldsymbol{r}\right)^* = (v, u)^*,$$

其中, 积分为对体系全部坐标空间进行的.

(b) 算符 $\hat{F}$ 的复共轭算符 $\hat{F}^*$ 是由 $\hat{F}$ 表达式中复量换成共轭复量构成的. 例如, 在坐标空间, 动量算符 $\hat{p}_x = \dfrac{\hbar}{\mathrm{i}}\dfrac{\partial}{\partial x}$, $\hat{p}_x^* = -\dfrac{\hbar}{\mathrm{i}}\dfrac{\partial}{\partial x} = -\hat{p}_x$.

(c) 算符 $\hat{F}$ 的转置 $\tilde{\hat{F}}$ 的定义为 $\displaystyle\int \mathrm{d}\boldsymbol{r} u^* \tilde{\hat{F}} v \equiv \int \mathrm{d}\boldsymbol{r} v \hat{F} u^*$, 其中, u, v 为任意函数, 即

$$(u, \tilde{\hat{F}} v) = (v^*, \hat{F} u^*).$$

转置具有下述性质:

(i) $\dfrac{\tilde{\partial}}{\partial x} = -\dfrac{\partial}{\partial x}$. 对于任意函数 u, v, 有

$$\begin{aligned}\int_{-\infty}^{\infty} \mathrm{d}x \left(u^* \frac{\tilde{\partial}}{\partial x} v\right) &= \int_{-\infty}^{\infty} \mathrm{d}x \left(v \frac{\partial}{\partial x} u^*\right) = v u^* \Big|_{-\infty}^{\infty} - \int_{-\infty}^{\infty} \mathrm{d}x \left(u^* \frac{\partial}{\partial x} v\right) \\ &= -\int_{-\infty}^{\infty} \mathrm{d}x \left(u^* \frac{\partial}{\partial x} v\right),\end{aligned}$$

于是

$$\frac{\tilde{\partial}}{\partial x} = -\frac{\partial}{\partial x}.$$

推导中要用到 u, $v \to 0$ (当 $x \to \pm\infty$ 时) 的束缚态条件.

(ii) $\tilde{\hat{p}}_x = \dfrac{\hbar}{\mathrm{i}}\dfrac{\tilde{\partial}}{\partial x} = -\dfrac{\hbar}{\mathrm{i}}\dfrac{\partial}{\partial x} = -\hat{p}_x$.

(iii) 对于任意算符 $\hat{A}$, $\hat{B}$, 有 $\widetilde{\hat{A}\hat{B}} = \tilde{\hat{B}}\tilde{\hat{A}}$.

(7) **算符 $\hat{F}$ 的厄米共轭算符 $\hat{F}^\dagger$** 定义为

$$(u, \hat{F}^\dagger v) \equiv (\hat{F} u, v) \quad 或 \quad \int u^* \hat{F}^\dagger v \, \mathrm{d}\boldsymbol{r} \equiv \int (\hat{F} u)^* v \, \mathrm{d}\boldsymbol{r}, \tag{4.1.1}$$

或

$$(u, \hat{F}^\dagger v) = (\hat{F} u, v) = (v, \hat{F} u)^* = (v^*, \hat{F}^* u^*) = (u, \tilde{\hat{F}}^* v). \tag{4.1.2}$$

由于 u, v 为任意函数, 因此

$$\hat{F}^\dagger = \tilde{\hat{F}}^*. \tag{4.1.3}$$

(8) 线性算符.

如果算符 $\hat{F}$ 和任意函数 u_1, u_2 满足

$$\hat{F}(c_1u_1 + c_2u_2) = c_1\hat{F}u_1 + c_2\hat{F}u_2,$$

其中, c_1, c_2 为任意常量, 则称 $\hat{F}$ 为线性算符. 显然, x, $\dfrac{\mathrm{d}}{\mathrm{d}x}$, $\dfrac{\partial^2}{\partial x\partial y}$ 等算符都是线性算符. $\hat{H}$ 也是线性算符. 因为, 若 λ_1 和 λ_2 都是常量, 则有

$$\hat{H}[\lambda_1\psi_1(\boldsymbol{r}) + \lambda_2\psi_2(\boldsymbol{r})] = \lambda_1\hat{H}\psi_1(\boldsymbol{r}) + \lambda_2\hat{H}\psi_2(\boldsymbol{r}).$$

(9) **算符的本征值与本征函数**.

如果算符 $\hat{F}$ 作用于一个函数 ψ, 结果等于 ψ 乘上一个常量 λ, 即

$$\hat{F}\psi = \lambda\psi, \tag{4.1.4}$$

则称 λ 为 $\hat{F}$ 的本征值, ψ 为对应于本征值 λ 的本征函数, 方程 (4.1.4) 称为算符 $\hat{F}$ 的本征方程. 前面我们已经知道定态薛定谔方程就是哈密顿算符的本征方程.

4.1.2 量子力学中的力学量算符

我们前面学过, 当波函数 ψ 表示为坐标 x, y, z 的函数时, 动量 $\boldsymbol{p}$ 和动量算符 $-\mathrm{i}\hbar\nabla$ 相对应. 引入动量算符 $\hat{\boldsymbol{p}}$:

$$\hat{\boldsymbol{p}} = -\mathrm{i}\hbar\nabla,$$

它在直角坐标系中的三个分量分别为

$$\hat{p}_x = -\mathrm{i}\hbar\frac{\partial}{\partial x}, \quad \hat{p}_y = -\mathrm{i}\hbar\frac{\partial}{\partial y}, \quad \hat{p}_z = -\mathrm{i}\hbar\frac{\partial}{\partial z}.$$

我们把动量和动量算符的对应关系说成是: **动量算符表示动量这个力学量**. 表示坐标的算符就是坐标自身:

$$\hat{\boldsymbol{r}} = \boldsymbol{r}.$$

我们已经知道体系的能量和哈密顿算符相对应. 引入哈密顿算符 $\hat{H}$:

$$\hat{H} = -\frac{\hbar^2}{2m}\nabla^2 + V(\boldsymbol{r}),$$

由此可知, 哈密顿算符 $\hat{H}$ 是在哈密顿函数中将动量 $\boldsymbol{p}$ 换成动量算符 $\hat{\boldsymbol{p}}$ 而得出的. 这反映了从力学量的经典表达式得出**量子力学中表示该力学量的算符的一般规则**:

如果量子力学中的力学量 F 在经典力学中有相应的力学量, 则表示这个力学量的算符 $\hat{F}$ 由经典表达式 $F(\boldsymbol{r},\boldsymbol{p})$ 中将 $\boldsymbol{p}$ 换为算符 $\hat{\boldsymbol{p}}$ 而得出, 即

$$\hat{F}=\hat{F}(\boldsymbol{r},\hat{\boldsymbol{p}})=\hat{F}(\boldsymbol{r},-\mathrm{i}\hbar\nabla).$$

量子力学中算符的函数可以利用幂级数的定义得到, 即

$$F(\hat{A})=\sum_n\frac{F^{(n)}(0)}{n!}\hat{A}^n,\quad F^{(n)}(x)=\frac{\partial^n}{\partial x^n}F(x),$$

$$F(\hat{A},\hat{B})=\sum_{n,m}\frac{F^{(n,m)}(0,0)}{n!m!}\hat{A}^n\hat{B}^m,$$

$$F^{(n,m)}(x,y)=\frac{\partial^n}{\partial x^n}\frac{\partial^m}{\partial y^m}F(x,y).$$

在经典力学中, 位置矢量为 $\boldsymbol{r}$、动量为 $\boldsymbol{p}$ 的粒子绕坐标原点 O 的角动量是

$$\boldsymbol{L}=\boldsymbol{r}\times\boldsymbol{p},$$

因而量子力学中的角动量算符是

$$\hat{\boldsymbol{L}}=\boldsymbol{r}\times\hat{\boldsymbol{p}}=-\mathrm{i}\hbar\boldsymbol{r}\times\nabla.$$

对于那些只在量子力学中才出现, 而在经典力学中没有的力学量, 例如, 自旋, 它们的算符如何引入将另行讨论. 下面我们讨论两类具有代表性的力学量算符及其本征函数.

1. **动量算符及其本征函数**

动量算符的本征方程是

$$\frac{\hbar}{\mathrm{i}}\nabla\psi_{\boldsymbol{p}}(\boldsymbol{r})=\boldsymbol{p}\psi_{\boldsymbol{p}}(\boldsymbol{r}),\quad -\infty<x,y,z<\infty,$$

其中, $\boldsymbol{p}$ 是动量算符的本征值, $\psi_{\boldsymbol{p}}(\boldsymbol{r})$ 是对应于这个本征值的本征函数. 上式的三个分量方程分别是

$$\frac{\hbar}{\mathrm{i}}\frac{\partial}{\partial x}\psi_{\boldsymbol{p}}(\boldsymbol{r})=p_x\psi_{\boldsymbol{p}}(\boldsymbol{r}),\quad -\infty<x<\infty,$$

$$\frac{\hbar}{\mathrm{i}}\frac{\partial}{\partial y}\psi_{\boldsymbol{p}}(\boldsymbol{r})=p_y\psi_{\boldsymbol{p}}(\boldsymbol{r}),\quad -\infty<y<\infty,$$

$$\frac{\hbar}{\mathrm{i}}\frac{\partial}{\partial z}\psi_{\boldsymbol{p}}(\boldsymbol{r})=p_z\psi_{\boldsymbol{p}}(\boldsymbol{r}),\quad -\infty<z<\infty.$$

它们的解是

$$\psi_{\boldsymbol{p}}(\boldsymbol{r})=C\exp\left(\frac{\mathrm{i}}{\hbar}\boldsymbol{p}\cdot\boldsymbol{r}\right),$$

其中, C 是归一化常量. 为了确定 C 的数值, 计算如下积分:

$$\begin{aligned}\int_{-\infty}^{\infty}\psi_{\boldsymbol{p}'}^{*}(\boldsymbol{r})\psi_{\boldsymbol{p}}(\boldsymbol{r})\mathrm{d}\boldsymbol{r} =&|C|^2\int_{-\infty}^{\infty}\int_{-\infty}^{\infty}\int_{-\infty}^{\infty}\exp\left\{\frac{\mathrm{i}}{\hbar}\left[(p_x-p_x')\,x\right.\right.\\&\left.\left.+\left(p_y-p_y'\right)y+\left(p_z-p_z'\right)z\right]\right\}\mathrm{d}x\mathrm{d}y\mathrm{d}z.\end{aligned}$$

因为

$$\int_{-\infty}^{\infty}\exp\left[\frac{\mathrm{i}}{\hbar}\left(p_x-p_x'\right)x\right]\mathrm{d}x=2\pi\hbar\delta\left(p_x-p_x'\right),$$

其中, $\delta\left(p_x-p_x'\right)$ 是以 p_x-p_x' 为宗量的 δ 函数, 所以

$$\begin{aligned}\int_{-\infty}^{\infty}\psi_{\boldsymbol{p}'}^{*}(\boldsymbol{r})\psi_{\boldsymbol{p}}(\boldsymbol{r})\mathrm{d}\boldsymbol{r}&=|C|^2(2\pi\hbar)^3\delta\left(p_x-p_x'\right)\delta\left(p_y-p_y'\right)\delta\left(p_z-p_z'\right)\\&\equiv|C|^2(2\pi\hbar)^3\delta\left(\boldsymbol{p}-\boldsymbol{p}'\right).\end{aligned}$$

因此, 如果取 $C=(2\pi\hbar)^{-3/2}$, 则 $\psi_{\boldsymbol{p}}(\boldsymbol{r})$ 归一化为 δ 函数:

$$\int_{-\infty}^{\infty}\psi_{\boldsymbol{p}'}^{*}(\boldsymbol{r})\psi_{\boldsymbol{p}}(\boldsymbol{r})\mathrm{d}\boldsymbol{r}=\delta\left(\boldsymbol{p}-\boldsymbol{p}'\right),$$

所以

$$\psi_{\boldsymbol{p}}(\boldsymbol{r})=\frac{1}{(2\pi\hbar)^{3/2}}\exp\left(\frac{\mathrm{i}}{\hbar}\boldsymbol{p}\cdot\boldsymbol{r}\right).$$

$\psi_{\boldsymbol{p}}(\boldsymbol{r})$ 不要求归一化为 1, 而是要求归一化为 δ 函数, 这是由于 $\boldsymbol{r}$ 定义于无穷区域, $\psi_{\boldsymbol{p}}(\boldsymbol{r})$ 对应的本征值 $\boldsymbol{p}$ 可以取任意值, 即动量的本征值组成连续谱的缘故.

在一些具体问题中遇到动量的本征值问题时, 经常需要把动量的连续本征值变为分立本征值进行计算, 最后再把分立本征值变回连续本征值. 这通常可通过下面的办法来实现: 设想粒子被限制在一个正方体箱中, 箱的边长为 L, 取箱的中心作为坐标原点. 要求波函数在两个相对的箱壁上的对应点处具有相同的值. 波函数所满足的这种边界条件称为**周期性边界条件**. 加上这个条件后, 动量的本征值就由连续谱变为分立谱, 因为根据这一条件, 在 $A\left(L/2,y,z\right)$ 点和 $A'\left(-L/2,y,z\right)$ 点处, $\psi_{\boldsymbol{p}}$ 的值应相同, 即

$$C\exp\left[\frac{\mathrm{i}}{\hbar}\left(-\frac{1}{2}p_xL+p_yy+p_zz\right)\right]=C\exp\left[\frac{\mathrm{i}}{\hbar}\left(\frac{1}{2}p_xL+p_yy+p_zz\right)\right],$$

也即

$$\exp\left(\frac{\mathrm{i}}{\hbar}p_xL\right)=1,$$

这个方程的解是

$$\frac{p_x}{\hbar}L=2n_x\pi,$$

其中, $n_x = 0, \pm 1, \cdots$, 也就是说, p_x 只能取下列分立值:

$$p_x = \frac{2\pi\hbar n_x}{L}.$$

同样, 根据波函数在 $(x, -L/2, z)$ 点和 $(x, L/2, z)$ 点, 以及在 $(x, y, -L/2)$ 点和 $(x, y, L/2)$ 点处应分别有相同的值, 可以得出 p_y 和 p_z 只能取下列分立值:

$$\begin{aligned} p_y &= \frac{2\pi\hbar n_y}{L}, \quad n_y = 0, \pm 1, \cdots, \\ p_z &= \frac{2\pi\hbar n_z}{L}, \quad n_z = 0, \pm 1, \cdots. \end{aligned}$$

由此可知, 两个相邻本征值的间隔与 L 成反比. 当 L 选得足够大时, 本征值的间隔可以任意小; 当 $L \to \infty$ 时, 本征值就由分立谱变为连续谱. 在周期性边界条件下, 动量本征函数可以归一化为 1, 归一化因子为 $C = L^{-3/2}$, 因而

$$\psi_{\boldsymbol{p}} = \frac{1}{L^{3/2}} \exp\left(\frac{\mathrm{i}}{\hbar}\boldsymbol{p} \cdot \boldsymbol{r}\right).$$

这可证明如下:

$$\int \psi_{\boldsymbol{p}}^* \psi_{\boldsymbol{p}} \mathrm{d}\boldsymbol{r} = \frac{1}{L^3} \int_{-L/2}^{L/2} \mathrm{d}x \int_{-L/2}^{L/2} \mathrm{d}y \int_{-L/2}^{L/2} \mathrm{d}z = 1.$$

像这样把粒子限制在三维箱中, 再加上周期性边界条件的归一化方法, 称为**箱归一化**. 本征函数 $\psi_{\boldsymbol{p}}(\boldsymbol{r}) \exp\left(-\frac{\mathrm{i}}{\hbar}Et\right)$ 就是自由粒子的一种波函数. 在它所描述的态中, 粒子的动量有确定值 $\boldsymbol{p}$, 这个确定值就是动量算符在这个态中的本征值.

例 设一维无限深方势阱的阱宽为 a. 求处于基态的粒子的动量分布.

解答 基态波函数

$$\psi_1(x) = \sqrt{\frac{2}{a}} \sin\frac{\pi x}{a}$$

可以用动量本征函数展开, 即

$$\psi_1(x) = \int C_1(p)\psi_p(x)\mathrm{d}p,$$

其中,

$$\psi_p(x) = \frac{\mathrm{e}^{\mathrm{i}px/\hbar}}{\sqrt{2\pi\hbar}},$$

因此

$$\begin{aligned}C_1(p) &= \frac{1}{\sqrt{2\pi\hbar}}\int_0^a \sqrt{\frac{2}{a}}\sin\frac{\pi x}{a}\cdot \mathrm{e}^{-\frac{\mathrm{i}}{\hbar}px}\,\mathrm{d}x \\ &= -\frac{1}{\sqrt{2\pi\hbar}}\sqrt{\frac{2}{a}}\frac{1}{2}\left[\frac{\mathrm{e}^{\mathrm{i}\left(\frac{\pi}{a}-\frac{p}{\hbar}\right)a}-1}{\frac{\pi}{a}-\frac{p}{\hbar}}+\frac{\mathrm{e}^{-\mathrm{i}\left(\frac{\pi}{a}+\frac{p}{\hbar}\right)a}-1}{\frac{\pi}{a}+\frac{p}{\hbar}}\right].\end{aligned}$$

2. **角动量算符及其本征函数**

角动量算符 $\hat{\boldsymbol{L}} = \boldsymbol{r}\times\hat{\boldsymbol{p}}$ 在直角坐标系中的三个分量分别是

$$\begin{aligned}\hat{L}_x &= y\hat{p}_z - z\hat{p}_y = \frac{\hbar}{\mathrm{i}}\left(y\frac{\partial}{\partial z}-z\frac{\partial}{\partial y}\right),\\ \hat{L}_y &= z\hat{p}_x - x\hat{p}_z = \frac{\hbar}{\mathrm{i}}\left(z\frac{\partial}{\partial x}-x\frac{\partial}{\partial z}\right),\\ \hat{L}_z &= x\hat{p}_y - y\hat{p}_x = \frac{\hbar}{\mathrm{i}}\left(x\frac{\partial}{\partial y}-y\frac{\partial}{\partial x}\right).\end{aligned}$$

角动量平方的算符是

$$\begin{aligned}\hat{L}^2 =& \hat{L}_x^2+\hat{L}_y^2+\hat{L}_z^2\\ =& -\hbar^2\left[\left(y\frac{\partial}{\partial z}-z\frac{\partial}{\partial y}\right)^2+\left(z\frac{\partial}{\partial x}-x\frac{\partial}{\partial z}\right)^2+\left(x\frac{\partial}{\partial y}-y\frac{\partial}{\partial x}\right)^2\right].\end{aligned}$$

为了便于求解角动量算符的本征方程, 我们用球坐标把这些算符表示出来. 注意到直角坐标 x, y, z 和球坐标 r, θ, φ 之间的关系为

$$\begin{gathered}x = r\sin\theta\cos\varphi,\quad y = r\sin\theta\sin\varphi,\quad z = r\cos\theta;\\ r^2 = x^2+y^2+z^2,\quad \cos\theta = \frac{z}{r},\quad \tan\varphi = \frac{y}{x}.\end{gathered}$$

将 $r^2 = x^2+y^2+z^2$ 两边对 x 求偏导, 得

$$\frac{\partial r}{\partial x} = \frac{x}{r} = \sin\theta\cos\varphi,$$

同样可得 $\frac{\partial r}{\partial y}$, $\frac{\partial r}{\partial z}$. 将 $\cos\theta = \frac{z}{r}$ 两边对 x 求偏导, 得

$$\frac{\partial \theta}{\partial x} = \frac{1}{\sin\theta}\frac{z}{r^2}\frac{\partial r}{\partial x} = \frac{1}{r}\cos\theta\cos\varphi,$$

同样可得 $\frac{\partial \theta}{\partial y}$, $\frac{\partial \theta}{\partial z}$. 将 $\tan\varphi = \frac{y}{x}$ 两边对 x 求偏导, 得

$$\frac{\partial \varphi}{\partial x} = -\frac{1}{\sec^2\varphi}\frac{y}{x^2} = -\frac{\sin\varphi}{r\sin\theta},$$

同样可得 $\dfrac{\partial\varphi}{\partial y}$, $\dfrac{\partial\varphi}{\partial z}$. 利用以上关系式, 可以得到

$$\begin{aligned}
\frac{\partial}{\partial x} &= \frac{\partial r}{\partial x}\frac{\partial}{\partial r}+\frac{\partial \theta}{\partial x}\frac{\partial}{\partial \theta}+\frac{\partial \varphi}{\partial x}\frac{\partial}{\partial \varphi}\\
&= \sin\theta\cos\varphi\frac{\partial}{\partial r}+\frac{1}{r}\cos\theta\cos\varphi\frac{\partial}{\partial\theta}-\frac{1}{r}\frac{\sin\varphi}{\sin\theta}\frac{\partial}{\partial\varphi},\\
\frac{\partial}{\partial y} &= \frac{\partial r}{\partial y}\frac{\partial}{\partial r}+\frac{\partial \theta}{\partial y}\frac{\partial}{\partial \theta}+\frac{\partial \varphi}{\partial y}\frac{\partial}{\partial \varphi}\\
&= \sin\theta\sin\varphi\frac{\partial}{\partial r}+\frac{1}{r}\cos\theta\sin\varphi\frac{\partial}{\partial\theta}+\frac{1}{r}\frac{\cos\varphi}{\sin\theta}\frac{\partial}{\partial\varphi},\\
\frac{\partial}{\partial z} &= \frac{\partial r}{\partial z}\frac{\partial}{\partial r}+\frac{\partial \theta}{\partial z}\frac{\partial}{\partial \theta}+\frac{\partial \varphi}{\partial z}\frac{\partial}{\partial \varphi}=\cos\theta\frac{\partial}{\partial r}-\frac{1}{r}\sin\theta\frac{\partial}{\partial\theta}.
\end{aligned}$$

于是, 我们可以得到用球坐标表示的如下表达式:

$$\begin{aligned}
\hat{L}_x &= \mathrm{i}\hbar\left(\sin\varphi\frac{\partial}{\partial\theta}+\cot\theta\cos\varphi\frac{\partial}{\partial\varphi}\right),\\
\hat{L}_y &= -\mathrm{i}\hbar\left(\cos\varphi\frac{\partial}{\partial\theta}-\cot\theta\sin\varphi\frac{\partial}{\partial\varphi}\right),\\
\hat{L}_z &= -\mathrm{i}\hbar\frac{\partial}{\partial\varphi},
\end{aligned}$$

由此可得

$$\begin{aligned}
\hat{L}_x^2 = -\hbar^2\bigg[&\sin^2\varphi\frac{\partial^2}{\partial\theta^2}+2\cot\theta\sin\varphi\cos\varphi\frac{\partial^2}{\partial\theta\partial\varphi}+\cot^2\theta\cos^2\varphi\frac{\partial^2}{\partial\varphi^2}\\
&+\cot\theta\cos^2\varphi\frac{\partial}{\partial\theta}-\left(\cot^2\theta+\csc^2\theta\right)\sin\varphi\cos\varphi\frac{\partial}{\partial\varphi}\bigg],\\
\hat{L}_y^2 = -\hbar^2\bigg[&\cos^2\varphi\frac{\partial^2}{\partial\theta^2}-2\cot\theta\sin\varphi\cos\varphi\frac{\partial^2}{\partial\theta\partial\varphi}+\cot^2\theta\sin^2\varphi\frac{\partial^2}{\partial\varphi^2}\\
&+\cot\theta\sin^2\varphi\frac{\partial}{\partial\theta}+\left(\cot^2\theta+\csc^2\theta\right)\sin\varphi\cos\varphi\frac{\partial}{\partial\varphi}\bigg],\\
\hat{L}_z^2 = -\hbar^2&\frac{\partial^2}{\partial\varphi^2},\\
\hat{L}^2 = -\hbar^2&\left[\frac{1}{\sin\theta}\frac{\partial}{\partial\theta}\left(\sin\theta\frac{\partial}{\partial\theta}\right)+\frac{1}{\sin^2\theta}\frac{\partial^2}{\partial\varphi^2}\right].
\end{aligned}$$

于是, $\hat{L}^2$ 的本征方程可写为

$$-\hbar^2\left[\frac{1}{\sin\theta}\frac{\partial}{\partial\theta}\left(\sin\theta\frac{\partial}{\partial\theta}\right)+\frac{1}{\sin^2\theta}\frac{\partial^2}{\partial\varphi^2}\right]Y(\theta,\varphi)=\lambda\hbar^2Y(\theta,\varphi), \tag{4.1.5}$$

或

$$\left[\frac{1}{\sin\theta}\frac{\partial}{\partial\theta}\left(\sin\theta\frac{\partial}{\partial\theta}\right)+\frac{1}{\sin^2\theta}\frac{\partial^2}{\partial\varphi^2}\right]Y(\theta,\varphi)=-\lambda Y(\theta,\varphi),$$

其中, $Y(\theta,\varphi)$ 是 $\hat{L}^2$ 算符的本征函数, 对应于本征值 $\lambda\hbar^2$. 方程 (4.1.5) 的解在数学物理方法中讨论过, 为了使 $Y(\theta,\varphi)$ 在 θ 变化的闭区间 $[0,\pi]$ 上都是有限的, 必须有

$$\lambda=l(l+1),\quad l=0,1,2,\cdots.$$

方程 (4.1.5) 的解是球谐函数 $Y_{lm}(\theta,\varphi)$:

$$Y_{lm}(\theta,\varphi)=(-1)^m N_{lm}P_l^m(\cos\theta)\mathrm{e}^{\mathrm{i}m\varphi},\quad m=0,1,2,\cdots,l, \tag{4.1.6}$$

$$Y_{lm}(\theta,\varphi)=(-1)^m Y_{l-m}^*(\theta,\varphi),\quad m=-1,-2,-3,\cdots,-l, \tag{4.1.7}$$

其中, N_{lm} 是归一化因子, $P_l^m(\cos\theta)$ 是连带勒让德 (Legendre) 多项式, 其定义为

$$P_l^m(x)=\left(1-x^2\right)^{|m|/2}\left(\frac{\mathrm{d}}{\mathrm{d}x}\right)^{|m|}P_l(x),$$

这里, $P_l(x)$ 是勒让德多项式, 其定义为

$$P_l(x)=\frac{1}{2^l l!}\left(\frac{\mathrm{d}}{\mathrm{d}x}\right)^l\left(x^2-1\right)^l.$$

例如,

$$P_0(x)=1,\quad P_1(x)=\frac{1}{2}\frac{\mathrm{d}}{\mathrm{d}x}\left(x^2-1\right)=x,$$

$$P_2(x)=\frac{1}{4\cdot 2}\left(\frac{\mathrm{d}}{\mathrm{d}x}\right)^2\left(x^2-1\right)^2=\frac{1}{2}\left(3x^2-1\right).$$

我们接下来列出如下几个连带勒让德多项式:

$$\begin{aligned}
&P_0^0=1, && P_2^0=\frac{1}{2}\left(3\cos^2\theta-1\right),\\
&P_1^1=\sin\theta, && P_3^3=15\sin\theta\left(1-\cos^2\theta\right),\\
&P_1^0=\cos\theta, && P_3^2=15\sin^2\theta\cos\theta,\\
&P_2^2=3\sin^2\theta, && P_3^1=\frac{3}{2}\sin\theta\left(5\cos^2\theta-1\right),\\
&P_2^1=3\sin\theta\cos\theta, && P_3^0=\frac{1}{2}\left(5\cos^3\theta-3\cos\theta\right).
\end{aligned}$$

由 $Y_{lm}(\theta,\varphi)$ 的正交归一化条件

$$\int_0^{\pi}\int_0^{2\pi} Y_{lm}^*(\theta,\varphi)Y_{l'm'}(\theta,\varphi)\sin\theta\mathrm{d}\theta\mathrm{d}\varphi=\delta_{ll'}\delta_{mm'},$$

其中, $m=0,\pm1,\cdots,\pm l, m'=0,\pm1,\cdots,\pm l'$, 可以算得

$$N_{lm}=\sqrt{\frac{(l-m)!(2l+1)}{(l+m)!4\pi}}.$$

由上面的结果可知, $\hat{L}^2$ 的本征值是 $l(l+1)\hbar^2$, 对应的本征函数是 $Y_{lm}(\theta,\varphi)$, 本征方程是

$$\hat{L}^2Y_{lm}(\theta,\varphi)=l(l+1)\hbar^2Y_{lm}(\theta,\varphi). \tag{4.1.8}$$

因为 l **表征角动量的大小, 所以称之为轨道角量子数**, m 则称为**磁量子数**. 由球谐函数的表达式 (4.1.6) 可知, 对应于一个 l 值, m 可以取 $2l+1$ 个值, 因此, 对应于 $\hat{L}^2$ 的一个本征值 $l(l+1)\hbar^2$, 有 $2l+1$ 个不同的本征函数 Y_{lm}. 我们把一个本征值和多个本征函数相对应的情况称为**简并**, 把对应于同一个本征值的本征函数的数目称为简并度. $\hat{L}^2$ 的本征值是 $2l+1$ 度简并的.

对于 $\hat{L}_z$, 有

$$\hat{L}_zY_{lm}(\theta,\varphi)=m\hbar Y_{lm}(\theta,\varphi). \tag{4.1.9}$$

即在态 Y_{lm} 中, 体系的角动量在 z 方向的投影是

$$L_z=m\hbar.$$

因此, **球谐函数 $Y_{lm}(\theta,\varphi)$ 是 $\hat{L}^2$ 和 $\hat{L}_z$ 的共同本征函数**. 一般称 $l=0$ 的态为 s 态, $l=1,2,3,\cdots$ 的态依次为 p, d, f, $\cdots$ 态. 处于这些态的粒子依次简称为 s, p, d, f, $\cdots$ 粒子.

下面给出前几个球谐函数的表达式:

$$Y_{0,0}=\left(\frac{1}{4\pi}\right)^{1/2}, \qquad Y_{2,\pm2}=\left(\frac{15}{32\pi}\right)^{1/2}\sin^2\theta\mathrm{e}^{\pm2\mathrm{i}\varphi},$$

$$Y_{1,0}=\left(\frac{3}{4\pi}\right)^{1/2}\cos\theta, \qquad Y_{3,0}=\left(\frac{7}{16\pi}\right)^{1/2}\left(5\cos^3\theta-3\cos\theta\right),$$

$$Y_{1,\pm1}=\mp\left(\frac{3}{8\pi}\right)^{1/2}\sin\theta\mathrm{e}^{\pm\mathrm{i}\varphi}, \quad Y_{3,\pm1}=\mp\left(\frac{21}{64\pi}\right)^{1/2}\sin\theta\left(5\cos^2\theta-1\right)\mathrm{e}^{\pm\mathrm{i}\varphi},$$

$$Y_{2,0}=\left(\frac{5}{16\pi}\right)^{1/2}\left(3\cos^2\theta-1\right),\qquad Y_{3,\pm2}=\left(\frac{105}{32\pi}\right)^{1/2}\sin^2\theta\cos\theta \mathrm{e}^{\pm2\mathrm{i}\varphi},$$

$$Y_{2,\pm1}=\mp\left(\frac{15}{8\pi}\right)^{1/2}\sin\theta\cos\theta \mathrm{e}^{\pm\mathrm{i}\varphi},\quad Y_{3,\pm3}=\mp\left(\frac{35}{64\pi}\right)^{1/2}\sin^3\theta \mathrm{e}^{\pm3\mathrm{i}\varphi}.$$

例 求角动量的 z 分量 $\hat{L}_z=-\mathrm{i}\hbar\dfrac{\partial}{\partial\varphi}$ 的本征函数.

解答 $\hat{L}_z$ 的本征方程为

$$-\mathrm{i}\hbar\frac{\partial}{\partial\varphi}\varPhi=l_z'\varPhi,$$

其中, l_z' 为本征值, 上式可改写为

$$\frac{\partial\ln\varPhi}{\partial\varphi}=\mathrm{i}l_z'/\hbar.$$

容易解出

$$\varPhi(\varphi)=C\exp\left(\mathrm{i}l_z'\varphi/\hbar\right),$$

其中, C 为积分常量, 可由归一化条件确定. 当绕 z 轴旋转一圈后, $\varphi\to\varphi+2\pi$, 粒子回到原来的位置. 作为一个力学量所对应的算符, $\hat{L}_z=-\mathrm{i}\hbar\dfrac{\partial}{\partial\varphi}$ 必须为厄米算符. 为了保证其厄米性, 要求波函数满足周期性边界条件, 即

$$\varPhi(\varphi+2\pi)=\varPhi(\varphi).$$

由此可得

$$l_z'/\hbar=m,\quad m=0,\pm1,\pm2,\cdots,$$

即 $\hat{L}_z$ 的本征值

$$l_z'=m\hbar$$

是量子化的. 相应的本征函数记为

$$\varPhi_m(\varphi)=C\mathrm{e}^{\mathrm{i}m\varphi}.$$

再利用归一化条件

$$\int_0^{2\pi}\left|\varPhi_m(\varphi)\right|^2\ \mathrm{d}\varphi=2\pi|C|^2=1,$$

通常取 C 为正实数, 即 $C=1/\sqrt{2\pi}$, 可得归一化波函数为

$$\varPhi_m(\varphi)=\frac{1}{\sqrt{2\pi}}\mathrm{e}^{\mathrm{i}m\varphi}.$$

容易证明该本征函数的正交归一性:

$$(\varPhi_m, \varPhi_n) = \int_0^{2\pi} \varPhi_m^*(\varphi)\varPhi_n(\varphi)\mathrm{d}\varphi = \delta_{mn}.$$

4.2 厄米算符及其本征函数

4.2.1 厄米算符

我们接下来讨论一类在量子力学中特别重要的算符 —— 厄米算符. 满足

$$\hat{F}^\dagger = \hat{F} \quad 或 \quad (\psi, \hat{F}\phi) = (\hat{F}\psi, \phi) \tag{4.2.1}$$

的算符 $\hat{F}$ 称为**厄米算符**. 不难证明, 两个厄米算符之和仍为厄米算符. 但两个厄米算符之积却不一定是厄米算符, 除非两者对易. 对于厄米算符, 有下列重要性质.

定理 厄米算符的本征值必为实数.

由厄米算符的定义式很容易证明厄米算符的本征值是实数. 设 λ 表示 $\hat{F}$ 的本征值, ψ 表示与其对应的本征函数, 则 $\hat{F}\psi = \lambda\psi$. 在 (4.2.1) 式中, 若取 $\phi = \psi$, 则有

$$\lambda \int \psi^* \psi \mathrm{d}\boldsymbol{r} = \lambda^* \int \psi^* \psi \mathrm{d}\boldsymbol{r},$$

由此可得

$$\lambda = \lambda^*,$$

即 λ 是实数.

4.2.2 厄米算符的本征函数的正交性

前面我们讨论了动量、角动量算符的本征值、本征函数. 现在进一步讨论厄米算符的本征函数的一个基本性质 —— 正交性. 对于动量算符的本征函数, 可以看到, 当 $\boldsymbol{p} \neq \boldsymbol{p}'$ 时,

$$\int \psi_{\boldsymbol{p}'}^*(\boldsymbol{r})\psi_{\boldsymbol{p}}(\boldsymbol{r})\mathrm{d}\boldsymbol{r} = 0,$$

也就是说, 对应于动量算符的不同本征值的两个本征函数 $\psi_{\boldsymbol{p}'}$ 和 $\psi_{\boldsymbol{p}}$ 相互正交. 一般地, 如果两个函数 ψ_1 和 ψ_2 满足

$$\int \psi_1^* \psi_2 \, \mathrm{d}\boldsymbol{r} = 0 \quad 或 \quad (\psi_1, \psi_2) = 0,$$

其中积分是对变量的整个区域进行的, 则称 ψ_1 和 ψ_2 相互正交. 对应于不同本征值的两个本征函数相互正交这种性质, 不仅是动量算符的本征函数所独有的, 而且是厄米算符的本征函数所共有的.

定理 厄米算符的对应于不同本征值的两个本征函数相互正交.

设 $\phi_1, \phi_2, \cdots, \phi_n, \cdots$ 是厄米算符 $\hat{F}$ 的本征函数, 它们对应的本征值 $\lambda_1, \lambda_2, \cdots, \lambda_n, \cdots$ 都不相等, 我们要证明: 当 $k \neq l$ 时, 有

$$\int \phi_k^* \phi_l \, \mathrm{d}\boldsymbol{r} = 0.$$

已知

$$\hat{F}\phi_k = \lambda_k \phi_k,$$
$$\hat{F}\phi_l = \lambda_l \phi_l,$$

且当 $k \neq l$ 时,

$$\lambda_k \neq \lambda_l.$$

因为 $\hat{F}$ 是厄米算符, 它的本征值都是实数, 即 $\lambda_k = \lambda_k^*$, 所以有

$$(\hat{F}\phi_k)^* = \lambda_k \phi_k^*.$$

以 ϕ_l 右乘上式两边, 并对变量的整个区域积分, 可得

$$\int (\hat{F}\phi_k)^* \phi_l \, \mathrm{d}\boldsymbol{r} = \lambda_k \int \phi_k^* \phi_l \, \mathrm{d}\boldsymbol{r}.$$

以 ϕ_k^* 左乘 $\hat{F}\phi_l = \lambda_l \phi_l$ 两边, 并对变量的整个区域积分, 可得

$$\int \phi_k^* (\hat{F}\phi_l) \mathrm{d}\boldsymbol{r} = \lambda_l \int \phi_k^* \phi_l \, \mathrm{d}\boldsymbol{r}.$$

由厄米算符的定义, 有

$$\int \phi_k^* (\hat{F}\phi_l) \mathrm{d}\boldsymbol{r} = \int (\hat{F}\phi_k)^* \phi_l \, \mathrm{d}\boldsymbol{r}.$$

所以

$$\lambda_k \int \phi_k^* \phi_l \, \mathrm{d}\boldsymbol{r} = \lambda_l \int \phi_k^* \phi_l \, \mathrm{d}\boldsymbol{r},$$

也即

$$(\lambda_k - \lambda_l) \int \phi_k^* \phi_l \, \mathrm{d}\boldsymbol{r} = 0.$$

由

$$\lambda_k - \lambda_l \neq 0,$$

可得

$$\int \phi_k^* \phi_l \, \mathrm{d}\boldsymbol{r} = 0.$$

这就是我们所要证明的结论. 无论 $\hat{F}$ 的本征值组成分立谱还是连续谱, 这个定理及其证明都成立. 在 $\hat{F}$ 的本征值 λ_k 组成分立谱的情况下, 假定本征函数 ϕ_k 已归一化:

$$\int \phi_k^* \phi_k \, \mathrm{d}\boldsymbol{r} = 1,$$

则有

$$\int \phi_k^* \phi_l \, \mathrm{d}\boldsymbol{r} = \delta_{kl}. \tag{4.2.2}$$

如果 $\hat{F}$ 的本征值 λ 组成连续谱, 则本征函数 ϕ_λ 可以归一化为 δ 函数, 因此有

$$\int \phi_\lambda^* \phi_{\lambda'} \, \mathrm{d}\boldsymbol{r} = \delta\left(\lambda - \lambda'\right). \tag{4.2.3}$$

满足条件 (4.2.2) 或 (4.2.3) 的函数系 ϕ_k 或 ϕ_λ 称为正交归一系. 在上面证明厄米算符的本征函数的正交性时, 我们曾假设这些本征函数所对应的本征值互不相等. 如果 $\hat{F}$ 的一个本征值 λ_n 是 l 度简并的, 则对应于它的线性独立的本征函数不止一个, 而是 l 个: ϕ_{n1}, ϕ_{n2}, $\cdots$, ϕ_{nl}, 即

$$\hat{F}\phi_{ni} = \lambda_n \phi_{ni}, \quad i = 1, 2, \cdots, l,$$

一般来讲, 这些函数并不一定相互正交. 但是, 我们总可以用 l^2 个常量 A_{ji} 把这 l 个函数线性组合成 l 个新函数 ψ_{nj}:

$$\psi_{nj} = \sum_{i=1}^{l} A_{ji} \phi_{ni}, \quad j = 1, 2, \cdots, l,$$

使得这些新函数 ψ_{nj} 是相互正交的. 利用 ψ_{nj} 的正交归一化条件, 有

$$\int \psi_{nj}^* \psi_{nj'} \mathrm{d}\boldsymbol{r} = \sum_{i=1}^{l} \sum_{i'=1}^{l} A_{ji}^* A_{ji'} \int \phi_{ni}^* \phi_{ni'} \mathrm{d}\boldsymbol{r} = \delta_{jj'}, \quad j, j' = 1, 2, \cdots, l,$$

即共有 $l(l+1)/2$ 个方程 (其中, $j = j'$ 的归一化条件有 l 个, $j \neq j'$ 的正交化条件有 $l(l-1)/2$ 个), 而待定系数 A_{ji} 有 l^2 个. 当 $l > 1$ 时, $l^2 > l(l+1)/2$, 即待定系数 A_{ji} 的数目大于 A_{ji} 所应满足的方程的数目, 故可以有许多种方法选择 A_{ji}, 使

得函数 ψ_{nj} 满足正交归一化条件. 一种把简并态本征函数正交化的常用方法是施密特 (Schmidt) 正交化方法. 显然, ψ_{nj} 仍是 $\hat{F}$ 对应于本征值 λ_n 的本征函数, 即

$$\hat{F}\psi_{nj} = \sum_{i=1}^{l} A_{ji}\hat{F}\phi_{ni} = \lambda_n \sum_{i=1}^{l} A_{ji}\phi_{ni} = \lambda_n\psi_{nj}.$$

假设一个体系处于量子态 ψ, 当人们去测量它的力学量 F 时, 一般说来, 可能出现各种不同的结果, 相应各有一定的概率. 而对于都用 ψ 来描述其状态的大量完全相同的体系, 即系综进行多次测量的结果的平均值将趋于一个确定值. **量子力学中引入一个基本假定: 如果算符 $\hat{F}$ 表示力学量 F, 那么当体系处于 $\hat{F}$ 的本征态 ϕ 时, 力学量 F 有确定值, 这个值就是 $\hat{F}$ 在本征态 ϕ 中的本征值**. 我们知道, 所有力学量的数值都是实数. 由于表示力学量的算符的本征值是这个力学量的可能值, 因此表示力学量的算符的本征值必须是实数. 厄米算符就具有这个性质, 因而量子力学中表示力学量的算符都是厄米算符.

例 1 宇称 (空间反演) 算符 $\hat{\pi}$ 满足 $\hat{\pi}\psi(\boldsymbol{r}) = \psi(-\boldsymbol{r})$. (1) 证明 $\hat{\pi}^\dagger = \hat{\pi}$. (2) 证明 $\hat{\pi}^2 = 1$, 并求 $\hat{\pi}$ 的本征值、本征态.

证明 (1) 对于任意的 $\psi(\boldsymbol{r})$, $\phi(\boldsymbol{r})$, 有

$$\int \psi^*(\boldsymbol{r})\hat{\pi}\phi(\boldsymbol{r})\mathrm{d}\boldsymbol{r} = \int \psi^*(\boldsymbol{r})\phi(-\boldsymbol{r})\mathrm{d}\boldsymbol{r},$$

其中积分遍及整个空间. 令上式右边 $\boldsymbol{r} \to -\boldsymbol{r}'$, 则有

$$\int \psi^*(\boldsymbol{r})\hat{\pi}\phi(\boldsymbol{r})\mathrm{d}\boldsymbol{r} = \int \psi^*(-\boldsymbol{r}')\phi(\boldsymbol{r}')\mathrm{d}\boldsymbol{r}',$$

根据宇称算符的定义可知, $\psi^*(-\boldsymbol{r}') = [\hat{\pi}\psi(\boldsymbol{r}')]^*$, 将之代入上式右边, 可得

$$\int \psi^*(\boldsymbol{r})\hat{\pi}\phi(\boldsymbol{r})\mathrm{d}\boldsymbol{r} = \int \phi(\boldsymbol{r}')[\hat{\pi}\psi(\boldsymbol{r}')]^*\mathrm{d}\boldsymbol{r}',$$

根据厄米共轭的定义, 可知

$$\int \psi^*(\boldsymbol{r})\hat{\pi}\phi(\boldsymbol{r})\mathrm{d}\boldsymbol{r} = \int \phi(\boldsymbol{r})[\hat{\pi}\psi(\boldsymbol{r})]^*\mathrm{d}\boldsymbol{r},$$

故 $\hat{\pi}^\dagger = \hat{\pi}$.

(2) 宇称算符为厄米、自逆、幺正的. 设 $\hat{\pi}$ 的本征值为 λ, 对应的本征态为 $\psi(\boldsymbol{r})$, 则其本征方程为

$$\hat{\pi}\psi(\boldsymbol{r}) = \lambda\psi(\boldsymbol{r}),$$

所以

$$\hat{\pi}^2\psi(\boldsymbol{r}) = \hat{\pi}\hat{\pi}\psi(\boldsymbol{r}) = \hat{\pi}\lambda\psi(\boldsymbol{r}) = \lambda\hat{\pi}\psi(\boldsymbol{r}) = \lambda^2\psi(\boldsymbol{r}).$$

已知 $\hat{\pi}^2 = 1$, 即 $\hat{\pi}^2\psi(\boldsymbol{r}) = \psi(\boldsymbol{r})$, 所以

$$\lambda^2\psi(\boldsymbol{r}) = \psi(\boldsymbol{r}),$$

因此

$$\lambda^2 = 1,$$

即

$$\lambda = \pm 1.$$

此即 $\hat{\pi}$ 的本征值, 将之代入上述本征方程, 可得

$$\hat{\pi}\psi_{\pm}(\boldsymbol{r}) = \pm\psi_{\pm}(\boldsymbol{r}).$$

因此对应于本征值 1 的本征态为满足 $\psi_+(-\boldsymbol{r}) = \psi_+(\boldsymbol{r})$ 的态, 称为偶宇称态; 对应于本征值 -1 的本征态为满足 $\psi_-(-\boldsymbol{r}) = -\psi_-(\boldsymbol{r})$ 的态, 称为奇宇称态.

例 2 已知 $\hat{A}^\dagger = \hat{A}$, $\hat{B}^\dagger = \hat{B}$, $\hat{F} \equiv \hat{A} + \mathrm{i}\hat{B}$, 请问在什么条件下 $\hat{F}^2$ 为厄米算符?

解答 按题设可知

$$\hat{F}^2 = \hat{A}^2 - \hat{B}^2 + \mathrm{i}(\hat{A}\hat{B} + \hat{B}\hat{A}),$$

其中, $\hat{A}$, $\hat{B}$ 为厄米算符, $\hat{F}^2$ 的厄米共轭算符为

$$\hat{F}^{2\dagger} = \hat{A}^2 - \hat{B}^2 - \mathrm{i}(\hat{A}\hat{B} + \hat{B}\hat{A}).$$

若 $\hat{F}^2$ 为厄米算符, 则要求 $\hat{F}^2 = \hat{F}^{2\dagger}$, 因此有 $[\hat{A}, \hat{B}]_+ = \hat{A}\hat{B} + \hat{B}\hat{A} = 0$, 即 $\hat{A}, \hat{B}$ 反对易.

4.3 力学量与算符的关系

4.3.1 测量公设

我们接下来研究算符和它所表示的力学量之间的关系问题. 为了建立这个关系, 我们前面曾引入一个基本假定. 不过这个基本假定还不能完全解决这个问题, 因为它只说明当体系处于算符 $\hat{F}$ 的本征态 ϕ 时, 算符 $\hat{F}$ 所表示的力学量 F 有确

定值, 这个值就是算符 $\hat{F}$ 在其本征态 ϕ 中的本征值. 如果体系不处于 $\hat{F}$ 的本征态, 而是处于任意一个态 ψ, 则算符 $\hat{F}$ 和它所表示的力学量之间的关系如何, 在前面的假定中并未提到. 因此, 有必要引入新的假定, 使它能适用于一般情况.

关于厄米算符的本征函数, 在数学中已经证明: 如果 $\hat{F}$ 是满足一定条件的厄米算符, 它的正交归一化本征函数是 $\phi_n(\boldsymbol{r})$, 对应的本征值是 λ_n, 则任意一个函数 $\psi(\boldsymbol{r})$ 都可以按 $\phi_n(\boldsymbol{r})$ 展开为级数:

$$\psi(\boldsymbol{r})=\sum_n c_n\phi_n(\boldsymbol{r}), \tag{4.3.1}$$

其中, c_n 与 $\boldsymbol{r}$ 无关. 本征函数 $\phi_n(\boldsymbol{r})$ 的这种性质称为**完备性**, 或者说 $\{\phi_n(\boldsymbol{r})\}$ 组成完全系. (4.3.1) 式中的系数 c_n 可以由 $\psi(\boldsymbol{r})$ 和 $\phi_n(\boldsymbol{r})$ 求出. 以 $\phi_m^*(\boldsymbol{r})$ 左乘 (4.3.1) 式两边, 并对 $\boldsymbol{r}$ 的整个区域积分, 由 $\phi_n(\boldsymbol{r})$ 的正交归一性, 有

$$\begin{aligned}\int\phi_m^*(\boldsymbol{r})\psi(\boldsymbol{r})\mathrm{d}\boldsymbol{r}&=\sum_n c_n\int\phi_m^*(\boldsymbol{r})\phi_n(\boldsymbol{r})\mathrm{d}\boldsymbol{r}\\&=\sum_n c_n\delta_{mn}=c_m,\end{aligned}$$

即

$$c_n=\int\phi_n^*(\boldsymbol{r})\psi(\boldsymbol{r})\mathrm{d}\boldsymbol{r}.$$

由此可知, **量子力学中表示力学量的厄米算符的本征函数组成完全系**. 以 $\psi(\boldsymbol{r})$ 表示体系的状态波函数, 则 $\psi(\boldsymbol{r})$ 可以用 (4.3.1) 式按算符 $\hat{F}$ 的全部本征函数展开. 设 $\psi(\boldsymbol{r})$ 已归一化, 则由 $\phi_n(\boldsymbol{r})$ 的正交归一性, 可以得出 $|c_n|^2$ 之和等于 1:

$$\begin{aligned}1=\int\psi^*(\boldsymbol{r})\psi(\boldsymbol{r})\mathrm{d}\boldsymbol{r}&=\sum_{m,n}c_m^*c_n\int\phi_m^*(\boldsymbol{r})\phi_n(\boldsymbol{r})\mathrm{d}\boldsymbol{r}\\&=\sum_{m,n}c_m^*c_n\delta_{mn}=\sum_n|c_n|^2.\end{aligned}$$

如果 $\psi(\boldsymbol{r})$ 是算符 $\hat{F}$ 的某一个本征函数, 例如, $\phi_i(\boldsymbol{r})$, 则 (4.3.1) 式中的系数除 $c_i=1$ 外, 其余都等于零. 根据基本假定, 在这种情况下测量力学量 F, 必定得到 $F=\lambda_i$ 的结果. 这个特例说明 $|c_n|^2$ 具有概率的意义, 它表示在态 $\psi(\boldsymbol{r})$ 中测量力学量 F 得到的结果是 $\hat{F}$ 的本征值 λ_n 的概率. 正因如此, c_n 常被称为概率幅.

归纳上面的讨论, 我们引入量子力学中关于**力学量与算符的关系的一个基本假定: 量子力学中表示力学量的算符都是厄米算符, 它们的本征函数组成完全系. 当体系处于波函数 $\psi(\boldsymbol{r})=\sum\limits_n c_n\phi_n(\boldsymbol{r})$ 描述的状态时, 测量力学量 F 所得的值必定是算符 $\hat{F}$ 的本征值 λ_n 之一, 测得 λ_n 的概率是 $|c_n|^2$.** 一旦测得 F 的值为某个本

征值 λ_m, 则此时体系的量子态就坍缩到与 λ_m 对应的本征态 $\phi_m(\boldsymbol{r})$ 上. 这个假定的正确性如同薛定谔方程一样, 只能由整个理论与实验结果相符而得到验证. 根据这个假定, 力学量在一般的状态中没有确定值, 而有一系列的可能值, 这些可能值就是表示这个力学量的算符的本征值. 每个可能值都以确定的概率出现. 按照由概率求平均值的法则, 可以求得力学量 F 在态 ψ 中的平均值是

$$\langle F\rangle=\sum_n \lambda_n\left|c_n\right|^2. \tag{4.3.2}$$

(4.3.2) 式可以改写为

$$\langle F\rangle=\int \psi^*(\boldsymbol{r})\hat{F}\psi(\boldsymbol{r})\mathrm{d}\boldsymbol{r}. \tag{4.3.3}$$

这是在完全一样的系统构成的系综上进行测量的平均值, 所有系统都处于态 ψ. 这两个式子相等可以用 (4.3.1) 式及 $\phi_n(\boldsymbol{r})$ 的正交归一性来证明, 即

$$\begin{aligned}\int \psi^*(\boldsymbol{r})\hat{F}\psi(\boldsymbol{r})\mathrm{d}\boldsymbol{r}&=\sum_{m,n} c_m^* c_n \int \phi_m^*(\boldsymbol{r})\hat{F}\phi_n(\boldsymbol{r})\mathrm{d}\boldsymbol{r}\\&=\sum_{m,n} c_m^* c_n\lambda_n \int \phi_m^*(\boldsymbol{r})\phi_n(\boldsymbol{r})\mathrm{d}\boldsymbol{r}\\&=\sum_{m,n} c_m^* c_n\lambda_n\delta_{mn}=\sum_n \lambda_n\left|c_n\right|^2.\end{aligned}$$

(4.3.3) 式是求力学量期望值的一般公式, 用它可以直接从表示力学量的算符和系统所处状态得出力学量在这个状态中的期望值.

我们应如何理解期望值公式的物理含义? 例如, 对粒子位置进行测量, 那么该公式显然不是反复测量一个粒子的位置所得结果的平均值. 事实上, 第一次测量 (其结果是不确定的) 将使波函数坍缩到实际测量值处的一个尖峰, 随后的测量 (如果测量得比较迅速) 都将得到同样的结果. 相反, $\langle x\rangle$ 是对所有处于态 ψ 的粒子测量的平均值. 这就意味着我们要么利用某种方法使得进行测量后的粒子可以快速恢复到原来的状态, 要么准备一个系综, 使得其中每个粒子都处于相同的状态 ψ, 然后测量每个粒子的位置, $\langle x\rangle$ 是所有测量结果的平均值. 我们想象在实验平台上放一排容器, 每个容器中包含一个处于态 ψ (相对于容器中心的位置) 的粒子, 每个容器旁站着一个学生, 每个学生手中都拿着一把尺子, 老师一声令下他们便同时测量自己旁边容器中粒子的位置, 我们把得到的测量结果画成一个直方图, 它应该和 $|\psi|^2$ 一致. 我们计算其平均值, 发现它和 $\langle x\rangle$ 相符. 当然, 由于仅采用了有限个样本, 因此我们不能期望结果完全一致, 但是当用的容器越多时, 结果就与 $\langle x\rangle$ 符合得越好.

简而言之, **期望值是对一个由完全相同系统构成的系综测量的平均值, 而不是对同一个系统重复测量的平均值.**

上面只讨论了 $\hat{F}$ 的本征值组成分立谱的情况. 对于 $\hat{F}$ 的本征值组成连续谱的情况, 或者部分本征值 λ_n 组成分立谱, 部分本征值 λ 组成连续谱的情况, 可以进行同样的讨论. 为避免重复, 下面只列出后一种情况下的一些结果. $\hat{F}$ 的全部本征函数 $\phi_n(\boldsymbol{r})$ 和 $\phi_\lambda(\boldsymbol{r})$ 组成完全系. 代替 (4.3.1) 式, $\psi(\boldsymbol{r})$ 的展开式是

$$\psi(\boldsymbol{r}) = \sum_n c_n \phi_n(\boldsymbol{r}) + \int c_\lambda \phi_\lambda(\boldsymbol{r}) \mathrm{d}\lambda,$$

其中, c_n 前面已经给出, c_λ 则由下式给出:

$$c_\lambda = \int \phi_\lambda^*(\boldsymbol{r}) \psi(\boldsymbol{r}) \mathrm{d}\boldsymbol{r}.$$

于是, 有

$$\sum_n |c_n|^2 + \int |c_\lambda|^2 \ \mathrm{d}\lambda = 1,$$

其中, $|c_n|^2$ 是在态 $\psi(\boldsymbol{r})$ 中测量 F 得到 λ_n 的概率, $|c_\lambda|^2 \ \mathrm{d}\lambda$ 则是所得结果在 $\lambda \to \lambda + \mathrm{d}\lambda$ 范围内的概率. 于是, 期望值公式为

$$\langle F \rangle = \sum_n \lambda_n |c_n|^2 + \int \lambda |c_\lambda|^2 \ \mathrm{d}\lambda.$$

定理 在体系的任何量子态中, 厄米算符表示的力学量的平均值必为实数.

按照厄米算符的定义可知, 对于体系的任何量子态 ψ, 有

$$\langle F \rangle = (\psi, \hat{F}\psi) = (\hat{F}\psi, \psi) = (\psi, \hat{F}\psi)^* = \langle F \rangle^*.$$

定理得证.

逆定理 在体系的任何量子态中, 所表示的力学量的平均值均为实数的算符必为厄米算符.

按照假设, 在体系的任何量子态 ψ 中, $\langle F \rangle = \langle F \rangle^*$, 即

$$(\psi, \hat{F}\psi) = (\psi, \hat{F}\psi)^* = (\hat{F}\psi, \psi).$$

定理得证.

4.3.2 两个算符之间的关系

现在我们讨论算符之间的关系及其物理意义. 我们先来讨论坐标算符 x 和动量算符 $\hat{p}_x$. 如果把这两个算符作用于同一个波函数, 则所得结果取决于这两个算符

作用的顺序. 即对于任一波函数 ψ, 有

$$
\begin{aligned}
x\hat{p}_x\psi &= \frac{\hbar}{\mathrm{i}}x\frac{\partial\psi}{\partial x},\\
\hat{p}_x x\psi &= \frac{\hbar}{\mathrm{i}}\frac{\partial}{\partial x}(x\psi) = \frac{\hbar}{\mathrm{i}}x\frac{\partial\psi}{\partial x} + \frac{\hbar}{\mathrm{i}}\psi,
\end{aligned}
$$

两个计算结果并不相同, 且

$$
x\hat{p}_x\psi - \hat{p}_x x\psi = \mathrm{i}\hbar\psi.
$$

由于 ψ 是任一波函数, 因此我们可以把上式改写为

$$
[x,\hat{p}_x] \equiv x\hat{p}_x - \hat{p}_x x = \mathrm{i}\hbar.
$$

这正是我们前面介绍的 x 和 $\hat{p}_x$ 之间的对易关系. $[x,\hat{p}_x]$ 称为 x 和 $\hat{p}_x$ 的对易子. 等式右边不等于零, 因此 x 和 $\hat{p}_x$ 是不对易的. 同理可得

$$
\begin{aligned}
[y,\hat{p}_y] &= y\hat{p}_y - \hat{p}_y y = \mathrm{i}\hbar,\\
[z,\hat{p}_z] &= z\hat{p}_z - \hat{p}_z z = \mathrm{i}\hbar,
\end{aligned}
$$

以及

$$
\begin{aligned}
[x,\hat{p}_y] &= x\hat{p}_y - \hat{p}_y x = 0,\\
[x,\hat{p}_z] &= x\hat{p}_z - \hat{p}_z x = 0,\\
[\hat{p}_x,\hat{p}_y] &= \hat{p}_x\hat{p}_y - \hat{p}_y\hat{p}_x = 0.
\end{aligned}
$$

由于等式右边都等于零, 因此称 x 和 $\hat{p}_y$, x 和 $\hat{p}_z$, $\hat{p}_x$ 和 $\hat{p}_y$ 是对易的. 上面的几个式子说明, 坐标和它所对应的动量分量 (例如, x 和 $\hat{p}_x$, y 和 $\hat{p}_y$, 以及 z 和 $\hat{p}_z$) 是不对易的, 而和它不对应的动量分量 (例如, x 和 $\hat{p}_y$, x 和 $\hat{p}_z$ 等) 是对易的. 动量各分量之间也是对易的. 对于坐标和动量函数的力学量, 由坐标和动量之间的对易关系, 可以得出该力学量分量之间的对易关系. 例如, 角动量算符 $\hat{L}_x$, $\hat{L}_y$, $\hat{L}_z$ 之间的对易关系是

$$
\begin{aligned}
[\hat{L}_x,\hat{L}_y] =& \hat{L}_x\hat{L}_y - \hat{L}_y\hat{L}_x\\
=& (y\hat{p}_z - z\hat{p}_y)(z\hat{p}_x - x\hat{p}_z) - (z\hat{p}_x - x\hat{p}_z)(y\hat{p}_z - z\hat{p}_y)\\
=& y\hat{p}_z z\hat{p}_x - y\hat{p}_z x\hat{p}_z - z\hat{p}_y z\hat{p}_x + z\hat{p}_y x\hat{p}_z - z\hat{p}_x y\hat{p}_z + z\hat{p}_x z\hat{p}_y + x\hat{p}_z y\hat{p}_z - x\hat{p}_z z\hat{p}_y\\
=& \hat{p}_z zy\hat{p}_x + z\hat{p}_z x\hat{p}_y - z\hat{p}_z y\hat{p}_x - \hat{p}_z zx\hat{p}_y\\
=& (z\hat{p}_z - \hat{p}_z z)(x\hat{p}_y - y\hat{p}_x) = \mathrm{i}\hbar\hat{L}_z.
\end{aligned}
$$

同理可得

$$
[\hat{L}_y,\hat{L}_z] = \hat{L}_y\hat{L}_z - \hat{L}_z\hat{L}_y = \mathrm{i}\hbar\hat{L}_x,
$$

$$
[\hat{L}_z,\hat{L}_x] = \hat{L}_z\hat{L}_x - \hat{L}_x\hat{L}_z = \mathrm{i}\hbar\hat{L}_y.
$$

上面三个式子可以合写为一个矢量公式:

$$\hat{\boldsymbol{L}} \times \hat{\boldsymbol{L}} = \mathrm{i}\hbar\hat{\boldsymbol{L}}. \tag{4.3.4}$$

这个式子可以看作角动量算符的普适定义, 适用于各种角动量算符, 例如, 自旋角动量算符 (简称自旋算符). $\hat{L}^2$ 和 $\hat{L}_x$, $\hat{L}_y$, $\hat{L}_z$ 都是对易的:

$$[\hat{L}_x, \hat{L}^2] = 0,$$

$$[\hat{L}_y, \hat{L}^2] = 0,$$

$$[\hat{L}_z, \hat{L}^2] = 0.$$

通过直接计算比较容易证明这三个式子. 上面我们讨论了算符之间的对易关系. 可以看到, 算符之间的关系可以分为两种: 一种是对易的, 一种是不对易的. 现在我们进一步分析算符之间这两种关系包含的物理含义.

定理　如果两个算符对易, 则这两个算符有组成完全系的共同本征函数.

设 $[\hat{F}, \hat{G}] = 0$, 且有

$$\hat{F}\psi_n = F_n\psi_n,$$

即 ψ_n 是 $\hat{F}$ 的本征态, 对应的本征值为 F_n. 设 F_n 不简并, 我们接下来证明 ψ_n 也是 $\hat{G}$ 的本征态.

利用 $[\hat{F}, \hat{G}] = 0$, 可知

$$\hat{F}(\hat{G}\psi_n) = \hat{G}(\hat{F}\psi_n) = \hat{G}F_n\psi_n = F_n\hat{G}\psi_n,$$

即 $\hat{G}\psi_n$ 也是 $\hat{F}$ 的本征态, 对应的本征值为 F_n. 但是按照假定, F_n 不简并, 因此 $\hat{G}\psi_n$ 与 ψ_n 最多只能差一个常量因子, 记为 G_n, 即

$$\hat{G}\psi_n = G_n\psi_n.$$

这就证明了 ψ_n 是 $\hat{F}$ 和 $\hat{G}$ 的共同本征态, 本征值分别为 F_n 和 G_n. 对于 F_n 存在简并的情形, 就不在这里证明了.

逆定理　如果两个算符 $\hat{F}$ 和 $\hat{G}$ 有一组共同本征函数 ϕ_n, 而且 ϕ_n 组成完全系, 则算符 $\hat{F}$ 和 $\hat{G}$ 对易.

因为

$$\hat{F}\phi_n = \lambda_n\phi_n,$$

$$\hat{G}\phi_n = \mu_n\phi_n,$$

其中, λ_n, μ_n 分别是 $\hat{F}$ 和 $\hat{G}$ 的本征值, 所以

$$(\hat{F}\hat{G}-\hat{G}\hat{F})\phi_n=\lambda_n\mu_n\phi_n-\mu_n\lambda_n\phi_n=0.$$

设 ψ 是任意波函数, 由于 ϕ_n 组成完全系, 因此我们可以将 ψ 按 ϕ_n 展开为级数:

$$\psi=\sum_n a_n\phi_n.$$

于是有

$$(\hat{F}\hat{G}-\hat{G}\hat{F})\psi=\sum_n a_n(\hat{F}\hat{G}-\hat{G}\hat{F})\phi_n=0.$$

因为 ψ 是任意波函数, 所以

$$\hat{F}\hat{G}-\hat{G}\hat{F}=0.$$

定理得证. 该定理可以推广到两个以上算符的情况中去. 如果一组算符有共同本征函数, 而且这些共同本征函数组成完全系, 则这组算符中的任何一个都和其余的算符对易.

在一些算符的共同本征函数所描述的态中, 这些算符所表示的力学量同时有确定值. 动量算符 $\hat{p}_x$, $\hat{p}_y$, $\hat{p}_z$ 相互对易, 所以它们有共同本征函数 $\psi_{\boldsymbol{p}}$, 并且 $\psi_{\boldsymbol{p}}$ 组成完全系. 在态 $\psi_{\boldsymbol{p}}$ 中, 这三个算符同时具有确定值 p_x, p_y, p_z. 一般而言, 要完全确定体系所处的状态, 需要有一组相互对易的力学量 (通过它们的本征值确定体系所处的状态). 这一组**完全确定体系状态的力学量称为力学量的完全集**. 在**完全集中力学量的数目一般与体系自由度的数目相等**. 例如, 氢原子中电子的自由度的数目是三, 完全确定它的状态需要三个相互对易的力学量 $\hat{H}$, $\hat{L}^2$ 和 $\hat{L}_z$, 或者三个量子数 n, l, m.

4.3.3 不确定关系

现在讨论两个算符不对易的情况. 从上面的讨论可知, 当两个算符 $\hat{F}$ 和 $\hat{G}$ 不对易时, 一般而言, 它们不能同时有确定值. 我们接下来利用对易关系来肯定这一结论, 并估计在同一个态 ψ 中, 两个不对易算符 $\hat{F}$ 和 $\hat{G}$ 不确定程度之间的关系. 设 $\hat{F}$ 和 $\hat{G}$ 的对易关系为

$$\hat{F}\hat{G}-\hat{G}\hat{F}=\mathrm{i}\hat{k},$$

其中, $\hat{k}$ 是一个算符或一个普通的数. 以 $\langle F\rangle$, $\langle G\rangle$ 和 $\langle k\rangle$ 依次表示 $\hat{F}$, $\hat{G}$ 和 $\hat{k}$ 所表示的力学量在态 ψ 中的期望值. 令

$$\Delta\hat{F}=\hat{F}-\langle F\rangle,\quad \Delta\hat{G}=\hat{G}-\langle G\rangle.$$

现在考虑如下积分:

$$I(\xi) = \int |(\xi\Delta\hat{F} - \mathrm{i}\Delta\hat{G})\psi|^2 \ \mathrm{d}\boldsymbol{r} \geqslant 0,$$

其中, ξ 是实参数, 积分区域是变量变化的整个空间. 因为被积函数是绝对值的平方, 所以 $I(\xi)$ 不可能为负. 将积分中的平方项展开, 可以得到

$$\begin{aligned}I(\xi) =& \int (\xi\Delta\hat{F}\psi - \mathrm{i}\Delta\hat{G}\psi)[\xi(\Delta\hat{F}\psi)^* + \mathrm{i}(\Delta\hat{G}\psi)^*]\mathrm{d}\boldsymbol{r}\\ =&\xi^2\int(\Delta\hat{F}\psi)(\Delta\hat{F}\psi)^* \ \mathrm{d}\boldsymbol{r} - \mathrm{i}\xi\int[(\Delta\hat{G}\psi)(\Delta\hat{F}\psi)^*\\ &-(\Delta\hat{F}\psi)(\Delta\hat{G}\psi)^*]\mathrm{d}\boldsymbol{r} + \int(\Delta\hat{G}\psi)(\Delta\hat{G}\psi)^* \ \mathrm{d}\boldsymbol{r}.\end{aligned}$$

注意到 $\Delta\hat{F}$ 和 $\Delta\hat{G}$ 都是厄米算符, 因此

$$I(\xi) = \xi^2\int\psi^*(\Delta\hat{F})^2\psi\mathrm{d}\boldsymbol{r} - \mathrm{i}\xi\int\psi^*(\Delta\hat{F}\Delta\hat{G} - \Delta\hat{G}\Delta\hat{F})\psi\mathrm{d}\boldsymbol{r} + \int\psi^*(\Delta\hat{G})^2\psi\mathrm{d}\boldsymbol{r}.$$

因为

$$\begin{aligned}\Delta\hat{F}\Delta\hat{G} - \Delta\hat{G}\Delta\hat{F} &= (\hat{F} - \langle F\rangle)(\hat{G} - \langle G\rangle) - (\hat{G} - \langle G\rangle)(\hat{F} - \langle F\rangle)\\ &= \hat{F}\hat{G} - \hat{G}\hat{F} = \mathrm{i}\hat{k},\end{aligned}$$

所以

$$I(\xi) = \langle(\Delta\hat{F})^2\rangle\xi^2 + \langle k\rangle\xi + \langle(\Delta\hat{G})^2\rangle \geqslant 0.$$

这是关于 ξ 的一元二次不等式. 由代数中的一元二次不等式理论可知, 这个不等式成立的条件是其系数必须满足下列关系:

$$\langle(\Delta\hat{F})^2\rangle\langle(\Delta\hat{G})^2\rangle \geqslant \frac{\langle k\rangle^2}{4}. \tag{4.3.5}$$

如果 $\langle k\rangle$ 不为零, 则 $\hat{F}$ 和 $\hat{G}$ 的均方偏差不会同时为零, 它们的乘积要大于一个正数. (4.3.5) 式称为**不确定关系** (也称为**海森伯测不准关系**). 下面把该关系应用于坐标和动量. 因为

$$x\hat{p}_x - \hat{p}_x x = \mathrm{i}\hbar,$$

即 $\langle k\rangle = \hbar$, 所以

$$\langle(\Delta x)^2\rangle\langle(\Delta\hat{p}_x)^2\rangle \geqslant \frac{\hbar^2}{4}. \tag{4.3.6}$$

这是坐标和动量的不确定关系. 通常引入方均根偏差

$$\Delta F = \sqrt{\langle\hat{F}^2\rangle - \langle F\rangle^2},$$

可将不确定关系简记为

$$\Delta x \Delta p_x \geqslant \frac{\hbar}{2}. \tag{4.3.7}$$

$\langle(\Delta x)^2\rangle$ 和 $\langle(\Delta \hat{p}_x)^2\rangle$ 不能同时为零, 坐标 x 的均方偏差愈小, 与它共轭的动量 p_x 的均方偏差愈大. 由本节给出的对易关系可以看出: 普朗克常量 h 在表示力学量的算符的对易关系中占有重要的地位, 它是微观规律性和宏观规律性之间差异的标志. 如果 h 在所讨论的问题中可以略去, 则微观规律性就过渡到宏观规律性.

不确定关系是指不同可观测物理量的值能够被同时确定的可能性的不确定程度, 它不限定对某个力学量单独测量的精度. 假设自由电子的速度 (动量) 被精确测得, 那么其位置就是完全未知的. 故不确定关系指出, 对电子位置的每一次后续观察都将改变其动量, 动量改变量的大小及其不确定程度取决于进行实验后我们对电子运动的掌握程度, 二者之间的关系受到不确定关系的限制. 也就是说, 每一次实验都破坏了前次实验所获得的体系的信息, 这就是量子体系所独有的特点.

例 1　假定一个电子的状态由波函数

$$\psi = \frac{1}{\sqrt{4\pi}}\left(\mathrm{e}^{\mathrm{i}\varphi}\sin\theta + \cos\theta\right) g(r)$$

描述, 其中, $\int_0^\infty |g(r)|^2 r^2\ \mathrm{d}\boldsymbol{r} = 1$, 且 φ, θ 分别是方位角和极角. (1) 处于该状态的电子的轨道角动量的 z 分量 L_z 的可能测量结果是什么? (2) 得到 (1) 中每个可能结果的概率是多少? (3) L_z 的期望值是多少?

解答　(1) 由

$$\int_0^\infty |g(r)|^2 r^2\ \mathrm{d}\boldsymbol{r} = 1$$

可知

$$\begin{aligned}\int |\psi|^2 \mathrm{d}\boldsymbol{r} = \frac{1}{4\pi}\int_0^{2\pi}\int_0^{\pi}\int_0^{\infty} &\left(\mathrm{e}^{\mathrm{i}\varphi}\sin\theta + \cos\theta\right) \\ &\times\left(\mathrm{e}^{-\mathrm{i}\varphi}\sin\theta + \cos\theta\right)|g(r)|^2 r^2 \sin\theta \mathrm{d}r\mathrm{d}\theta\mathrm{d}\varphi = 1.\end{aligned}$$

注意到 $\hat{L}_z$ 的三个本征态:

$$Y_{1,0} = \sqrt{\frac{3}{4\pi}}\cos\theta, \quad Y_{1,\pm1} = \mp\sqrt{\frac{3}{8\pi}}\sin\theta \mathrm{e}^{\pm\mathrm{i}\varphi},$$

因此电子波函数可以分解为 $\hat{L}_z$ 的两个本征态的线性叠加:

$$\psi = \sqrt{\frac{1}{3}}(-\sqrt{2}Y_{1,1} + Y_{1,0})g(r).$$

由此可知, 可能测得的 L_z 的值只能是这两个本征态对应的本征值: $\hbar, 0$.

(2) 测得对应本征值的概率为本征态叠加系数的模方，即测得 $L_z = \hbar$ 的概率为 2/3, 测得 $L_z = 0$ 的概率为 1/3.

(3) L_z 的期望值为

$$\begin{aligned}
&\int \psi^* L_z \psi r^2 \sin\theta \mathrm{d}\theta \mathrm{d}\varphi \mathrm{d}r \\
&= \int \left[\sqrt{\frac{1}{3}}\left(-\sqrt{2}Y_{1,-1} + Y_{1,0}\right)\right] L_z \left[\sqrt{\frac{1}{3}}\left(-\sqrt{2}Y_{1,1} + Y_{1,0}\right)\right] r^2 |g(r)|^2 \ \mathrm{d}r \sin\theta \mathrm{d}\theta \mathrm{d}\varphi \\
&= \frac{2}{3}\hbar.
\end{aligned}$$

例 2　一个粒子的某一量子态在直角坐标系中由归一化波函数

$$\psi(x,y,z) = \frac{\alpha^{5/2}}{\sqrt{\pi}} Z \exp\left[-\alpha\left(x^2 + y^2 + z^2\right)^{1/2}\right]$$

描述. 证明系统处于一个具有确定角动量的态上, 并给出该态对应的 L^2 和 L_z 的值.

解答　将 x, y, z 和波函数转换到球坐标系中, 有

$$x = r\sin\theta\cos\varphi, \quad y = r\sin\theta\sin\varphi, \quad z = r\cos\theta,$$

$$\psi(r,\theta,\varphi) = \frac{\alpha^{5/2}}{\sqrt{\pi}} r\cos\theta \mathrm{e}^{-\alpha r} = f(r)Y_{1,0},$$

其中, $f(r) = \sqrt{\frac{4}{3}}\alpha^{5/2}\exp(-\alpha r)$. 由此可见, 该粒子处于一个具有确定角动量的态上, 该态对应的 $L^2 = l(l+1)\hbar^2$, $L_z = 0$.

例 3　一维运动的粒子处于波函数

$$\psi(x) = \begin{cases} Ax\mathrm{e}^{-\lambda x}, & x \geqslant 0, \\ 0, & x < 0 \end{cases}$$

描述的状态, 其中, $\lambda > 0$, A 为归一化常量.

(1) 求粒子坐标的概率分布函数.

(2) 求粒子坐标的期望值 $\langle x \rangle$ 和粒子坐标平方的期望值 $\langle x^2 \rangle$.

(3) 求粒子动量的概率分布函数.

(4) 求粒子动量的期望值 $\langle p\rangle$ 和粒子动量平方的期望值 $\langle p^2\rangle$.

(5) 验证不确定关系 $\langle(\Delta x)^2\rangle\langle(\Delta\hat{p})^2\rangle > \hbar^2/4$.

解答 先对波函数 $\psi(x)$ 进行归一化. 此波函数的归一化条件为

$$\int_{-\infty}^{\infty}|\psi(x)|^2\ \mathrm{d}x=1,$$

即为

$$\int_0^{\infty}|A|^2x^2\mathrm{e}^{-2\lambda x}\mathrm{d}x=\frac{|A|^2}{4\lambda^3}=1,$$

A 可以取为正数, 由此可得

$$A=2\lambda^{3/2}.$$

于是

$$\psi(x)=\begin{cases}2\lambda^{3/2}x\mathrm{e}^{-\lambda x}, & x\geqslant 0,\\ 0, & x<0.\end{cases}$$

(1) 粒子坐标的概率分布函数为

$$\rho(x)=|\psi(x)|^2=\begin{cases}4\lambda^3x^2\mathrm{e}^{-2\lambda x}, & x\geqslant 0,\\ 0, & x<0.\end{cases}$$

(2) 粒子坐标的期望值为

$$\langle x\rangle=\int_{-\infty}^{\infty}x\rho(x)\mathrm{d}x=\int_0^{\infty}4\lambda^3x^3\mathrm{e}^{-2\lambda x}\ \mathrm{d}x=\frac{3}{2\lambda}.$$

粒子坐标平方的期望值为

$$\langle x^2\rangle=\int_{-\infty}^{\infty}x^2\rho(x)\mathrm{d}x=\int_0^{\infty}4\lambda^3x^4\mathrm{e}^{-2\lambda x}\ \mathrm{d}x=\frac{3}{\lambda^2}.$$

(3) 粒子在动量空间中的波函数为

$$\begin{aligned}c(p)&=(2\pi\hbar)^{-1/2}\int_{-\infty}^{\infty}\psi(x)\mathrm{e}^{-\frac{\mathrm{i}}{\hbar}px}\ \mathrm{d}x=2\lambda^{3/2}(2\pi\hbar)^{-1/2}\int_0^{\infty}x\mathrm{e}^{-(\lambda+\mathrm{i}p/\hbar)x}\ \mathrm{d}x\\&=2\lambda^{3/2}(2\pi\hbar)^{-1/2}\left(\lambda+\frac{\mathrm{i}}{\hbar}p\right)^{-2}.\end{aligned}$$

所以粒子动量的概率分布函数为

$$|c(p)|^2=\frac{2\lambda^3\hbar^3}{\pi\left(\lambda^2\hbar^2+p^2\right)^2}.$$

(4) 粒子动量的期望值为

$$\begin{aligned}\langle p\rangle &= \int_{-\infty}^{\infty} p|c(p)|^2 \, \mathrm{d}p = \frac{2\lambda^3\hbar^3}{\pi}\int_{-\infty}^{\infty}\frac{p}{\left(\lambda^2\hbar^2+p^2\right)^2}\,\mathrm{d}p \\ &= -\left.\frac{\lambda^3\hbar^3}{\pi\left(\lambda^2\hbar^2+p^2\right)}\right|_{-\infty}^{\infty} = 0.\end{aligned}$$

粒子动量平方的期望值为

$$\langle p^2\rangle = \int_{-\infty}^{\infty} p^2|c(p)|^2 \, \mathrm{d}p = \frac{2\lambda^3\hbar^3}{\pi}\int_{-\infty}^{\infty}\frac{p^2}{\left(\lambda^2\hbar^2+p^2\right)^2}\,\mathrm{d}p = \lambda^2\hbar^2.$$

(5) 不确定关系为

$$\langle(\Delta x)^2\rangle\langle(\Delta\hat{p})^2\rangle = \left[\frac{3}{\lambda^2}-\left(\frac{3}{2\lambda}\right)^2\right]\lambda^2\hbar^2 = \frac{3}{4}\hbar^2 > \frac{\hbar^2}{4}.$$

例 4　已知表示可观测量 α 的算符 $\hat{A}$ 有两个本征态 ϕ_1，ϕ_2，对应的本征值为 a_1，a_2；表示可观测量 β 的算符 $\hat{B}$ 有两个本征态 χ_1，χ_2，对应的本征值为 b_1，b_2. 两个算符的本征态之间有如下关系：

$$\phi_1 = \left(2\chi_1+3\chi_2\right)/\sqrt{13}, \quad \phi_2 = \left(3\chi_1-2\chi_2\right)/\sqrt{13}.$$

当测量 α 得到 a_1 后，若再测量 β，之后再测量 α，证明第二次测量 α 得到 a_1 的概率是 97/169.

证明　按测量公设，测量 α 得到 a_1 后，系统坍缩到态 ϕ_1. 由于

$$\phi_1 = \left(2\chi_1+3\chi_2\right)/\sqrt{13},$$

因此再测量 β 得到 b_1 的概率为 4/13，得到 b_2 的概率为 9/13，测量 β 后系统将坍缩到态 χ_1 或态 χ_2. 由上式与

$$\phi_2 = \left(3\chi_1-2\chi_2\right)/\sqrt{13}$$

可得

$$\chi_1 = \left(2\phi_1+3\phi_2\right)/\sqrt{13}, \quad \chi_2 = \left(3\phi_1-2\phi_2\right)/\sqrt{13}.$$

因此，当系统处于态 χ_1 时，测量 α 得到 a_1 的概率为 4/13，因而从最初的态 ϕ_1，连续测量 β，α 得到 b_1，a_1 的概率为 $(4/13)\times(4/13) = 16/169$. 类似地，从最初的态 ϕ_1 连续测量 β，α 得到 b_2，a_1 的概率为 $(9/13)\times(9/13) = 81/169$. 这样，第

二次测量 α 得到 a_1 的概率为 $16/169+81/169=97/169$.

习　题

1. (1) 证明下列对易关系:

$$[\hat{A}\hat{B},\hat{C}]=\hat{A}[\hat{B},\hat{C}]+[\hat{A},\hat{C}]\hat{B}.$$

(2) 证明

$$[x^n,\hat{p}]=\mathrm{i}\hbar n x^{n-1}.$$

(3) 对于任意函数 $f(x)$, 证明

$$[f(x),\hat{p}]=\mathrm{i}\hbar\frac{\mathrm{d}f}{\mathrm{d}x}.$$

2. 证明

$$[\hat{L}_\alpha,r^2]=0,\quad [\hat{L}_\alpha,\hat{p}^2]=0,\quad [\hat{L}_\alpha,\boldsymbol{r}\cdot\hat{\boldsymbol{p}}]=0,$$

其中, $\alpha=x,y,z,\boldsymbol{r}\cdot\hat{\boldsymbol{p}}\equiv x\hat{p}_x+y\hat{p}_y+z\hat{p}_z$.

3. 令

$$\hat{L}_\pm=\hat{L}_x\pm\mathrm{i}\hat{L}_y.$$

证明

$$\hat{L}_z\hat{L}_\pm=\hat{L}_\pm(\hat{L}_z\pm\hbar),$$

即

$$[\hat{L}_z,\hat{L}_\pm]=\pm\hbar\hat{L}_\pm.$$

4. 证明

$$\hat{L}_\pm\hat{L}_\mp=\hat{L}^2-\hat{L}_z^2\pm\hbar\hat{L}_z,$$
$$[\hat{L}_+,\hat{L}_-]=2\hbar\hat{L}_z.$$

5. 证明在 $\hat{L}_z$ 的本征态中, $\langle L_x\rangle=\langle L_y\rangle=0$.

6. 一个刚性转子的转动惯量为 I, 它的能量的经典表达式是 $H=L^2/(2I)$, 其中, L 为角动量. 求与此对应的量子体系在下列情况中的定态能量及波函数: (1) 转子围绕一固定轴旋转. (2) 转子围绕一固定点旋转.

7. 设 $t=0$ 时刻, 粒子的状态由波函数

$$\psi(x)=A\left(\sin^2 kx+\frac{1}{2}\cos kx\right)$$

描述, 求此时粒子的动量期望值和动能期望值.

8. 一维运动粒子的状态由波函数

$$\psi(x)=\begin{cases}Ax\mathrm{e}^{-\lambda x}, & x\geqslant 0,\\ 0, & x<0\end{cases}$$

描述, 其中, $\lambda>0$, 求:

(1) 粒子动量的概率分布函数.

(2) 粒子动量的期望值.

9. 在一维无限深方势阱 (阱宽为 a) 中运动的粒子的状态由波函数

$$\psi(x)=Ax(a-x)$$

描述, 其中, A 为归一化常量, 求粒子能量的概率分布函数和能量的期望值.

10. 假设

$$\psi(x,0)=\frac{A}{x^2+a^2},$$

其中, A 和 a 是常量.

(1) 归一化 $\psi(x,0)$, 确定 A 的值.

(2) 在 $t=0$ 时刻, 求出 $\langle x\rangle,\left\langle x^2\right\rangle$ 和 Δx.

(3) 求出动量空间中的波函数 $\phi(p,0)$, 并证明它是归一化的.

(4) 用 $\phi(p,0)$ 计算 $\langle p\rangle,\left\langle p^2\right\rangle$ 和 Δp.

(5) 对于这个态, 验证不确定关系.

11. 算符 $\hat{A}$ 表示可观测量 A, 它的两个归一化的本征态是 ψ_1 和 ψ_2, 分别对应于本征值 a_1 和 a_2. 算符 $\hat{B}$ 表示可观测量 B, 它的两个归一化的本征态是 ϕ_1 和 ϕ_2, 分别对应于本征值 b_1 和 b_2. 两个算符的本征态之间有如下关系:

$$\psi_1=\left(3\phi_1+4\phi_2\right)/5,\quad \psi_2=\left(4\phi_1-3\phi_2\right)/5.$$

(1) 测量可观测量 A 所得结果为 a_1. 那么在测量 A 之后 (瞬时) 体系处于什么态?

(2) 如果现在再测量 B, 可能的结果是什么? 它们出现的概率是多少?

(3) 在恰好测量 B 之后, 再次测量 A, 那么所得结果为 a_1 的概率是多少?

12. 对于一个系统, 力学量算符 $\hat{A}$ 与哈密顿量 $\hat{H}$ 不对易, 其有本征值 a_1, a_2, 对应的本征态分别为

$$\phi_1 = \frac{\psi_1 + \psi_2}{\sqrt{2}}, \quad \phi_2 = \frac{\psi_1 - \psi_2}{\sqrt{2}},$$

这里, ψ_1, ψ_2 为 $\hat{H}$ 的本征态, 对应的本征值分别为 E_1, E_2. 若 $t = 0$ 时刻系统处于态 ϕ_1, 证明力学量 A 在 t 时刻的期望值为

$$\langle A \rangle_t = \frac{a_1 + a_2}{2} + \frac{a_1 - a_2}{2} \cos \frac{(E_1 - E_2)\, t}{\hbar}.$$

第五章 表 象 理 论

到目前为止, 我们都是用坐标 (x, y, z) 的函数来表示体系的状态, 也就是说, 描述体系状态的波函数是坐标的函数, 而力学量则用作用于波函数上的算符来表示. 正如几何学中可以选用不同的坐标系来表示同一个矢量, 波函数也可以选用其他变量的函数, 力学量则相应地表示为作用于这种波函数上的算符. **量子力学中态和力学量的具体表示方式称为表象**. 以前所采用的表象是坐标表象. 本章我们来讨论量子力学中的表象理论. 我们将介绍利用矩阵来表示量子力学的基本规律, 以及一种不涉及具体表象的量子力学表示符号 —— 狄拉克符号. 此种表示符号在科技文献中会经常遇到.

5.1 态和力学量的表象

5.1.1 态矢量及其表象

假设体系的状态在坐标表象中用波函数 $\psi(\boldsymbol{r}, t)$ 表示, 我们来讨论这样一个状态如何表示为其他形式. 我们采用解析几何中的坐标及坐标变换作为类比, 以引入量子力学中态的表象概念.

平面直角坐标系 Oxy 的基矢为 $\boldsymbol{e}_1$ 和 $\boldsymbol{e}_2$, 它们的长度为 1, 彼此正交, 即 $(\boldsymbol{e}_i, \boldsymbol{e}_j) = \delta_{ij}(i, j = 1, 2)$. 上面我们采用了矢量标积的记号. 这一组基矢是完备的, 任何一个二维矢量 $\boldsymbol{A}$ 都可以用它们来展开: $\boldsymbol{A} = A_1\boldsymbol{e}_1 + A_2\boldsymbol{e}_2$, 其中, A_1, A_2 分别代表矢量 $\boldsymbol{A}$ 与两个基矢的标积, 即 $\boldsymbol{A}$ 在两个坐标轴上的投影 (分量). 当 A_1, A_2 确定之后, 我们就确定了平面上的一个矢量. 因此, 我们可以把 (A_1, A_2) 看作矢量 $\boldsymbol{A}$ 在坐标系 Oxy 中的表示.

我们现在另取一个直角坐标系 $Ox'y'$, 新坐标系相对于原坐标系沿顺时针方向转过 θ 角, 其基矢用 $\boldsymbol{e}_1'$, $\boldsymbol{e}_2'$ 表示, 且 $\left(\boldsymbol{e}_i', \boldsymbol{e}_j'\right) = \delta_{ij}(i, j = 1, 2)$. 同一个矢量 $\boldsymbol{A}$ 在此新坐标系中可以表示为 $\boldsymbol{A} = A_1'\boldsymbol{e}_1' + A_2'\boldsymbol{e}_2'$, 其中, $A_1' = (\boldsymbol{e}_1', \boldsymbol{A})$, $A_2' = (\boldsymbol{e}_2', \boldsymbol{A})$. (A_1', A_2') 就是矢量 $\boldsymbol{A}$ 在坐标系 $Ox'y'$ 中的表示. 我们接下来需要找出同一个矢量 $\boldsymbol{A}$ 在不同坐标系中的表示之间的关系. 因为

$$\boldsymbol{A} = A_1\boldsymbol{e}_1 + A_2\boldsymbol{e}_2 = A_1'\boldsymbol{e}_1' + A_2'\boldsymbol{e}_2',$$

将上式分别用 $\boldsymbol{e}_1'$, $\boldsymbol{e}_2'$ 点乘 (取标积), 可得

$$A_1' = A_1\left(\boldsymbol{e}_1', \boldsymbol{e}_1\right) + A_2\left(\boldsymbol{e}_1', \boldsymbol{e}_2\right),$$
$$A_2' = A_1\left(\boldsymbol{e}_2', \boldsymbol{e}_1\right) + A_2\left(\boldsymbol{e}_2', \boldsymbol{e}_2\right).$$

将上两个式子表示成矩阵形式, 则为

$$\begin{aligned}\begin{pmatrix} A_1' \\ A_2' \end{pmatrix} &= \begin{pmatrix} (\boldsymbol{e}_1', \boldsymbol{e}_1) & (\boldsymbol{e}_1', \boldsymbol{e}_2) \\ (\boldsymbol{e}_2', \boldsymbol{e}_1) & (\boldsymbol{e}_2', \boldsymbol{e}_2) \end{pmatrix} \begin{pmatrix} A_1 \\ A_2 \end{pmatrix} \\ &= \begin{pmatrix} \cos\theta & -\sin\theta \\ \sin\theta & \cos\theta \end{pmatrix} \begin{pmatrix} A_1 \\ A_2 \end{pmatrix},\end{aligned}$$

或者记为

$$\begin{pmatrix} A_1' \\ A_2' \end{pmatrix} = R(\theta) \begin{pmatrix} A_1 \\ A_2 \end{pmatrix},$$

其中,

$$R(\theta) = \begin{pmatrix} \cos\theta & -\sin\theta \\ \sin\theta & \cos\theta \end{pmatrix}.$$

以上讨论表明, 同一个矢量 $\boldsymbol{A}$ 在不同的坐标系中可以用不同的列矢 $\begin{pmatrix} A_1 \\ A_2 \end{pmatrix}$ 和 $\begin{pmatrix} A_1' \\ A_2' \end{pmatrix}$ 来表示, 而两个不同的列矢之间通过一个变换矩阵 $R(\theta)$ 来联系. 显然

$$\det R = \begin{vmatrix} \cos\theta & -\sin\theta \\ \sin\theta & \cos\theta \end{vmatrix} = 1.$$

又因为

$$R^* = R \quad (\text{实矩阵}),$$

所以 $R^\dagger = \widetilde{R}^* = \widetilde{R}$. 因此

$$R^\dagger R = R R^\dagger = 1,$$

也即矩阵 R 称为**幺正矩阵**. 因此, 同一个矢量在不同坐标系中的表示通过一个幺正矩阵联系起来.

在量子力学中, 我们可以把状态 ψ 看成一个矢量 —— **态矢量** (因为其在形式上与矢量的表示相似), 态矢量常简称态矢, 而体系的任何一组力学量完全集 F 的共同本征态 $\{u_n\}$ (n 代表一组完备的量子数, 在本节中我们设 F 具有分立的本征值) 构成此态空间的一组正交归一完备的基矢, 即

$$(u_n, u_m) = \delta_{nm}.$$

以 $\{u_n\}$ **为基矢的表象称为 F 表象**. 体系的任何一个量子态 ψ 都可以展开为

$$\psi(\boldsymbol{r},t)=\sum_n a_n(t)u_n(\boldsymbol{r}).$$

利用 $u_n(\boldsymbol{r})$ 的正交归一化条件, 可得

$$a_n(t)=\int\psi(\boldsymbol{r},t)u_n^*(\boldsymbol{r})\mathrm{d}\boldsymbol{r}.$$

设 $\psi(\boldsymbol{r},t)$ 是归一化的, 则有

$$\begin{aligned}\int|\psi(\boldsymbol{r},t)|^2\,\mathrm{d}\boldsymbol{r}&=\sum_{n,m}a_m^*(t)a_n(t)\int u_m^*(\boldsymbol{r})u_n(\boldsymbol{r})\mathrm{d}\boldsymbol{r}\\&=\sum_{n,m}a_m^*(t)a_n(t)\delta_{nm}=\sum_n|a_n|^2.\end{aligned}$$

因为

$$\int|\psi(\boldsymbol{r},t)|^2\,\mathrm{d}\boldsymbol{r}=1,$$

所以

$$\sum_n|a_n|^2=1.$$

由此可知, $|a_n|^2$ **是在 $\psi(\boldsymbol{r},t)$ 所描述的态中测量力学量 F 所得结果为 F_n 的概率, 而数列**

$$a_1(t),a_2(t),\cdots,a_n(t),\cdots$$

就是 $\psi(\boldsymbol{r},t)$ 所描述的态在 F 表象中的表示. 我们可以把它写成一个列向量的形式, 并用 ψ 标记:

$$\psi=\begin{pmatrix}a_1(t)\\a_2(t)\\\vdots\\a_n(t)\\\vdots\end{pmatrix}. \tag{5.1.1}$$

ψ 的共轭矩阵是一个行向量, 用 $\psi^\dagger$ 标记:

$$\psi^\dagger=(a_1^*(t),a_2^*(t),\cdots,a_n^*(t),\cdots).$$

采用这些记号后, 我们就有

$$\psi^{\dagger}\psi = 1.$$

对于本征值是连续的情形, 上述讨论仍然成立. 我们知道动量的本征函数

$$\psi_{\boldsymbol{p}}(\boldsymbol{r}) = \frac{1}{(2\pi\hbar)^{3/2}}\mathrm{e}^{\frac{\mathrm{i}}{\hbar}\boldsymbol{p}\cdot\boldsymbol{r}} \tag{5.1.2}$$

组成完全系, 因此 $\psi(\boldsymbol{r},t)$ 可以按 $\psi_{\boldsymbol{p}}(\boldsymbol{r})$ 展开:

$$\psi(\boldsymbol{r},t) = \int c(\boldsymbol{p},t)\psi_{\boldsymbol{p}}(\boldsymbol{r})\mathrm{d}\boldsymbol{p},$$

其中, 系数 $c(\boldsymbol{p},t)$ 由下式给出:

$$c(\boldsymbol{p},t) = \int \psi(\boldsymbol{r},t)\psi^{*}_{\boldsymbol{p}}(\boldsymbol{r})\mathrm{d}\boldsymbol{r}. \tag{5.1.3}$$

由归一化条件, 容易证明

$$\int |\psi(\boldsymbol{r},t)|^2 \ \mathrm{d}\boldsymbol{r} = \int |c(\boldsymbol{p},t)|^2 \ \mathrm{d}\boldsymbol{p} = 1,$$

其中, $|\psi(\boldsymbol{r},t)|^2 \ \mathrm{d}\boldsymbol{r}$ 是在 $\psi(\boldsymbol{r},t)$ 所描述的态中测量粒子位置时所得结果在 $\boldsymbol{r} \to \boldsymbol{r}+\mathrm{d}\boldsymbol{r}$ 范围内的概率, $|c(\boldsymbol{p},t)|^2 \ \mathrm{d}\boldsymbol{p}$ 是在 $\psi(\boldsymbol{r},t)$ 所描述的态中测量粒子动量时所得结果在 $\boldsymbol{p} \to \boldsymbol{p} + \mathrm{d}\boldsymbol{p}$ 范围内的概率. 可以看出, 当 $\psi(\boldsymbol{r},t)$ 已知时, $c(\boldsymbol{p},t)$ 就完全确定了, 并可以求出. 反之, 当 $c(\boldsymbol{p},t)$ 已知时, $\psi(\boldsymbol{r},t)$ 就完全确定了. 根据上面的讨论, 可以说, $\psi(\boldsymbol{r},t)$ **是在坐标表象中的波函数,** $c(\boldsymbol{p},t)$ **是在动量表象中的波函数**. $\psi(\boldsymbol{r},t)$ **和所有** $\{c(\boldsymbol{p},t)\}$ **描述的是同一个状态**. 如果 $\psi(\boldsymbol{r},t)$ 所描述的状态是具有动量 $\boldsymbol{p}'$ 的自由粒子的状态, 即

$$\psi(\boldsymbol{r},t) = \psi_{\boldsymbol{p}'}(\boldsymbol{r})\mathrm{e}^{-\frac{\mathrm{i}}{\hbar}E_{\boldsymbol{p}'}t},$$

则可以得到

$$c(\boldsymbol{p},t) = \int \psi_{\boldsymbol{p}'}(\boldsymbol{r})\mathrm{e}^{-\frac{\mathrm{i}}{\hbar}E_{\boldsymbol{p}'}t}\psi^{*}_{\boldsymbol{p}}(\boldsymbol{r})\mathrm{d}\boldsymbol{r} = \delta\left(\boldsymbol{p}' - \boldsymbol{p}\right)\mathrm{e}^{-\frac{\mathrm{i}}{\hbar}E_{\boldsymbol{p}'}t}. \tag{5.1.4}$$

所以在动量表象中, 粒子具有确定动量 $\boldsymbol{p}'$ 的波函数是以动量 $\boldsymbol{p}$ 为变量的 δ 函数. 同样, $\boldsymbol{r}$ 在坐标表象中的对应于确定值 $\boldsymbol{r}'$ 的本征函数是 $\delta\left(\boldsymbol{r} - \boldsymbol{r}'\right)$.

从上面的讨论中可以看出, **同一个态可以在不同的表象中用波函数来描述, 所取的表象不同, 波函数的具体形式也不同**. 对于自由粒子的状态, (5.1.2) 式是在坐标表象中描述体系的状态, 而 (5.1.4) 式则是在动量表象中描述体系的状态. 这和几何中的一个矢量可以在不同的坐标系中描述类似. 选取一个特定的 F 表象, 就相当于选取一个特定的坐标系. $\hat{F}$ 的本征函数 $u_1(\boldsymbol{r})$, $u_2(\boldsymbol{r})$, $\cdots$, $u_n(\boldsymbol{r})$, $\cdots$ 是这个

表象的基矢. 这相当于直角坐标系中的单位矢量 $\boldsymbol{i}$, $\boldsymbol{j}$, $\boldsymbol{k}$. 波函数 $(a_1(t), a_2(t), \cdots, a_n(t), \cdots)$ 是态矢量 ψ 在 F 表象中沿各基矢方向的“分量”, 正如 $\boldsymbol{A}$ 沿 $\boldsymbol{i}$, $\boldsymbol{j}$, $\boldsymbol{k}$ 三个方向的分量 (A_x, A_y, A_z) 一样. 和普通的实坐标空间不同, 量子力学中 $\hat{F}$ 的本征函数 $u_1(\boldsymbol{r})$, $u_2(\boldsymbol{r})$, $\cdots$, $u_n(\boldsymbol{r})$, $\cdots$ 有无限多, 所以态矢**所在的空间是无限维的函数空间. 这种空间在数学中称为希尔伯特** (Hilbert) **空间**. 除了坐标表象、动量表象外, 常用的表象还有能量表象和角动量表象等.

5.1.2 力学量算符的表象

前面我们讨论了态在各种表象中的表述方式, 接下来我们讨论算符在各种表象中的表述方式. 设算符 $\hat{Q}(\boldsymbol{r}, \hat{\boldsymbol{p}})$ 作用于波函数 $\psi(\boldsymbol{r}, t)$ 后, 得到另一个波函数 $\phi(\boldsymbol{r}, t)$. 在坐标表象中上述关系可表示为

$$\phi(\boldsymbol{r}, t) = \hat{Q}\left(\boldsymbol{r}, \frac{\hbar}{\mathrm{i}}\frac{\partial}{\partial x}, \frac{\hbar}{\mathrm{i}}\frac{\partial}{\partial y}, \frac{\hbar}{\mathrm{i}}\frac{\partial}{\partial z}\right)\psi(\boldsymbol{r}, t). \tag{5.1.5}$$

我们接下来研究这个方程在力学量 F 表象中的表述方式. 设 $\hat{F}$ 只有分立的本征值 F_1, F_2, $\cdots$, F_n, $\cdots$, 对应的本征函数是 $u_1(\boldsymbol{r})$, $u_2(\boldsymbol{r})$, $\cdots$, $u_n(\boldsymbol{r})$, $\cdots$. 我们可以将 $\psi(\boldsymbol{r}, t)$ 和 $\phi(\boldsymbol{r}, t)$ 分别按 $u_n(\boldsymbol{r})$ 展开:

$$\begin{aligned} \psi(\boldsymbol{r}, t) &= \sum_m a_m(t) u_m(\boldsymbol{r}), \\ \phi(\boldsymbol{r}, t) &= \sum_m b_m(t) u_m(\boldsymbol{r}), \end{aligned} \tag{5.1.6}$$

将之代入 (5.1.5) 式, 可得

$$\sum_m b_m(t) u_m(\boldsymbol{r}) = \hat{Q} \sum_m a_m(t) u_m(\boldsymbol{r}),$$

以 $u_n^*(\boldsymbol{r})$ 左乘上式两边, 再将其对坐标 $\boldsymbol{r}$ 积分 (积分范围是全空间), 可得

$$\sum_m b_m(t) \int u_n^*(\boldsymbol{r}) u_m(\boldsymbol{r}) \mathrm{d}\boldsymbol{r} = \sum_m \int u_n^*(\boldsymbol{r}) \hat{Q} u_m(\boldsymbol{r}) \mathrm{d}\boldsymbol{r} a_m(t).$$

利用 $u_n(\boldsymbol{r})$ 的正交归一性 $\int u_n^*(\boldsymbol{r}) u_m(\boldsymbol{r}) \mathrm{d}\boldsymbol{r} = \delta_{nm}$, 上式可简化为

$$b_n(t) = \sum_m \int u_n^*(\boldsymbol{r}) \hat{Q} u_m(\boldsymbol{r}) \mathrm{d}\boldsymbol{r} a_m(t).$$

引入记号

$$Q_{nm} \equiv \int u_n^*(\boldsymbol{r}) \hat{Q} u_m(\boldsymbol{r}) \mathrm{d}\boldsymbol{r}, \tag{5.1.7}$$

于是

$$b_n(t) = \sum_m Q_{nm} a_m(t). \tag{5.1.8}$$

(5.1.8) 式就是 (5.1.5) 式在 F 表象中的表述方式. $\{b_n(t)\}$ 和 $\{a_m(t)\}$ 分别是 $\phi(\boldsymbol{r},t)$ 和 $\psi(\boldsymbol{r},t)$ 在 F 表象中的表示. Q_{nm} 是算符 $\hat{Q}$ 在 F 表象中的表示. 由于 $n = 1,2,\cdots$, 因此 (5.1.8) 式是一个方程组, 它可以用矩阵的形式写出:

$$\begin{pmatrix} b_1(t) \\ b_2(t) \\ \vdots \\ b_n(t) \\ \vdots \end{pmatrix} = \begin{pmatrix} Q_{11} & Q_{12} & \cdots & Q_{1m} & \cdots \\ Q_{21} & Q_{22} & \cdots & Q_{2m} & \cdots \\ \vdots & \vdots & & \vdots & \\ Q_{n1} & Q_{n2} & \cdots & Q_{nm} & \cdots \\ \vdots & \vdots & & \vdots & \end{pmatrix} \begin{pmatrix} a_1(t) \\ a_2(t) \\ \vdots \\ a_m(t) \\ \vdots \end{pmatrix}. \tag{5.1.9}$$

由此可知, 算符 $\hat{Q}$ 在 F 表象中是一个矩阵, 矩阵元是 Q_{nm}.

前面讲过, 量子力学中表示力学量的算符都是厄米算符. 现在我们来讨论厄米算符在 F 表象中的矩阵表示. 为此我们来看 (5.1.7) 式的共轭复数:

$$Q_{nm}^* = \int u_n(\boldsymbol{r})[\hat{Q}u_m(\boldsymbol{r})]^* \, \mathrm{d}\boldsymbol{r}.$$

根据厄米算符的定义及性质, 可得

$$Q_{nm}^* = \int u_m^*(\boldsymbol{r})\hat{Q}u_n(\boldsymbol{r})\mathrm{d}\boldsymbol{r},$$

即

$$Q_{nm}^* = Q_{mn}. \tag{5.1.10}$$

这个公式说明矩阵 Q 的第 m 列第 n 行的矩阵元等于它的第 n 列第 m 行的矩阵元的共轭复数. 满足 (5.1.10) 式的矩阵称为厄米矩阵, 所以**表示厄米算符的矩阵是厄米矩阵**. 用 $Q^\dagger$ 表示矩阵 Q 的厄米共轭矩阵, 按照厄米共轭矩阵的定义, 有

$$Q_{mn}^\dagger = Q_{nm}^*,$$

所以 (5.1.10) 式可写为

$$Q_{mn} = Q_{mn}^\dagger,$$

或

$$Q = Q^\dagger.$$

上式表明 Q 是厄米矩阵.

接下来讨论算符在自身表象中的矩阵表述形式. 由 (5.1.7) 式可知, $\hat{F}$ 在自身表象中的矩阵元是

$$\begin{aligned} F_{nm} &= \int u_n^*(\boldsymbol{r})\hat{F}\left(\boldsymbol{r}, \frac{\hbar}{\mathrm{i}}\frac{\partial}{\partial x}, \frac{\hbar}{\mathrm{i}}\frac{\partial}{\partial y}, \frac{\hbar}{\mathrm{i}}\frac{\partial}{\partial z}\right)u_m(\boldsymbol{r})\mathrm{d}\boldsymbol{r} \\ &= \int u_n^*(\boldsymbol{r})F_m u_m(\boldsymbol{r})\mathrm{d}\boldsymbol{r} = F_m\delta_{nm}. \end{aligned}$$

由此我们得到一个重要结论: **算符在自身表象中的矩阵是一个对角矩阵**. 上面我们曾假定 $\hat{F}$ 只具有分立的本征值. 如果 $\hat{F}$ 也具有连续的本征值 f, 则上面的结论仍然成立.

5.2 量子力学的矩阵形式

我们前面曾提过, 前几章都是在坐标表象中表述量子力学规律的. 现在介绍了一般的表象理论以后, 我们可以用任何一个力学量 F 的表象来表述这些规律. 为了便于讨论, 我们只考虑 $\hat{F}$ 具有分立本征值的情况, 得到的这些结论很容易推广到一般情况. 历史上, 矩阵力学主要是由海森伯完成的. 海森伯, 德国物理学家, 量子力学创始人之一. 海森伯因为创立量子力学, 以及由此导致的氢的同素异形体的发现而获得诺贝尔物理学奖. 海森伯对物理学的主要贡献是提出了量子力学的矩阵形式 (矩阵力学), 并且提出了 “不确定性原理” 和 S 矩阵理论等.

5.2.1 本征方程

本征方程

$$\hat{Q}\psi = \lambda\psi$$

的矩阵形式可由 (5.1.9) 式中令 $\phi = \lambda\psi$ 得出, 即

$$\begin{pmatrix} Q_{11} & Q_{12} & \cdots & Q_{1n} & \cdots \\ Q_{21} & Q_{22} & \cdots & Q_{2n} & \cdots \\ \vdots & \vdots & & \vdots & \\ Q_{n1} & Q_{n2} & \cdots & Q_{nn} & \cdots \\ \vdots & \vdots & & \vdots & \end{pmatrix} \begin{pmatrix} a_1(t) \\ a_2(t) \\ \vdots \\ a_n(t) \\ \vdots \end{pmatrix} = \lambda \begin{pmatrix} a_1(t) \\ a_2(t) \\ \vdots \\ a_n(t) \\ \vdots \end{pmatrix}.$$

将上式右边各项移至左边, 可得

$$\begin{pmatrix} Q_{11}-\lambda & Q_{12} & \cdots & Q_{1n} & \cdots \\ Q_{21} & Q_{22}-\lambda & \cdots & Q_{2n} & \cdots \\ \vdots & \vdots & & \vdots & \\ Q_{n1} & Q_{n2} & \cdots & Q_{nn}-\lambda & \cdots \\ \vdots & \vdots & & \vdots & \end{pmatrix}\begin{pmatrix} a_1(t) \\ a_2(t) \\ \vdots \\ a_n(t) \\ \vdots \end{pmatrix}=0.$$

这是一个线性齐次方程组:

$$\sum_n (Q_{mn}-\lambda\delta_{mn})\,a_n(t)=0, \quad m=1,2,\cdots.$$

这个方程组有非零解的条件是系数行列式等于零, 即

$$\det|Q_{mn}-\lambda\delta_{mn}|=0,$$

也即

$$\begin{vmatrix} Q_{11}-\lambda & Q_{12} & \cdots & Q_{1n} & \cdots \\ Q_{21} & Q_{21}-\lambda & \cdots & Q_{2n} & \cdots \\ \vdots & \vdots & & \vdots & \\ Q_{n1} & Q_{n2} & \cdots & Q_{nn}-\lambda & \cdots \\ \vdots & \vdots & & \vdots & \end{vmatrix}=0. \tag{5.2.1}$$

方程 (5.2.1) 称为**久期方程**. 求解久期方程可以得到一组 λ 值: λ_1, λ_2, $\cdots$, λ_n, $\cdots$, 它们就是 $\hat{Q}$ 的本征值. 把求得的 λ_i 分别代入本征方程, 就可以得到与 λ_i 对应的本征矢量 $(a_{i1}(t), a_{i2}(t), \cdots, a_{in}(t), \cdots)$, 其中, $i=1,2,\cdots,n,\cdots$. 于是, 我们就把解微分方程求本征值的问题变为求解代数方程 (5.2.1) 的根的问题.

5.2.2 薛定谔方程

我们接下来讨论薛定谔方程的矩阵表示. 先把波函数 $\psi(\boldsymbol{r},t)$ 按 $\hat{F}$ 的本征函数展开, 并写出它的共轭表达式:

$$\begin{aligned} \psi(\boldsymbol{r},t) &= \sum_n a_n(t)u_n(\boldsymbol{r}), \\ \psi^*(\boldsymbol{r},t) &= \sum_m a_m^*(t)u_m^*(\boldsymbol{r}). \end{aligned} \tag{5.2.2}$$

将 (5.2.2) 式代入薛定谔方程

$$\mathrm{i}\hbar\frac{\partial}{\partial t}\psi(\boldsymbol{r},t)=\hat{H}\left(\boldsymbol{r},-\mathrm{i}\hbar\nabla\right)\psi(\boldsymbol{r},t),$$

并以 $u_m^*(\boldsymbol{r})$ 左乘上式两边, 再对 $\boldsymbol{r}$ 变化的整个空间积分, 可得

$$\mathrm{i}\hbar\frac{\mathrm{d}a_m(t)}{\mathrm{d}t}=\sum_n H_{mn}a_n(t),\quad n=1,2,\cdots,$$

其中,

$$H_{mn}=\int u_m^*(\boldsymbol{r})\hat{H}u_n(\boldsymbol{r})\mathrm{d}\boldsymbol{r}$$

是哈密顿算符 $\hat{H}$ 在 F 表象中的矩阵元. 薛定谔方程的矩阵形式是

$$\mathrm{i}\hbar\frac{\mathrm{d}}{\mathrm{d}t}\begin{pmatrix}a_1(t)\\a_2(t)\\\vdots\\a_n(t)\\\vdots\end{pmatrix}=\begin{pmatrix}H_{11}&H_{12}&\cdots&H_{1n}&\cdots\\H_{21}&H_{22}&\cdots&H_{2n}&\cdots\\\vdots&\vdots&&\vdots&\\H_{n1}&H_{n2}&\cdots&H_{nn}&\cdots\\\vdots&\vdots&&\vdots&\end{pmatrix}\begin{pmatrix}a_1(t)\\a_2(t)\\\vdots\\a_n(t)\\\vdots\end{pmatrix},\tag{5.2.3}$$

或简写为

$$\mathrm{i}\hbar\frac{\mathrm{d}}{\mathrm{d}t}\psi=H\psi.$$

5.2.3 期望值公式

将 (5.2.2) 式代入算符的期望值公式

$$\langle Q\rangle=\int\psi^*(\boldsymbol{r},t)\hat{Q}\psi(\boldsymbol{r},t)\mathrm{d}\boldsymbol{r},$$

可以得到

$$\begin{aligned}\langle Q\rangle&=\int\sum_{m,n}a_m^*(t)u_m^*(\boldsymbol{r})\hat{Q}a_n(t)u_n(\boldsymbol{r})\mathrm{d}\boldsymbol{r}\\&=\sum_{m,n}a_m^*(t)\int u_m^*(\boldsymbol{r})\hat{Q}u_n(\boldsymbol{r})\mathrm{d}\boldsymbol{r}a_n(t).\end{aligned}$$

根据 Q_{mn} 的定义, 有

$$\langle Q\rangle=\sum_{m,n}a_m^*(t)Q_{mn}a_n(t).$$

可以把上式右边写成矩阵相乘的形式, 即

$$\langle Q\rangle=(a_1^*(t),a_2^*(t),\cdots,a_m^*(t),\cdots)\begin{pmatrix}Q_{11}&Q_{12}&\cdots&Q_{1n}&\cdots\\Q_{21}&Q_{22}&\cdots&Q_{2n}&\cdots\\\vdots&\vdots&&\vdots&\\Q_{m1}&Q_{m2}&\cdots&Q_{mn}&\cdots\\\vdots&\vdots&&\vdots&\end{pmatrix}\begin{pmatrix}a_1(t)\\a_2(t)\\\vdots\\a_n(t)\\\vdots\end{pmatrix},$$

或简写为

$$\langle Q\rangle = \psi^{\dagger}Q\psi.$$

5.3 狄拉克符号

正如一个矢量可以不指定具体的坐标系来讨论其性质，量子力学的理论表述也可以不指定具体的表象. 人们常采用狄拉克建议的一种简单符号，使得理论表述和运算都大为简化. 狄拉克，英国理论物理学家，量子力学的奠基者之一. 狄拉克在物理学上有诸多开创性的贡献：他整合了海森伯的矩阵力学和薛定谔的波动力学，发展出了量子力学的基本数学架构；提出了相对论量子力学的基本方程 —— 狄拉克方程，解释了电子的自旋，并且预测了反粒子的存在. 因为发现了在原子理论里很有用的新形式 (即狄拉克方程)，狄拉克获得了诺贝尔物理学奖. 本节我们介绍狄拉克符号，以及采用狄拉克符号后量子力学的理论形式.

5.3.1 狄拉克符号的各种规定

1. **右矢与左矢**

一个量子力学体系的一切可能状态构成一个希尔伯特空间. 该空间的态矢量可以用一个**右矢**表示，若要标志某特殊的态，则于其内标上某种记号. 例如，$|\psi\rangle$ 表示波函数 ψ 描述的状态. 对于本征态，常将其对应的本征值或相应的量子数标在右矢内进行标记. 例如，$|p'\rangle$ 表示动量 p 的本征态 (本征值为 p')，$|E_n\rangle$ 或 $|n\rangle$ 表示能量的本征态 (本征值为 E_n)，$|lm\rangle$ 表示 $(\hat{L}^2, \hat{L}_z)$ 的共同本征态 (本征值分别为 $l(l+1)\hbar^2$ 与 $m\hbar$) 等. 需要注意的是，量子态的上述表示都只是一个抽象的态矢量，未涉及具体表象. 相应地，**左矢**表示共轭空间中的一个抽象矢量. 例如，$\langle\psi|$ 是 $|\psi\rangle$ 的共轭态矢，$\langle p'|$ 是 $|p'\rangle$ 的共轭态矢等.

2. **标积**

态矢 $|\psi\rangle$ 与 $|\phi\rangle$ 的标积用 $\langle\phi\mid\psi\rangle$ 表示，而 $\langle\phi\mid\psi\rangle^* = \langle\psi\mid\phi\rangle$. 如果 $\langle\phi\mid\psi\rangle = 0$，则称态矢 $|\psi\rangle$ 与 $|\phi\rangle$ 正交. 如果 $|\psi\rangle$ 是归一化态矢，则 $\langle\psi\mid\psi\rangle = 1$. 设力学量完全集 $\hat{F}$ 的本征态记为 $|n\rangle$，以它们作为基矢的表象称为 F 表象. 这个离散谱表象的基矢的正交归一性可以表示成

$$\langle m\mid n\rangle = \delta_{mn}. \tag{5.3.1}$$

而连续谱表象的基矢的正交 "归一" 性可以表示成 δ 函数的形式. 例如，坐标表象的基矢，满足 $\langle x'\mid x''\rangle = \delta(x' - x'')$.

5.3.2 态矢在具体表象中的表示

在 F 表象 (基矢为 $|n\rangle$) 中, 任何一个态矢 $|\psi\rangle$ 都可以用 $|n\rangle$ 展开:

$$|\psi\rangle=\sum_n a_n|n\rangle.$$

利用基矢的正交归一性, 可得

$$a_m=\sum_n a_n\langle m|n\rangle=\langle m\mid\psi\rangle,$$

它表示 $|\psi\rangle$ 在基矢 $|m\rangle$ 方向的 "投影". 当所有 a_n 都给定时, 就给定了一个态矢 $|\psi\rangle$. 所以这一组数 $\{a_n\}=\{\langle n\mid\psi\rangle\}$ 就是态矢 $|\psi\rangle$ 在 F 表象中的表示, 可以把它们排成列向量:

$$\begin{pmatrix}a_1\\a_2\\\vdots\end{pmatrix}=\begin{pmatrix}\langle 1\mid\psi\rangle\\\langle 2\mid\psi\rangle\\\vdots\end{pmatrix},$$

于是可得

$$|\psi\rangle=\sum_n\langle n\mid\psi\rangle|n\rangle=\sum_n|n\rangle\langle n|\psi\rangle,$$

其中, $|n\rangle\langle n|$ 可以看成一个投影算符, 即

$$\hat{P}_n=|n\rangle\langle n|. \tag{5.3.2}$$

投影算符对任何态矢运算后, 都是把该态矢变成它在基矢 $|n\rangle$ 方向的分矢量. 或者说, $\hat{P}_n$ 的作用是把任何态矢沿 $|n\rangle$ 方向的分矢量挑选出来. 例如,

$$\hat{P}_n|\psi\rangle=|n\rangle\langle n\mid\psi\rangle=|n\rangle a_n=a_n|n\rangle,$$

它就是态矢 $|\psi\rangle$ 在 $|n\rangle$ 方向的分量. 由于 $|\psi\rangle$ 是任意的, 因此

$$\sum_n|n\rangle\langle n|\equiv I\quad(\text{单位算符}). \tag{5.3.3}$$

此式对任何一组完备的基矢 $\{|n\rangle\}$ 都是成立的. 此式对于表象变换极为方便, 会经常用到.

在某个具体表象中, 两个态矢的标积可按照下面的讨论计算. 在 F 表象中, $|\psi\rangle$ 与 $|\phi\rangle$ 可分别表示成

$$|\psi\rangle = \sum_n |n\rangle\langle n \mid \psi\rangle = \sum_n a_n|n\rangle,$$

$$|\phi\rangle = \sum_n |n\rangle\langle n \mid \phi\rangle = \sum_n b_n|n\rangle.$$

所以标积可表示成

$$\begin{aligned}\langle\phi \mid \psi\rangle &= \sum_{m,n} b_n^*\langle n \mid m\rangle a_m = \sum_{m,n} b_n^*\delta_{mn}a_m \\ &= \sum_n b_n^* a_n = (b_1^*, b_2^*, \cdots)\begin{pmatrix} a_1 \\ a_2 \\ \vdots \end{pmatrix}.\end{aligned}$$

5.3.3 算符在具体表象中的表示

算符是对量子态的一种运算符号, 它把一个态矢变成另一个态矢. 例如, 态矢 $|\psi\rangle$ 经过算符 $\hat{Q}$ 运算后, 变成

$$|\phi\rangle = \hat{Q}|\psi\rangle.$$

这里我们还未涉及具体表象. 在采取具体的表象 (例如, F 表象) 之后, 以 F 表象的基矢 $\langle n|$ 左乘上式, 可得

$$\langle n \mid \phi\rangle = \langle n|\hat{Q}|\psi\rangle = \sum_m \langle n|\hat{Q}|m\rangle\langle m \mid \psi\rangle,$$

即

$$b_n = \sum_m Q_{nm}a_m,$$

其中,

$$Q_{nm} = \langle n|\hat{Q}|m\rangle,$$

b_n 及 a_m 分别代表态矢 $|\phi\rangle$ 及 $|\psi\rangle$ 在 F 表象中的表示, 而 Q_{nm} 则是算符 $\hat{Q}$ 在 F 表象中的矩阵表示.

1. **本征方程**

算符 $\hat{Q}$ 的本征方程为

$$\hat{Q}|\psi\rangle = q'|\psi\rangle,$$

以 $\langle n|$ 左乘上式两边, 可得

$$\text{左边} = \langle n|\hat{Q}|\psi\rangle = \sum_m \langle n|\hat{Q}|m\rangle\langle m \mid \psi\rangle = \sum_m Q_{nm}a_m,$$

$$\text{右边} = q'\langle n \mid \psi\rangle = q'a_n,$$

从而

$$\sum_m (Q_{nm} - q'\delta_{nm})\, a_m = 0.$$

此方程是 $\hat{Q}$ 的本征方程在 F 表象中的表示.

2. **薛定谔方程**

薛定谔方程为

$$\mathrm{i}\hbar\frac{\partial}{\partial t}|\psi\rangle = \hat{H}|\psi\rangle,$$

以 $\langle n|$ 左乘上式两边, 可得

$$\mathrm{i}\hbar\frac{\partial}{\partial t}\langle n \mid \psi\rangle = \langle n|\hat{H}|\psi\rangle = \sum_m \langle n|\hat{H}|m\rangle\langle m \mid \psi\rangle,$$

从而

$$\mathrm{i}\hbar\frac{\partial}{\partial t}a_n = \sum_m H_{nm}a_m.$$

这就是薛定谔方程在 F 表象中的表示.

3. **力学量期望值公式**

在态矢 $|\psi\rangle$ 下, 力学量 Q 的期望值公式为

$$\langle Q\rangle = \langle\psi|\hat{Q}|\psi\rangle = \sum_{m,n}\langle\psi \mid m\rangle\langle m|\hat{Q}|n\rangle\langle n \mid \psi\rangle = \sum_{m,n} a_m^* Q_{mn} a_n.$$

5.3.4 表象变换

设 F 表象的基矢为 $|\phi_n\rangle$, G 表象的基矢为 $|\varphi_i\rangle$. 态矢 $|\psi\rangle$ 在 F 表象中用 $\langle\phi_n \mid \psi\rangle = a_n$ 描述, 在 G 表象中用 $\langle\varphi_i \mid \psi\rangle = b_i$ 描述, 而

$$\langle\varphi_i \mid \psi\rangle = \sum_n \langle\varphi_i \mid \phi_n\rangle\langle\phi_n \mid \psi\rangle,$$

从而

$$b_i = \sum_n S_{in}a_n,$$

其中,

$$S_{in} = \langle\varphi_i \mid \phi_n\rangle$$

是从 F 表象到 G 表象的变换.

容易证明

$$S^\dagger S = SS^\dagger = I. \tag{5.3.4}$$

因为

$$(S^\dagger S)_{mn}=\sum_i S^\dagger_{mi}S_{in}=\sum_i S^*_{im}S_{in}=\sum_i\langle\varphi_i|\phi_m\rangle^*\langle\varphi_i|\phi_n\rangle$$
$$=\sum_i\langle\phi_m|\varphi_i\rangle\langle\varphi_i|\phi_n\rangle=\langle\phi_m|\phi_n\rangle=\delta_{mn}.$$

满足 (5.3.4) 式的矩阵称为**幺正矩阵**, 由幺正矩阵所表示的变换称为**幺正变换**. 所以由一个表象到另一个表象的变换是幺正变换. 由于幺正矩阵成立的条件 $S^\dagger=S^{-1}$ 与厄米矩阵成立的条件 $A^\dagger=A$ 不同, 因此一般而言幺正矩阵不是厄米矩阵.

算符 $\hat{Q}$ 在 F 表象中的矩阵元 Q_{mn} 为

$$Q_{mn}=\langle\phi_m|\hat{Q}|\phi_n\rangle,$$

在 G 表象中的矩阵元 Q_{ij} 为

$$Q_{ij}=\langle\varphi_i|\hat{Q}|\varphi_j\rangle.$$

它们之间的关系为

$$Q_{ij}=\langle\varphi_i|\hat{Q}|\varphi_j\rangle=\sum_{m,n}\langle\varphi_i\mid\phi_m\rangle\langle\phi_m|\hat{Q}|\phi_n\rangle\langle\phi_n\mid\varphi_j\rangle$$
$$=\sum_{m,n}\langle\varphi_i\mid\phi_m\rangle Q_{mn}\langle\varphi_j\mid\phi_n\rangle^*=\sum_{m,n}S_{im}Q_{mn}S^*_{jn}$$
$$=\sum_{m,n}S_{im}Q_{mn}S^\dagger_{nj}=\left(SQS^\dagger\right)_{ij}.$$

我们把算符 $\hat{Q}$ 在 F 表象中的矩阵记为 $Q\equiv(Q_{mn})$, 且把 $\hat{Q}$ 在 G 表象中的矩阵记为 $Q'\equiv(Q_{ij})$, 则上式可表示成

$$Q'=SQS^\dagger=SQS^{-1},$$

而态矢在 G 表象中的表示与 F 表象中的表示的关系式也可类似简记为 $b=Sa$, 即

$$\begin{pmatrix}b_1\\b_2\\\vdots\end{pmatrix}=\begin{pmatrix}S_{11}&S_{12}&\cdots\\S_{21}&S_{22}&\cdots\\\cdots&\cdots&\cdots\end{pmatrix}\begin{pmatrix}a_1\\a_2\\\vdots\end{pmatrix}.$$

定理　幺正变换不改变算符的本征值.

设 $\hat{F}$ 在 A 表象中的本征方程为

$$\hat{F}a=\lambda a,$$

其中, λ 为本征值, a 为本征矢量. 现在通过上述幺正变换, 将 $\hat{F}$ 和 a 从 A 表象变换到 B 表象. 以 S 左乘上式两边, 并在 $\hat{F}a$ 之间插入 $S^\dagger S$, 可得

$$S\hat{F}S^\dagger Sa = \lambda Sa,$$

从而

$$\hat{F}'b = \lambda b.$$

这个本征方程说明算符 $\hat{F}$ 在 B 表象中的本征值仍为 λ. 也就是说, 幺正变换不改变算符的本征值. 如果 F' 是对角矩阵, 即 B 表象是 $\hat{F}$ 自身的表象, 那么 F' 的对角元就是 $\hat{F}$ 的本征值. 于是求算符本征值的问题可以归结为寻找一个幺正变换矩阵 S 把算符 $\hat{F}$ 从原来的表象变换到 $\hat{F}$ 自身的表象, 使 $\hat{F}$ 的矩阵表示对角化. 解定态薛定谔方程求定态能级的问题也就是把坐标表象中的哈密顿算符对角化, 即由坐标表象变换到能量表象.

例 1 假定一个体系仅有两个线性独立的态:

$$|1\rangle = \begin{pmatrix} 1 \\ 0 \end{pmatrix} \text{ 和 } |2\rangle = \begin{pmatrix} 0 \\ 1 \end{pmatrix}.$$

最一般的态是它们归一化的线性叠加:

$$|\mathfrak{I}(t)\rangle = a|1\rangle + b|2\rangle = \begin{pmatrix} a \\ b \end{pmatrix},$$

其中, $|a|^2 + |b|^2 = 1$. 哈密顿算符可以表示为一个 (厄米) 矩阵, 假定它有特定的形式:

$$H = \begin{pmatrix} h & g \\ g & h \end{pmatrix},$$

其中, g 和 h 都是实常量. 如果体系的初态是 $|1\rangle$ (在 $t = 0$ 时刻), 那么在 t 时刻体系的状态是什么?

解答 含时薛定谔方程为

$$\mathrm{i}\hbar\frac{\mathrm{d}}{\mathrm{d}t}|\mathfrak{I}(t)\rangle = H|\mathfrak{I}(t)\rangle.$$

一般地, 我们总是先解定态薛定谔方程:

$$H|\mathfrak{I}\rangle = E|\mathfrak{I}\rangle,$$

也即, 求 H 的本征矢量和本征值. 利用久期方程确定本征值的步骤如下:

$$\det\begin{pmatrix} h-E & g \\ g & h-E \end{pmatrix} = (h-E)^2 - g^2 = 0 \Rightarrow h-E = \pm g \Rightarrow E_{\pm} = h \pm g,$$

显然, 所允许的能量值是 $h+g$ 和 $h-g$.

确定本征矢量 α 和 β 的步骤如下:

$$\begin{pmatrix} h & g \\ g & h \end{pmatrix}\begin{pmatrix} \alpha \\ \beta \end{pmatrix} = (h \pm g)\begin{pmatrix} \alpha \\ \beta \end{pmatrix} \Rightarrow h\alpha + g\beta = (h \pm g)\alpha \Rightarrow \beta = \pm\alpha,$$

因此归一化的本征矢量是

$$|\mathfrak{J}_{\pm}\rangle = \frac{1}{\sqrt{2}}\begin{pmatrix} 1 \\ \pm 1 \end{pmatrix}.$$

然后我们可以把体系的初态展开为哈密顿算符的本征矢量的线性叠加:

$$|\mathfrak{J}(0)\rangle = \begin{pmatrix} 1 \\ 0 \end{pmatrix} = \frac{1}{\sqrt{2}}\left(|\mathfrak{J}_+\rangle + |\mathfrak{J}_-\rangle\right).$$

最后, 我们加入标准的时间因子 $\exp(-\mathrm{i}E_n t/\hbar)$, 可得 t 时刻的状态为

$$\begin{aligned} |\mathfrak{J}(t)\rangle &= \frac{1}{\sqrt{2}}\left[\mathrm{e}^{-\mathrm{i}(h+g)t/\hbar}|\mathfrak{J}_+\rangle + \mathrm{e}^{-\mathrm{i}(h-g)t/\hbar}|\mathfrak{J}_-\rangle\right] \\ &= \frac{1}{2}\mathrm{e}^{-\mathrm{i}ht/\hbar}\left[\mathrm{e}^{-\mathrm{i}gt/\hbar}\begin{pmatrix} 1 \\ 1 \end{pmatrix} + \mathrm{e}^{\mathrm{i}gt/\hbar}\begin{pmatrix} 1 \\ -1 \end{pmatrix}\right] \\ &= \mathrm{e}^{-\mathrm{i}ht/\hbar}\begin{pmatrix} \cos(gt/\hbar) \\ -\mathrm{i}\sin(gt/\hbar) \end{pmatrix}. \end{aligned}$$

例 2 一个量子体系的态矢空间为三维矢量空间, 选择基矢 $\{|1\rangle, |2\rangle, |3\rangle\}$. 体系的哈密顿量 H 及另两个力学量 A 与 B 分别为

$$H = \hbar\omega_0\begin{pmatrix} 1 & 0 & 0 \\ 0 & 2 & 0 \\ 0 & 0 & 2 \end{pmatrix}, \quad A = \alpha\begin{pmatrix} 1 & 0 & 0 \\ 0 & 0 & 1 \\ 0 & 1 & 0 \end{pmatrix}, \quad B = \beta\begin{pmatrix} 0 & 1 & 0 \\ 1 & 0 & 0 \\ 0 & 0 & 1 \end{pmatrix}.$$

设 $t=0$ 时刻体系的态矢为

$$|\psi(0)\rangle = \frac{1}{\sqrt{2}}|1\rangle + \frac{1}{2}|2\rangle + \frac{1}{2}|3\rangle.$$

(1) 试问在 $t=0$ 时刻测量体系的能量 H 可得哪些结果? 相应的概率为多少?

并计算 H 的期望值 $\langle H\rangle$ 及 $\Delta H=\sqrt{\langle H^2\rangle-\langle H\rangle^2}$.

(2) 如在 $t=0$ 时刻测量 A 可得哪些结果? 相应的概率为多少? 并写出测量后体系的态矢.

(3) 计算任意 t 时刻 A 与 B 的期望值 $\langle A(t)\rangle$ 与 $\langle B(t)\rangle$.

解答 (1) 由哈密顿量是对角形式可知, 选择的表象是 H 表象, 因此 H 的对角元即为其本征值, 基矢 $|1\rangle,|2\rangle$ 和 $|3\rangle$ 分别为 H 的本征值对应的本征矢量. $t=0$ 时刻体系的状态由 H 的三个本征矢量 $|1\rangle,|2\rangle$ 和 $|3\rangle$ 线性叠加而成, 所以在 $t=0$ 时刻测量体系的能量时可能得到 H 的三个本征值, 即 $E_1=\hbar\omega_0, E_2=E_3=2\hbar\omega_0$,相应的概率均为 1/2. 由此可知

$$\begin{aligned}
\langle H\rangle &= \frac{1}{2}\hbar\omega_0+\frac{1}{2}\times 2\hbar\omega_0=\frac{3}{2}\hbar\omega_0,\\
\langle H^2\rangle &= \frac{1}{2}(\hbar\omega_0)^2+\frac{1}{2}(2\hbar\omega_0)^2=\frac{5}{2}\hbar^2\omega_0^2,\\
\Delta H &= \sqrt{\langle H^2\rangle-\langle H\rangle^2}=\sqrt{\frac{5}{2}\hbar^2\omega_0^2-\frac{9}{4}\hbar^2\omega_0^2}=\frac{1}{2}\hbar\omega_0.
\end{aligned}$$

(2) 首先求解 A 的本征方程 $A|\phi\rangle=a|\phi\rangle$ (其中, $|\phi\rangle=(c_1,c_2,c_3)^{\mathrm{T}}$ 待解), 该本征方程可改写为

$$\alpha\begin{pmatrix}1&0&0\\0&0&1\\0&1&0\end{pmatrix}\begin{pmatrix}c_1\\c_2\\c_3\end{pmatrix}=a\begin{pmatrix}c_1\\c_2\\c_3\end{pmatrix}.$$

可以解得本征值为 $a_1=-\alpha,\ a_2=\alpha,\ a_3=\alpha$. 由于 $a_2=a_3=\alpha$, 因此相应的简并态有无穷多个, 只要 $c_2=c_3$, c_1 取任意值, 且满足 $|c_1|^2+|c_2|^2+|c_3|^2=1$ 即可. 我们取最简单的一组: $c_1=1$ 和 $c_1=0$. 相应的本征态分别为

$$|\phi_1\rangle=\frac{1}{\sqrt{2}}\begin{pmatrix}0\\1\\-1\end{pmatrix},\quad |\phi_2\rangle=\begin{pmatrix}1\\0\\0\end{pmatrix},\quad |\phi_3\rangle=\frac{1}{\sqrt{2}}\begin{pmatrix}0\\1\\1\end{pmatrix}.$$

由于 $a_2=a_3=\alpha$, 因此 $|\phi_2\rangle$ 与 $|\phi_3\rangle$ 简并. 题设 $t=0$ 时刻体系的态矢为

$$|\psi(0)\rangle=\frac{1}{2}\begin{pmatrix}\sqrt{2}\\1\\1\end{pmatrix}.$$

又由于

$$\langle\phi_1 \mid \psi(0)\rangle = \frac{1}{\sqrt{2}}(0,1,-1)\frac{1}{2}\begin{pmatrix}\sqrt{2}\\1\\1\end{pmatrix} = 0,$$

因此可得, 测量 A 所得结果为 $-\alpha$ 的概率 $|\langle\phi_1 \mid \psi(0)\rangle|^2$ 为 0, 故 $t=0$ 时刻测量 A 只能得到唯一的值 α. 测量 A 后, 体系的态矢为 $|\phi_2\rangle$ 与 $|\phi_3\rangle$ 的任意线性组合.

(3) 任意 t 时刻体系的态矢为

$$|\psi(t)\rangle = \frac{1}{\sqrt{2}}\mathrm{e}^{-\mathrm{i}E_1t/\hbar}|1\rangle + \frac{1}{2}\mathrm{e}^{-\mathrm{i}E_2t/\hbar}|2\rangle + \frac{1}{2}\mathrm{e}^{-\mathrm{i}E_3t/\hbar}|3\rangle = \frac{1}{2}\begin{pmatrix}\sqrt{2}\mathrm{e}^{-\mathrm{i}\omega_0t}\\ \mathrm{e}^{-\mathrm{i}2\omega_0t}\\ \mathrm{e}^{-\mathrm{i}2\omega_0t}\end{pmatrix}.$$

由此可得, 任意 t 时刻 A 与 B 的期望值为

$$\begin{aligned}\langle A(t)\rangle &= \langle\psi(t)|A|\psi(t)\rangle\\ &= \frac{\alpha}{4}\left(\sqrt{2}\mathrm{e}^{\mathrm{i}\omega_0t}, \mathrm{e}^{\mathrm{i}2\omega_0t}, \mathrm{e}^{\mathrm{i}2\omega_0t}\right)\begin{pmatrix}1&0&0\\0&0&1\\0&1&0\end{pmatrix}\begin{pmatrix}\sqrt{2}\mathrm{e}^{-\mathrm{i}\omega_0t}\\ \mathrm{e}^{-\mathrm{i}2\omega_0t}\\ \mathrm{e}^{-\mathrm{i}2\omega_0t}\end{pmatrix}\\ &= \alpha,\\ \langle B(t)\rangle &= \langle\psi(t)|B|\psi(t)\rangle\\ &= \frac{\beta}{4}\left(\sqrt{2}\mathrm{e}^{\mathrm{i}\omega_0t}, \mathrm{e}^{\mathrm{i}2\omega_0t}, \mathrm{e}^{\mathrm{i}2\omega_0t}\right)\begin{pmatrix}0&1&0\\1&0&0\\0&0&1\end{pmatrix}\begin{pmatrix}\sqrt{2}\mathrm{e}^{-\mathrm{i}\omega_0t}\\ \mathrm{e}^{-\mathrm{i}2\omega_0t}\\ \mathrm{e}^{-\mathrm{i}2\omega_0t}\end{pmatrix}\\ &= \frac{\beta}{4}(2\sqrt{2}\cos\omega_0t+1).\end{aligned}$$

由此可得, 期望值 $\langle A(t)\rangle$ 不随 t 变化, 原因在于力学量 A 与哈密顿量 H 对易, 所以 A 为守恒量.

例 3 考虑 $|lm\rangle$ 态矢空间的 $l=1$ 子空间 (取 $\hbar\to 1$). 已知 (l^2, l_z) 表象中的 l_x 和 l_y 的矩阵表示分别为

$$l_x = \frac{1}{\sqrt{2}}\begin{pmatrix}0&1&0\\1&0&1\\0&1&0\end{pmatrix},\quad l_y = \frac{1}{\sqrt{2}}\begin{pmatrix}0&-\mathrm{i}&0\\ \mathrm{i}&0&-\mathrm{i}\\0&\mathrm{i}&0\end{pmatrix}.$$

(a) 求 l_x 和 l_y 的本征值和本征矢量. (b) 求由 (l^2, l_z) 表象 $\to (l^2, l_x)$ 表象的变换

矩阵 S, 按照表象变换的标准公式, 将 (a) 中各量变换到 (l^2, l_x) 表象中去.

解答 (a) 如果 $|lm\rangle$ 态矢空间的 $l=1$ 子空间以 $|1,1\rangle$, $|1,0\rangle$, $|1,-1\rangle$ 作为基矢, 则可以构成 (l^2, l_z) 表象. 基矢为

$$|1,1\rangle \to \begin{pmatrix} 1 \\ 0 \\ 0 \end{pmatrix}, \quad |1,0\rangle \to \begin{pmatrix} 0 \\ 1 \\ 0 \end{pmatrix}, \quad |1,-1\rangle \to \begin{pmatrix} 0 \\ 0 \\ 1 \end{pmatrix}.$$

在 (l^2, l_z) 表象中, l_z 由对角矩阵表示:

$$l_z = \begin{pmatrix} 1 & 0 & 0 \\ 0 & 0 & 0 \\ 0 & 0 & -1 \end{pmatrix}.$$

设 l_x 的本征矢量及其矩阵表示为

$$|\phi\rangle = C_1|1,1\rangle + C_0|1,0\rangle + C_{-1}|1,-1\rangle \to \begin{pmatrix} C_1 \\ C_0 \\ C_{-1} \end{pmatrix}.$$

由 l_x 的本征方程 $l_x|\phi\rangle = \lambda|\phi\rangle$, 即

$$\frac{1}{\sqrt{2}}\begin{pmatrix} 0 & 1 & 0 \\ 1 & 0 & 1 \\ 0 & 1 & 0 \end{pmatrix}\begin{pmatrix} C_1 \\ C_0 \\ C_{-1} \end{pmatrix} = \lambda\begin{pmatrix} C_1 \\ C_0 \\ C_{-1} \end{pmatrix},$$

可以解出

$$\lambda = 1, \quad |\,\phi_1\rangle = \frac{1}{2}\begin{pmatrix} 1 \\ \sqrt{2} \\ 1 \end{pmatrix}; \quad \lambda = 0, \quad |\,\phi_0\rangle = \frac{1}{\sqrt{2}}\begin{pmatrix} 1 \\ 0 \\ -1 \end{pmatrix};$$

$$\lambda = -1, \quad |\,\phi_{-1}\rangle = \frac{1}{2}\begin{pmatrix} 1 \\ -\sqrt{2} \\ 1 \end{pmatrix}.$$

类似地, 由 l_y 的本征方程 $l_y|\psi\rangle = \nu|\psi\rangle$, 即

$$\frac{1}{\sqrt{2}}\begin{pmatrix}0 & -\mathrm{i} & 0\\ \mathrm{i} & 0 & -\mathrm{i}\\ 0 & \mathrm{i} & 0\end{pmatrix}\begin{pmatrix}a_1\\ a_0\\ a_{-1}\end{pmatrix}=\nu\begin{pmatrix}a_1\\ a_0\\ a_{-1}\end{pmatrix},$$

可以解出

$$\nu=1,\quad |\,\psi_1\rangle=\frac{1}{2}\begin{pmatrix}1\\ \sqrt{2}\mathrm{i}\\ -1\end{pmatrix};\quad \nu=0,\quad |\,\psi_0\rangle=\frac{1}{\sqrt{2}}\begin{pmatrix}1\\ 0\\ 1\end{pmatrix};$$

$$\nu=-1,\quad |\,\psi_{-1}\rangle=\frac{1}{2}\begin{pmatrix}1\\ -\sqrt{2}\mathrm{i}\\ -1\end{pmatrix}.$$

(b) (l^2,l_z) 表象 $\rightarrow (l^2,l_x)$ 表象的变换矩阵为

$$\begin{aligned}S&=\begin{pmatrix}\langle\phi_1\,|\,1,1\rangle & \langle\phi_1\,|\,1,0\rangle & \langle\phi_1\,|\,1,-1\rangle\\ \langle\phi_0\,|\,1,1\rangle & \langle\phi_0\,|\,1,0\rangle & \langle\phi_0\,|\,1,-1\rangle\\ \langle\phi_{-1}\,|\,1,1\rangle & \langle\phi_{-1}\,|\,1,0\rangle & \langle\phi_{-1}\,|\,1,-1\rangle\end{pmatrix}\\ &=\begin{pmatrix}\frac{1}{2} & \frac{1}{\sqrt{2}} & \frac{1}{2}\\ \frac{1}{\sqrt{2}} & 0 & -\frac{1}{\sqrt{2}}\\ \frac{1}{2} & -\frac{1}{\sqrt{2}} & \frac{1}{2}\end{pmatrix}=S^\dagger.\end{aligned}$$

按照表象变换的标准公式, (a) 中各量变换到 (l^2,l_x) 表象中去, 有

$$|\,\phi_1'\rangle=S\,|\,\phi_1\rangle=\begin{pmatrix}1\\ 0\\ 0\end{pmatrix},\quad 相当于\ (l^2,l_z)\ 表象中的\ Y_{1,1}\ (|1,1\rangle);$$

$$|\,\phi_0'\rangle=S\,|\,\phi_0\rangle=\begin{pmatrix}0\\ 1\\ 0\end{pmatrix},\quad 相当于\ (l^2,l_z)\ 表象中的\ Y_{1,0}\ (|1,0\rangle);$$

$$|\,\phi_{-1}'\rangle=S\,|\,\phi_{-1}\rangle=\begin{pmatrix}0\\ 0\\ 1\end{pmatrix},\quad 相当于\ (l^2,l_z)\ 表象中的Y_{1,-1}\ (|1,-1\rangle);$$

$$|\,\psi_1'\rangle = S\,|\,\psi_1\rangle = \frac{\mathrm{i}}{2}\begin{pmatrix}1\\-\sqrt{2}\mathrm{i}\\-1\end{pmatrix},\quad \text{相当于}\ (l^2, l_z)\ \text{表象中的}\ |\,\psi_{-1}\rangle;$$

$$|\,\psi_0'\rangle = S\,|\,\psi_0\rangle = \frac{1}{\sqrt{2}}\begin{pmatrix}1\\0\\1\end{pmatrix},\quad \text{相当于}\ (l^2, l_z)\ \text{表象中的}\ |\,\psi_0\rangle;$$

$$|\,\psi_{-1}'\rangle = S\,|\,\psi_{-1}\rangle = -\frac{\mathrm{i}}{2}\begin{pmatrix}1\\\sqrt{2}\mathrm{i}\\-1\end{pmatrix},\quad \text{相当于}\ (l^2, l_z)\ \text{表象中的}\ |\,\psi_1\rangle;$$

$$Y_{1,1}' = S\begin{pmatrix}1\\0\\0\end{pmatrix} = \frac{1}{2}\begin{pmatrix}1\\\sqrt{2}\\1\end{pmatrix},\quad \text{相当于}\ (l^2, l_z)\ \text{表象中的}\ |\,\phi_1\rangle;$$

$$Y_{1,0}' = S\begin{pmatrix}0\\1\\0\end{pmatrix} = \frac{1}{\sqrt{2}}\begin{pmatrix}1\\0\\-1\end{pmatrix},\quad \text{相当于}\ (l^2, l_z)\ \text{表象中的}\ |\,\phi_0\rangle;$$

$$Y_{1,-1}' = S\begin{pmatrix}0\\0\\1\end{pmatrix} = \frac{1}{2}\begin{pmatrix}1\\-\sqrt{2}\\1\end{pmatrix},\quad \text{相当于}\ (l^2, l_z)\ \text{表象中的}\ |\,\phi_{-1}\rangle;$$

$$l_x' = Sl_xS^\dagger = \begin{pmatrix}1&0&0\\0&0&0\\0&0&-1\end{pmatrix},\quad \text{相当于}\ (l^2, l_z)\ \text{表象中的}\ l_z;$$

$$l_y' = Sl_yS^\dagger = \frac{1}{\sqrt{2}}\begin{pmatrix}0&\mathrm{i}&0\\-\mathrm{i}&0&\mathrm{i}\\0&-\mathrm{i}&0\end{pmatrix},\quad \text{相当于}\ (l^2, l_z)\ \text{表象中的}\ -l_y;$$

$$l_z' = Sl_zS^\dagger = \frac{1}{\sqrt{2}}\begin{pmatrix}0&1&0\\1&0&1\\0&1&0\end{pmatrix},\quad \text{相当于}\ (l^2, l_z)\ \text{表象中的}\ l_x.$$

例 4 一个二能级体系的哈密顿算符为

$$\hat{H} = \varepsilon(|1\rangle\langle 1| - |2\rangle\langle 2| + |1\rangle\langle 2| + |2\rangle\langle 1|),$$

这里, $|1\rangle$, $|2\rangle$ 是正交归一化的基, ε 是量纲为能量的一个实数. 求出它的本征值和本征矢量 (用 $|1\rangle$ 和 $|2\rangle$ 的线性叠加表示). 在这个基下, 求 $\hat{H}$ 的矩阵表示 H.

解答 设体系的本征态为 $|\psi\rangle = c_1|1\rangle + c_2|2\rangle$, E 为与其对应的本征值. 本征方程为

$$\begin{aligned}
\hat{H}|\psi\rangle &= \varepsilon(|1\rangle\langle 1| - |2\rangle\langle 2| + |1\rangle\langle 2| + |2\rangle\langle 1|)\,(c_1|1\rangle + c_2|2\rangle) \\
&= \varepsilon\,(c_1|1\rangle + c_1|2\rangle - c_2|2\rangle + c_2|1\rangle) = \varepsilon\,[(c_1 + c_2)\,|1\rangle + (c_1 - c_2)\,|2\rangle] \\
&= E|\psi\rangle = E\,(c_1|1\rangle + c_2|2\rangle)\,,
\end{aligned}$$

所以

$$\begin{aligned}
\varepsilon\,(c_1 + c_2) = Ec_1 \Rightarrow c_2 = \left(\frac{E}{\varepsilon} - 1\right)c_1; \\
\varepsilon\,(c_1 - c_2) = Ec_2 \Rightarrow c_1 = \left(\frac{E}{\varepsilon} + 1\right)c_2.
\end{aligned}$$

因此

$$c_2 = \left(\frac{E}{\varepsilon} - 1\right)\left(\frac{E}{\varepsilon} + 1\right)c_2 \Rightarrow \left(\frac{E}{\varepsilon}\right)^2 - 1 = 1 \Rightarrow E = \pm\sqrt{2}\varepsilon.$$

由此可得, $c_2 = (\pm\sqrt{2} - 1)c_1$, 所以本征态为

$$|\psi_\pm\rangle = c_1[|1\rangle + (\pm\sqrt{2} - 1)|2\rangle].$$

$\hat{H}$ 的矩阵表示为

$$H = \varepsilon\begin{pmatrix} 1 & 1 \\ 1 & -1 \end{pmatrix}.$$

习　题

1. 设算符 $\hat{Q}$ 有一组正交归一化的完备的本征矢量, 其本征方程为

$$\hat{Q}\,|e_n\rangle = q_n\,|e_n\rangle \quad (n = 1, 2, 3, \cdots).$$

证明 $\hat{Q}$ 可以写成它的谱分解的形式:

$$\hat{Q} = \sum_n q_n\,|e_n\rangle\,\langle e_n|\,.$$

2. 某个三能级体系的哈密顿算符的矩阵表示为

$$H = \begin{pmatrix} a & 0 & b \\ 0 & c & 0 \\ b & 0 & a \end{pmatrix},$$

其中, a, b 和 c 都是实数.

(1) 如果体系的初态是

$$|\mathfrak{I}(0)\rangle = \begin{pmatrix} 0 \\ 1 \\ 0 \end{pmatrix},$$

求 $|\mathfrak{I}(t)\rangle$.

(2) 如果体系的初态是

$$|\mathfrak{I}(0)\rangle = \begin{pmatrix} 0 \\ 0 \\ 1 \end{pmatrix},$$

求 $|\mathfrak{I}(t)\rangle$.

3. 某个三能级体系的哈密顿算符的矩阵表示为

$$H = \hbar\omega \begin{pmatrix} 1 & 0 & 0 \\ 0 & 2 & 0 \\ 0 & 0 & 2 \end{pmatrix},$$

另外两个可观测量 A 和 B 的矩阵表示为

$$A = \lambda \begin{pmatrix} 0 & 1 & 0 \\ 1 & 0 & 0 \\ 0 & 0 & 2 \end{pmatrix}, \quad B = \mu \begin{pmatrix} 2 & 0 & 0 \\ 0 & 0 & 1 \\ 0 & 1 & 0 \end{pmatrix},$$

其中, ω, λ 和 μ 都是正实数.

(1) 求 H, A 和 B 的本征值和归一化的本征函数.

(2) 假设体系的初态为

$$|\mathfrak{S}(0)\rangle = \begin{pmatrix} c_1 \\ c_2 \\ c_3 \end{pmatrix},$$

其中, $|c_1|^2 + |c_2|^2 + |c_3|^2 = 1$, 求 H, A 和 B 的期望值 (在 $t = 0$ 时刻).

(3) $|\mathfrak{S}(t)\rangle$ 是什么? 如果你测量这个态的能量 (在 t 时刻), 可能会得到哪些值? 它们的概率分别是多少?

4. 中子 n 和反中子 $\bar{n}$ 的质量都是 m, 它们的态 $|n\rangle$ 和 $|\bar{n}\rangle$ 可看成一个自由的哈密顿量 $\hat{H}_0$ 的简并态:

$$\hat{H}_0|n\rangle = mc^2|n\rangle, \quad \hat{H}_0|\bar{n}\rangle = mc^2|\bar{n}\rangle.$$

设有某种相互作用 $\hat{H}'$ 能使中子与反中子互相转变:

$$\hat{H}'|n\rangle = \alpha|\bar{n}\rangle, \quad \hat{H}'|\bar{n}\rangle = \alpha|n\rangle,$$

其中, α 为实数. 试求初始时刻 $(t=0)$ 的一个中子在 t 时刻变成反中子的概率.

5. 厄米算符 A 与 B 满足 $A^2 = B^2 = 1$, $AB + BA = 0$, 且 A, B 均无简并.

(1) 求在 A 表象中 A 与 B 的矩阵表示, 以及 B 的本征函数.

(2) 求在 B 表象中 A 与 B 的矩阵表示, 以及 A 的本征函数.

(3) 求 A 表象到 B 表象的幺正变换矩阵 S.

6. 考虑一个由基态 $|0\rangle$ (能量为 $E_0 = 0$) 和激发态 $|1\rangle$ (能量为 $E_1 = \varepsilon$) 组成的双态量子体系. 这个体系具有可观测力学量 A, 对应的算符 $\hat{A}$ 具有非简并的本征值 α 和 β, 对应的本征态是

$$|\alpha\rangle = \frac{1}{\sqrt{2}}|0\rangle + \frac{\mathrm{i}}{\sqrt{2}}|1\rangle,$$
$$|\beta\rangle = \frac{1}{\sqrt{2}}|0\rangle - \frac{\mathrm{i}}{\sqrt{2}}|1\rangle.$$

在 $t = 0$ 时刻对力学量 A 进行测量, 测量值为 α. 在以后的某个 t 时刻, 测得其值为 β 的概率是多少?

7. 在经典 (光学) 克尔 (Kerr) 效应中, 折射率与光强成正比. 在量子力学中, 我们可以用下面的哈密顿量来描述谐振子的克尔效应:

$$\hat{H}_{\text{Kerr}} = \frac{\hbar\chi}{2}\left(\hat{a}^\dagger\right)^2 \hat{a}^2,$$

其中, $\hat{a}^\dagger$ 和 $\hat{a}$ 是谐振子的玻色 (Bose) 子激发的产生和湮灭算符, χ 是单激发的克尔频移. 为简单起见, 略去谐振子的哈密顿量 $\hat{H}_{\text{osc}} = \hbar\omega\left(\hat{a}^\dagger\hat{a} + \dfrac{1}{2}\right)$. 该体系在 $t = 0$ 时刻处于相干态

$$|\psi(t=0)\rangle = |\alpha\rangle,$$

其中, $|\alpha\rangle = \exp\left(-\dfrac{|\alpha|^2}{2}\right)\displaystyle\sum_n \frac{\alpha^n}{\sqrt{n!}}|n\rangle$, 这里, $|n\rangle$ 是线性谐振子的能量本征态, α 是复数.

(1) 证明 $|n\rangle$ 也是 $\hat{H}_{\mathrm{Kerr}}$ 的本征态, 并求其对应的本征值.

(2) 在 t 时刻, 系统演化为 $|\psi(t)\rangle=\exp\left(-\mathrm{i}\hat{H}_{\mathrm{Kerr}}t/\hbar\right)|\psi(0)\rangle$, 计算 $|\psi(t)\rangle$, 以及它与初态的内积 $\langle\alpha\mid\psi(t)\rangle$ (最终结果可保留求和符号).

(3) 找出使得 $|\psi\left(t_{\min}\right)\rangle=|\alpha\rangle$ 的最小时间 $t_{\min}$, 这被称为相干态的第一次重现.

(4) 在 $t=t_{\min}/2$ 时刻, 系统演化为 $|\psi\left(t_{\min}/2\right)\rangle$, 证明 $|\psi\left(t_{\min}/2\right)\rangle$ 可以写成两个相干态的叠加.

第六章 中心势场

前面我们介绍了量子力学的主要基本理论, 本章我们将基于这些理论讨论处于中心势场中粒子的量子性质. 这类体系的最简单的例子就是氢原子, 以及类氢原子, 例如, 碱金属原子等. 对于这些体系, 我们可以精确解出束缚态的能量及对应的波函数. 因此, 我们可以通过对比理论结果和实验数据来检验理论的正确性. 另外, 对氢原子和类氢原子所解出的精确解有助于理解更为复杂原子的能级结构, 同时也为应用这些碱金属原子于量子信息处理等领域提供了理论基础. 另一类能够精确求解的三维中心势场为三维各向同性谐振子, 这是将一维线性谐振子推广到三维的情形.

6.1 球坐标系中的薛定谔方程

6.1.1 问题的提出

三维情况的薛定谔方程为

$$\mathrm{i}\hbar\frac{\partial}{\partial t}\psi(\boldsymbol{r},t) = -\frac{\hbar^2}{2m}\nabla^2\psi(\boldsymbol{r},t) + V(\boldsymbol{r},t)\psi(\boldsymbol{r},t),$$

其中,

$$\nabla^2 \equiv \frac{\partial^2}{\partial x^2} + \frac{\partial^2}{\partial y^2} + \frac{\partial^2}{\partial z^2},$$

势能 V 和波函数 ψ 是 $\boldsymbol{r}$ 和 t 的函数. 在无穷小体积元 $\mathrm{d}\boldsymbol{r} = \mathrm{d}x\mathrm{d}y\mathrm{d}z$ 内发现粒子的概率为 $|\psi(\boldsymbol{r},t)|^2\mathrm{d}\boldsymbol{r}$, 归一化条件是

$$\int |\psi|^2\mathrm{d}\boldsymbol{r} = 1,$$

其中, 积分是对整个空间进行的. 如果势能不显含时间, 则将有一组完备的定态:

$$\psi_n(\boldsymbol{r},t) = \psi_n(\boldsymbol{r})\mathrm{e}^{-\mathrm{i}E_n t/\hbar},$$

其中, 空间波函数 $\psi_n(\boldsymbol{r})$ 满足定态薛定谔方程:

$$-\frac{\hbar^2}{2m}\nabla^2\psi_n + V\psi_n = E_n\psi_n.$$

(含时) 薛定谔方程的一般解是

$$\psi(\boldsymbol{r},t)=\sum_n c_n\psi_n(\boldsymbol{r})\mathrm{e}^{-\mathrm{i}E_nt/\hbar},$$

其中, 常量 c_n 由初始波函数 $\psi(\boldsymbol{r},0)$ 利用前面的一维定态问题中给出的方法确定.

6.1.2 分离变量法

通常势能仅是到原点的距离的函数. 在这种情况下应用球坐标系比较方便, 即选择 (r,θ,φ). 在球坐标系下, 拉普拉斯算符的形式为

$$\nabla^2=\frac{1}{r^2}\frac{\partial}{\partial r}\left(r^2\frac{\partial}{\partial r}\right)+\frac{1}{r^2}\frac{1}{\sin\theta}\frac{\partial}{\partial\theta}\left(\sin\theta\frac{\partial}{\partial\theta}\right)+\frac{1}{r^2}\frac{1}{\sin^2\theta}\frac{\partial^2}{\partial\varphi^2}.$$

在球坐标系下, 定态薛定谔方程可写为

$$-\frac{\hbar^2}{2m}\left[\frac{1}{r^2}\frac{\partial}{\partial r}\left(r^2\frac{\partial\psi}{\partial r}\right)+\frac{1}{r^2}\frac{1}{\sin\theta}\frac{\partial}{\partial\theta}\left(\sin\theta\frac{\partial\psi}{\partial\theta}\right)+\frac{1}{r^2}\frac{1}{\sin^2\theta}\frac{\partial^2\psi}{\partial\varphi^2}\right]+V\psi=E\psi. \tag{6.1.1}$$

利用角动量算符的表达式

$$\hat{L}^2=-\hbar^2\left[\frac{1}{\sin\theta}\frac{\partial}{\partial\theta}\left(\sin\theta\frac{\partial}{\partial\theta}\right)+\frac{1}{\sin^2\theta}\frac{\partial^2}{\partial\varphi^2}\right],$$

我们有

$$\nabla^2=\frac{1}{r^2}\frac{\partial}{\partial r}\left(r^2\frac{\partial}{\partial r}\right)-\frac{\hat{L}^2}{\hbar^2r^2}=\frac{1}{r}\frac{\partial^2}{\partial r^2}r-\frac{\hat{L}^2}{\hbar^2r^2}.$$

因此薛定谔方程可写为

$$\left[-\frac{\hbar^2}{2m}\frac{1}{r^2}\frac{\partial}{\partial r}\left(r^2\frac{\partial}{\partial r}\right)+\frac{\hat{L}^2}{2mr^2}+V\right]\psi=E\psi, \tag{6.1.2}$$

或

$$\left(-\frac{\hbar^2}{2m}\frac{1}{r}\frac{\partial^2}{\partial r^2}r+\frac{\hat{L}^2}{2mr^2}+V\right)\psi=E\psi. \tag{6.1.3}$$

我们已经知道角动量算符 $\hat{\boldsymbol{L}}$ 的三个分量只作用于角度量 θ 和 φ, 因此, 它们与一切只作用于 r 的函数的算符都对易. 另外, 它们都与 $\hat{L}^2$ 对易. 可以看出, $\hat{\boldsymbol{L}}$ 的三个分量都与哈密顿算符对易, 即

$$[\hat{H},\hat{\boldsymbol{L}}]=0.$$

同时, $\hat{H}$ 与 $\hat{L}^2$ 也对易. 由于三个力学量的算符 $\hat{H}, \hat{L}^2$ 和 $\hat{L}_z$ 是彼此对易的, 因此我们可以选择这三个力学量作为力学量完全集.

方程 (6.1.3) 的解 $\psi(r,\theta,\varphi)$ 同时又是 $\hat{L}^2$ 和 $\hat{L}_z$ 的本征函数. 于是, 有待求解的微分方程组:

$$\begin{aligned}\hat{H}\psi(\boldsymbol{r}) &= E\psi(\boldsymbol{r}),\\ \hat{L}^2\psi(\boldsymbol{r}) &= l(l+1)\hbar^2\psi(\boldsymbol{r}),\\ \hat{L}_z\psi(\boldsymbol{r}) &= m\hbar\psi(\boldsymbol{r}).\end{aligned}$$

但是, $\hat{L}^2$ 和 $\hat{L}_z$ 的共同本征函数的一般形式是已知的. 在上述方程组的解 $\psi(\boldsymbol{r})$ 中, 与 l 及 m 的固定值对应的一定是单变量 r 的一个函数 $R(r)$ 和一个球谐函数 $Y_{lm}(\theta,\varphi)$ 的乘积. 我们开始寻找可分离为下述乘积形式的解:

$$\psi(r,\theta,\varphi) = R(r)Y_{lm}(\theta,\varphi).$$

把上式代入 (6.1.1) 式, 可以得到

$$\begin{gathered}-\frac{\hbar^2}{2m}\left[\frac{Y_{lm}}{r^2}\frac{\mathrm{d}}{\mathrm{d}r}\left(r^2\frac{\mathrm{d}R}{\mathrm{d}r}\right) + \frac{R}{r^2\sin\theta}\frac{\partial}{\partial\theta}\left(\sin\theta\frac{\partial Y_{lm}}{\partial\theta}\right) + \frac{R}{r^2\sin^2\theta}\frac{\partial^2 Y_{lm}}{\partial\varphi^2}\right]\\ +VRY_{lm} = ERY_{lm},\end{gathered}$$

或

$$-\frac{\hbar^2}{2m}\left[\frac{Y_{lm}}{r^2}\frac{\mathrm{d}}{\mathrm{d}r}\left(r^2\frac{\mathrm{d}R}{\mathrm{d}r}\right) - \frac{R\hat{L}^2Y_{lm}}{r^2\hbar^2}\right] + VRY_{lm} = ERY_{lm}.$$

利用轨道角动量平方算符的本征方程

$$\hat{L}^2Y_{lm} = l(l+1)\hbar^2Y_{lm}, \quad l = 0,1,2,\cdots,$$

可以得到

$$-\frac{\hbar^2}{2m}\left[\frac{Y_{lm}}{r^2}\frac{\mathrm{d}}{\mathrm{d}r}\left(r^2\frac{\mathrm{d}R}{\mathrm{d}r}\right) - \frac{l(l+1)RY_{lm}}{r^2}\right] + (V-E)RY_{lm} = 0.$$

注意到波函数的角度部分 $Y_{lm}(\theta,\varphi)$ 与变量 r 无关, 因此可以从方程中消去. 势能 V 的具体形式只影响波函数的径向部分 $R(r)$, 因此决定径向波函数的方程为

$$\frac{\mathrm{d}}{\mathrm{d}r}\left(r^2\frac{\mathrm{d}R}{\mathrm{d}r}\right) - \frac{2mr^2}{\hbar^2}[V(r)-E]R = l(l+1)R.$$

这个方程可以利用变量代换进行简化. 令

$$u(r) \equiv rR(r),$$

则有 $R=\frac{u}{r}, \frac{\mathrm{d}R}{\mathrm{d}r}=\frac{r\frac{\mathrm{d}u}{\mathrm{d}r}-u}{r^2}, \frac{\mathrm{d}}{\mathrm{d}r}\left(r^2\frac{\mathrm{d}R}{\mathrm{d}r}\right)=r\frac{\mathrm{d}^2u}{\mathrm{d}r^2}$, 因此可得

$$-\frac{\hbar^2}{2m}\frac{\mathrm{d}^2u}{\mathrm{d}r^2}+\left[V+\frac{\hbar^2}{2m}\frac{l(l+1)}{r^2}\right]u=Eu. \tag{6.1.4}$$

方程 (6.1.4) 称为**径向方程**, 其在形式上和一维定态薛定谔方程相似, 只不过它的有效势是

$$V_{\text{eff}}=V+\frac{\hbar^2}{2m}\frac{l(l+1)}{r^2},$$

由此可见, 该有效势含有一个额外的项, 即所谓的离心项 $\frac{\hbar^2}{2m}\frac{l(l+1)}{r^2}$. 此项类似于经典力学中的离心力, 使得粒子有向外的倾向 (背离原点). 另外, 归一化条件变为

$$\int_0^\infty |u|^2\mathrm{d}r=1.$$

要求解径向方程, 必须给出 $V(r)$ 的具体形式.

6.2 氢 原 子

氢原子中有一个质量较大、基本不动的带正电 e 的质子, 在它的周围束缚着一个质量很小 (记为 m_e)、带负电 $-e$ 的电子绕其运动. 库仑 (Coulomb) 势能为

$$V(r)=-\frac{e^2}{4\pi\varepsilon_0}\frac{1}{r},$$

径向方程可以写为

$$-\frac{\hbar^2}{2m_\mathrm{e}}\frac{\mathrm{d}^2u}{\mathrm{d}r^2}+\left[-\frac{e^2}{4\pi\varepsilon_0}\frac{1}{r}+\frac{\hbar^2}{2m_\mathrm{e}}\frac{l(l+1)}{r^2}\right]u=uE. \tag{6.2.1}$$

我们需要解这个方程求出 $u(r)$, 以及允许的能量值 E. 接下来我们将利用与求谐振子解析解的类似方法详细讨论求解过程.

6.2.1 径向波函数

当 $E>0$ 时, 对于 E 的任何值, 方程 (6.2.1) 都有满足波函数条件的解, 即体系的能量具有连续谱, 这时电子可以离开核而运动到无限远处 (电离). 当 $E<0$ 时, 我们将看到, E 具有分立谱, 电子的状态是束缚态. 接下来讨论 $E<0$ 时的情形. 为方便计算, 令

$$\alpha=\left(\frac{8m_\mathrm{e}|E|}{\hbar^2}\right)^{1/2},\quad \beta=\frac{2m_\mathrm{e}e_s^2}{\alpha\hbar^2}=\frac{e_s^2}{\hbar}\left(\frac{m_\mathrm{e}}{2|E|}\right)^{1/2},\quad e_s=\frac{1}{\sqrt{4\pi\varepsilon_0}}e,$$

并做变量代换 $\rho=\alpha r$, 则方程 (6.2.1) 可改写为

$$\frac{\mathrm{d}^2u}{\mathrm{d}\rho^2}+\left[\frac{\beta}{\rho}-\frac{1}{4}-\frac{l(l+1)}{\rho^2}\right]u=0. \tag{6.2.2}$$

首先研究这个方程的渐近行为. 当 $\rho\to\infty$ 时, 方程 (6.2.2) 变为

$$\frac{\mathrm{d}^2u}{\mathrm{d}\rho^2}-\frac{1}{4}u=0,$$

它的通解是 $u(\rho)=\exp(\pm\rho/2)$. 因为当 $\rho\to\infty$ 时, 解 $\exp(\rho/2)$ 不符合波函数的有界条件, 所以我们将 $u(\rho)$ 取为如下形式:

$$u(\rho)=\mathrm{e}^{-\frac{\rho}{2}}f(\rho).$$

当 $\rho\to 0$ 时, 方程 (6.2.2) 变为

$$\frac{\mathrm{d}^2u}{\mathrm{d}\rho^2}-\frac{l(l+1)u}{\rho^2}=0.$$

这是欧拉 (Euler) 方程, 其解可以写为如下形式:

$$u(\rho)=\rho^k.$$

将该解代入欧拉方程, 可得 $k=l+1,-l$. 但是对于 $k=-l$, 当 $r\to 0$ 时, 解不趋于零, 这不符合 $u(r)\to 0$ 的要求. 因此欧拉方程的解是

$$u(\rho)=\rho^{l+1}.$$

总之, 方程 (6.2.2) 的一般解可以写为

$$u(\rho)=\rho^{l+1}\mathrm{e}^{-\frac{\rho}{2}}f(\rho).$$

将之代入方程 (6.2.2), 可以得到 $f(\rho)$ 满足

$$\rho\frac{\mathrm{d}^2f}{\mathrm{d}\rho^2}+(2l+2-\rho)\frac{\mathrm{d}f}{\mathrm{d}\rho}-(l+1-\beta)f=0.$$

这是合流超几何方程

$$z\frac{\mathrm{d}^2y}{\mathrm{d}z^2}+(c-z)\frac{\mathrm{d}y}{\mathrm{d}z}-ay=0.$$

该方程的解可以写为

$$y(z)=F(a,c,z)=1+\frac{a}{1!c}z+\frac{a(a+1)}{2!c(c+1)}z^2+\cdots=\sum_n\frac{(a)_n}{n!(c)_n}z^n,$$

上式常称为合流超几何级数, 其中, $(a)_n = a(a+1)\cdots(a+n-1), (c)_n = c(c+1)\cdots(c+n-1)$ 代表 n 个因子的连乘积. 仅当 $a=0$ 或负整数 $(a=-n_r, n_r=0,1,2,\cdots)$ 时, $F(a,c,z)$ 截断为多项式. $F(-n_r,c,z)$ 为 n_r 次多项式, 有 n_r 个零点, 称为合流超几何多项式. 由于

$$f(\rho) = F(l+1-\beta, 2l+2, \rho) \underset{\rho\to\infty}{\longrightarrow} \mathrm{e}^{\rho} = \mathrm{e}^{\alpha r},$$

$$u(r) = N\mathrm{e}^{-\frac{1}{2}\alpha r} r^{l+1} F(l+1-\beta, 2l+2, \rho) \underset{r\to\infty}{\longrightarrow} N\mathrm{e}^{\frac{1}{2}\alpha r} r^{l+1} \underset{r\to\infty}{\longrightarrow} \infty.$$

因此必须有

$$l+1-\beta = -n_r, \quad n_r = 0,1,\cdots.$$

也就是说, 必须使合流超几何级数截断为合流超几何多项式, 才能满足波函数的有界条件. 记

$$\beta = l+1+n_r = n, \quad l=0,1,\cdots,n-1, \quad n=1,2,\cdots, \tag{6.2.3}$$

其中, n_r 称为径量子数, n 称为总量子数或**主量子数**. 因为 n_r 和 l 都是正整数或零, 所以 $n=1,2,3,\cdots$. 将 (6.2.3) 式代入 β 的表达式 $\beta = \frac{e_s^2}{\hbar}\left(\frac{m_\mathrm{e}}{2|E|}\right)^{1/2}$ 中, 可以得到能量的本征值为

$$E_n = -\frac{m_\mathrm{e} e_s^4}{2\hbar^2 n^2}, \quad n=1,2,3,\cdots. \tag{6.2.4}$$

由此可见, 在粒子能量小于零 (束缚态) 的情况下, 只有当粒子能量取 (6.2.4) 式所给出的分立值时, 波函数才有满足有界条件的解. 于是, α 可写为

$$\alpha = \frac{2m_\mathrm{e} e_s^2}{n\hbar^2} = \frac{2}{na_0},$$

其中, $a_0 = \hbar^2/(m_\mathrm{e} e_s^2)$ 是氢原子的第一玻尔轨道半径, 又称为**玻尔半径**, 因而有

$$\rho = \alpha r = \frac{2}{na_0} r.$$

于是, 最后可得粒子的径向波函数 (把量子数 n, l 标注出来) 为

$$R_{nl}(r) = \frac{u_{nl}(r)}{r} = N_{nl}\mathrm{e}^{-\frac{r}{na_0}}\left(\frac{2}{na_0}r\right)^l F\left(-n+l+1, 2l+2, \frac{2}{na_0}r\right), \tag{6.2.5}$$

其中, N_{nl} 是归一化因子. 由波函数的归一化条件

$$\int_{r=0}^{\infty}\int_{\theta=0}^{\pi}\int_{\varphi=0}^{2\pi}\psi^*(r,\theta,\varphi)\psi(r,\theta,\varphi)r^2\sin\theta\mathrm{d}r\mathrm{d}\theta\mathrm{d}\varphi$$
$$=\int_{r=0}^{\infty}R_{nl}^2(r)r^2\mathrm{d}r\int_{\theta=0}^{\pi}\int_{\varphi=0}^{2\pi}Y_{lm}^*(\theta,\varphi)Y_{lm}(\theta,\varphi)\sin\theta\mathrm{d}\theta\mathrm{d}\varphi=1,$$

以及球谐函数 $Y_{lm}(\theta,\varphi)$ 的归一化条件, 可知 $R_{nl}(r)$ 的归一化条件为

$$\int_0^{\infty}R_{nl}^2(r)r^2\ \mathrm{d}r=1.$$

由此可得, 归一化因子为

$$N_{nl}=\frac{2}{(2l+1)!}\sqrt{\frac{(n+l)!}{(n-l-1)!a_0^3}}.$$

下面列出前面几个径向波函数 R_{nl} :

$$R_{1,0}(r)=\left(\frac{1}{a_0}\right)^{3/2}2\exp\left(-\frac{r}{a_0}\right),$$
$$R_{2,0}(r)=\left(\frac{1}{2a_0}\right)^{3/2}\left(2-\frac{r}{a_0}\right)\exp\left(-\frac{r}{2a_0}\right),$$
$$R_{2,1}(r)=\left(\frac{1}{2a_0}\right)^{3/2}\frac{r}{a_0\sqrt{3}}\exp\left(-\frac{r}{2a_0}\right),$$
$$R_{3,0}(r)=\left(\frac{1}{3a_0}\right)^{3/2}\left[2-\frac{4r}{3a_0}+\frac{4}{27}\left(\frac{r}{a_0}\right)^2\right]\exp\left(-\frac{r}{3a_0}\right),$$
$$R_{3,1}(r)=\left(\frac{2}{a_0}\right)^{3/2}\left(\frac{2}{27\sqrt{3}}-\frac{8r}{81a_0\sqrt{3}}\right)\frac{r}{a_0}\exp\left(-\frac{r}{3a_0}\right),$$
$$R_{3,2}(r)=\left(\frac{2}{a_0}\right)^{3/2}\frac{1}{81}\left(\frac{r}{a_0}\right)^2\exp\left(-\frac{r}{3a_0}\right).$$

至此, 我们可以得到, 当库仑场中运动的电子能量小于零时的定态波函数是

$$\psi_{nlm}(r,\theta,\varphi)=R_{nl}(r)Y_{lm}(\theta,\varphi).\tag{6.2.6}$$

处于这个态时电子的能级由 (6.2.4) 式给出. 由于 ψ_{nlm} 与 n, l, m 三个量子数有关, 而 E_n 只与 n 有关, 因此能级 E_n 是简并的. 对应于一个 n, l 可以取 $l=0,1,2,\cdots,n-1$ 共 n 个值; 而且对应于一个 l, m 可以取 $m=0,\pm1,\pm2,\cdots,\pm l$ 共 $2l+1$ 个值.

当 l, m 不同时, 波函数 (6.2.6) 表示不同的量子态. 因此, 对应于第 n 个能级 E_n, 有

$$\sum_{l=0}^{n-1}(2l+1)=n^2$$

个波函数, 电子的第 n 个能级是 n^2 度简并的. 电子的能级对 m 简并, 即 E_n 与 m 无关, 这是由势场是中心力场导致的, 即势能仅与 r 有关, 而与 θ, φ 无关; 能级对 l 简并, 即 E_n 与 l 无关, 这是库仑场所特有的. 在碱金属原子中, 价电子的势场也是中心力场, 但由于核的体积较大, 因此不是严格的库仑场. 对于这种势场, 价电子的能级 E_{nl} 仅对 m 简并, 对 l 则没有简并. 图 6.2.1 画出了氢原子前几个波函数的色度图.

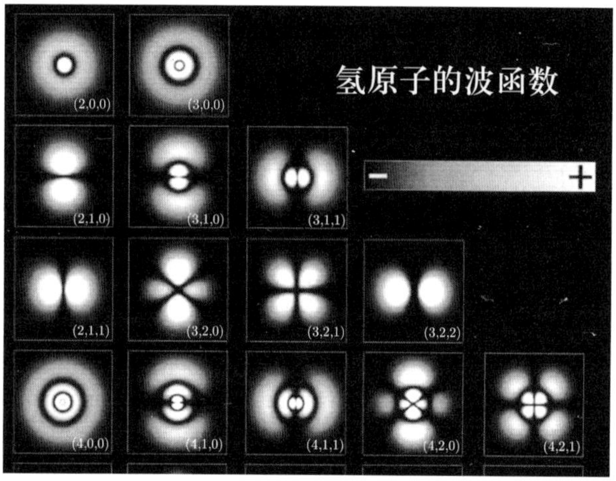

图 6.2.1 氢原子前几个波函数的色度图

6.2.2 氢原子光谱

理论上讲, 如果让一个氢原子处于某个定态 ψ_{nlm}, 那么它将永远处于这个态. 然而, 如果给它轻微的扰动 (例如, 用另一个原子撞击或用光照射), 那么它就有可能跃迁到其他定态 —— 吸收能量跃迁到较高能量的态, 或者释放能量 (通常以光子的形式辐射) 跃迁到较低能量的态. 事实上, 这样的扰动总是存在, 跃迁 (有时也称作量子跃迁) 经常发生, 光子的能量对应着氢原子的初态和末态能量之差:

$$E_\gamma=E_\mathrm{i}-E_\mathrm{f}=-13.6\ \mathrm{eV}\left(\frac{1}{n_\mathrm{i}^2}-\frac{1}{n_\mathrm{f}^2}\right),$$

其中, E_i 和 E_f 分别为氢原子初态和末态的能量, n_i 和 n_f 分别为氢原子初态和末态所处的能级. 由爱因斯坦关系可知, 光子的能量和它的频率 ν 成正比:

$$E_\gamma=h\nu.$$

同时, 波长 λ 由公式 $\lambda = c/\nu$ 给出, 所以

$$\frac{1}{\lambda} = R\left(\frac{1}{n_{\mathrm{f}}^2} - \frac{1}{n_{\mathrm{i}}^2}\right),$$

其中,

$$R \equiv \frac{m_{\mathrm{e}}}{4\pi c\hbar^3}\frac{e^2}{4\pi\varepsilon_0} = 1.097 \times 10^7\ \mathrm{m}^{-1}$$

是里德伯常量, 这里, m_{e} 为电子的质量, c 为光速, e 为电子的电荷, ε_0 为真空介电常量. 该式是氢原子光谱的里德伯公式, 它是在十九世纪被发现的经验公式. 玻尔理论的巨大成就就是解释了这个公式 —— 通过基本的自然常量计算出了 R. 跃迁到基态 $n_{\mathrm{f}} = 1$ 的谱线处于紫外区, 也就是光谱学家们熟知的莱曼系; 跃迁到第一激发态 $n_{\mathrm{f}} = 2$ 的谱线处于可见光区, 称为巴耳末系; 跃迁到第二激发态 $n_{\mathrm{f}} = 3$ 的谱线处于红外区, 称为帕邢系. 在室温下, 大多数氢原子处于基态. 为了得到发射谱, 必须先获得各种激发态, 通常的做法是让电火花穿过气体.

6.2.3 原子钟

原子内部电子的能级跃迁特性可以用来制作原子钟, 如图 6.2.2 所示. 这些跃迁发生时, 原子会吸收或发射特定频率的电磁波. 这个频率通常被称为 "原子跃迁频率", 它是非常稳定且精确的, 因此可以用来定义时间. 原子钟的类型繁多, 其中, 氢原子钟采用氢原子作为工作介质. 氢原子具备稳定的原子跃迁频率, 使其成为高精度时间测量的理想选择. 此外, 铯原子钟、铷原子钟和铝原子钟等亦是常见的类型, 这些原子钟不仅体积小巧, 而且工程化程度高. 原子钟的精度大约是每秒误差 10^{-13} s, 即每过 10 亿年, 误差不超过 1 s. 总之, 原子钟不仅是现代物理学和技术的重要工具, 而且是全球时间标准和高精度测量不可或缺的基础设备.

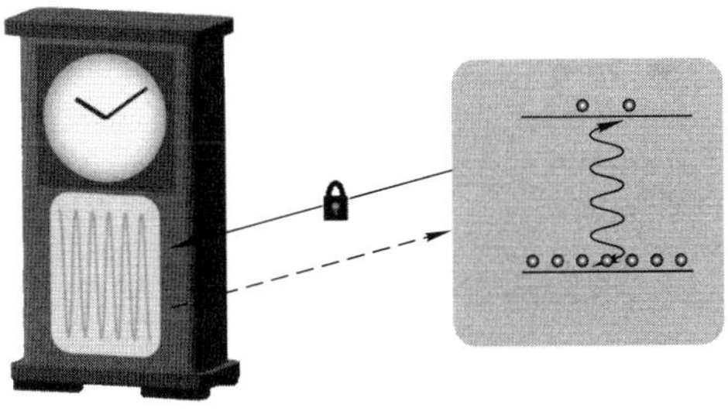

图 6.2.2 原子钟的示意图

6.3 碱金属原子

6.3.1 价电子的能级

本节我们来讨论碱金属原子的量子性质. 碱金属原子 (例如, 锂、钠、钾、铷、铯等) 在量子光学与量子信息领域发挥着重要的作用, 是当前最具应用前景的量子平台之一. 这种原子的物理与化学性质本质上由价电子 (最外层电子) 决定. 价电子受原子实 (原子核及内层电子) 作用的势函数可以近似表示为

$$V(r)=-\frac{e_s^2}{r}-\lambda a_0\frac{e_s^2}{r^2}\quad(0<\lambda\leqslant 1/8),\tag{6.3.1}$$

其中, a_0 是玻尔半径, 参数 λ 与具体的碱金属原子有关, 对于不同的碱金属原子取不同的值. 我们可以看出这也是一个中心势场问题. 和氢原子类似, 碱金属原子中价电子的薛定谔方程有分离变量形式的解:

$$\psi(r,\theta,\varphi)=R(r)Y_{lm}(\theta,\varphi),$$

其中, 角向解与体系的势函数无关, 即仍为球谐函数 $Y_{lm}(\theta,\varphi)$, 而径向波函数 $R(r)$ 所满足的方程为

$$\frac{1}{R}\frac{\mathrm{d}}{\mathrm{d}r}\left(r^2\frac{\mathrm{d}R}{\mathrm{d}r}\right)+\frac{2mr^2}{\hbar^2}\left[E+\left(\frac{e_s^2}{r}+\lambda a_0\frac{e_s^2}{r^2}\right)\right]=l(l+1)\quad(l=0,1,2,\cdots).\tag{6.3.2}$$

设 $R(r)=u(r)/r$, 可以得到关于 $u(r)$ 的微分方程:

$$\frac{\mathrm{d}^2u}{\mathrm{d}r^2}+\left[\frac{2m}{\hbar^2}\left(E+\frac{e_s^2}{r}\right)+\frac{2\lambda}{r^2}-\frac{l(l+1)}{r^2}\right]u=0.\tag{6.3.3}$$

令

$$l(l+1)-2\lambda=l'\left(l'+1\right),\tag{6.3.4}$$

可将方程 (6.3.3) 改写为

$$\frac{\mathrm{d}^2u}{\mathrm{d}r^2}+\left[\frac{2m}{\hbar^2}\left(E+\frac{e_s^2}{r}\right)-\frac{l'\left(l'+1\right)}{r^2}\right]u=0.\tag{6.3.5}$$

它与方程 (6.2.1) 在形式上完全相同 (只是 $l\to l'$). 于是, 将氢原子问题中的轨道角量子数 l 换成 l' 便可以得到关于碱金属原子的结果. 而 l' 与 l 的关系为

$$l'=-\frac{1}{2}+\left(l+\frac{1}{2}\right)\sqrt{1-\frac{8\lambda}{(2l+1)^2}}\quad(0<\lambda\leqslant 1/8).$$

上式显示, 当 $\lambda \to 0$ 时, $l' \to l$, 即碱金属原子可约化为氢原子的情况. 当 $\lambda = 1/8$, $l = 0$ 时, l' 取最小值 $-1/2$.

根据氢原子的能量量子化条件, 对于碱金属原子的价电子, 有

$$n' = n_r + l' + 1 \quad (n_r = 0, 1, 2, \cdots),$$

其中, n' $(n' \geqslant 1/2)$ 一般不是整数. 从而价电子的能级为

$$E_{n'} = -\frac{me_s^4}{2\hbar^2}\left(\frac{1}{n'}\right)^2,$$

其中,

$$n' = n + (l' - l) = n - l - \frac{1}{2} + \left(l + \frac{1}{2}\right)\sqrt{1 - \frac{8\lambda}{(2l+1)^2}}, \tag{6.3.6}$$

这里, 主量子数 n 和轨道角量子数 l 的取值仍为 $n = 1, 2, 3, \cdots$, $l = 0, 1, 2, \cdots, n-1$. 碱金属原子的能级公式显示其能级与主量子数 n 和轨道角量子数 l 都有关系, 即能量对轨道角量子数 l 的简并被解除. 价电子的基态对应于 $n = 1$, $l = 0$, 即 $n' = 1/2$, $l' = -1/2$. 于是碱金属原子的基态能量为

$$E_{1/2} = -\frac{2me_s^4}{\hbar^2}.$$

容易看出, 它的基态能量是氢原子基态能量的 4 倍.

碱金属原子的光谱具有相似的结构, 也可以明显分成几个线系. 通常观察到的有主线系、第一辅线系 (漫线系)、第二辅线系 (锐线系) 和贝格曼 (Bergmann) 线系 (基线系). 碱金属原子有多种用途. 铷或铯的原子钟是游离态碱金属元素最著名的应用实例之一, 其中, 以铯原子钟最为精准. 另外, 2018 年 11 月, 第 26 届国际计量大会 (CGPM) 通过决议, 对国际单位制的基本单位进行全面修订, 并于 2019 年 5 月 20 日正式生效, 其中, "秒" 的定义为: 将铯 -133 原子不受扰动的基态超精细能级跃迁频率 $\Delta\nu_{\mathrm{Cs}}$ 的值固定为 9192631770 Hz, 而 1 s = $9192631770/\Delta\nu_{\mathrm{Cs}}$.

6.3.2 极限情况

现在我们考虑 $\lambda \ll 1$ 的极限情况, 利用近似式 $\sqrt{1-x} \approx 1 - x/2$ $(x \to 0)$, 由 (6.3.6) 式可得

$$n' = n - \Delta_l,$$

其中,

$$\Delta_l = l - l' = \frac{\lambda}{l + \frac{1}{2}}.$$

这样, 价电子的能级变为

$$E_{nl} = -\frac{me_s^4}{2\hbar^2}\frac{1}{(n-\Delta_l)^2}.$$

该能级结构与碱金属原子的光谱实验数据相一致. 特别需要指出的是, 主量子数的修正量 Δ_l 随 l 的增大而减小的结论与实验数据符合得很好.

6.4 三维各向同性谐振子

6.4.1 问题的提出

我们考虑一个无自旋的粒子, 其质量为 m, 可在三维空间中运动, 它受到有心力 (永远指向坐标原点 O 的力) 的作用, 力的大小正比于粒子到 O 点的距离, 即

$$\boldsymbol{F} = -k\boldsymbol{r}$$

(k 为正常量). 这个力场和下列势能对应:

$$V(r) = \frac{1}{2}kr^2 = \frac{1}{2}m\omega^2r^2,$$

其中, 角频率 ω 的定义和一维谐振子中的定义一样, 即

$$\omega = \sqrt{\frac{k}{m}}.$$

于是, 经典哈密顿函数为

$$H(\boldsymbol{r},\boldsymbol{p}) = \frac{p^2}{2m} + \frac{1}{2}m\omega^2r^2.$$

根据量子化规则, 由上式可以立即得到哈密顿算符:

$$\hat{H} = \frac{\hat{p}^2}{2m} + \frac{1}{2}m\omega^2r^2. \tag{6.4.1}$$

由于哈密顿算符与时间无关, 因此我们可以求解其本征方程

$$\hat{H}|\psi\rangle = E|\psi\rangle.$$

6.4.2 在直角坐标系中分离变量

(6.4.1) 式中的哈密顿算符在直角坐标系中可以写为

$$\begin{aligned}\hat{H} &= \frac{1}{2m}(\hat{p}_x^2+\hat{p}_y^2+\hat{p}_z^2) + \frac{1}{2}m\omega^2(x^2+y^2+z^2)\\ &= \hat{H}_x + \hat{H}_y + \hat{H}_z,\end{aligned} \tag{6.4.2}$$

其中, $\hat{H}_x$, $\hat{H}_y$ 和 $\hat{H}_z$ 相互对易, 所以每一项都与 $\hat{H}$ 对易. 因此, 我们要求的 $\hat{H}$ 的本征态也是 $\hat{H}_x$, $\hat{H}_y$ 和 $\hat{H}_z$ 的本征态. 利用一维线性谐振子的本征态和本征值, 我们可以立即得到三维各向同性谐振子的本征值:

$$E_n = \left(n_x + n_y + n_z + \frac{3}{2}\right)\hbar\omega \tag{6.4.3}$$

$$= \left(n + \frac{3}{2}\right)\hbar\omega, \tag{6.4.4}$$

以及对应的本征态:

$$|\psi_{n_x n_y n_z}\rangle = |n_x\rangle|n_y\rangle|n_z\rangle \tag{6.4.5}$$

$$= \frac{1}{\sqrt{n_x! n_y! n_z!}}\hat{a}_x^{n_x}\hat{a}_y^{n_y}\hat{a}_z^{n_z}|0,0,0\rangle. \tag{6.4.6}$$

在坐标表象中, 基态波函数为

$$\langle \boldsymbol{r}|0,0,0\rangle = \left(\frac{m\omega}{\pi\hbar}\right)^{3/4} \mathrm{e}^{-\frac{m\omega}{2\hbar}(x^2+y^2+z^2)}. \tag{6.4.7}$$

容易看出, 对于一组给定的非负整数 n_x, n_y, n_z, 只有唯一确定的本征态 $|n_x n_y n_z\rangle$ 和它们对应, 对应的本征值为 $E_n = \left(n + \frac{3}{2}\right)\hbar\omega$. 满足 $n_x + n_y + n_z = n$ 的不同数组 $\{n_x, n_y, n_z\}$ 确定的本征态具有相同的本征值 E_n. 因而, 能级 E_n 是简并的. 对于给定的 n, 能级简并度为 $\frac{(n+1)(n+2)}{2}$. 能级简并度的具体计算过程如下: 由于 n 是固定的, 因此我们首先选定 n_x, 使它取 $0, 1, 2, \cdots, n$ 中的一个. 如此选定了 n_x 之后, 便有

$$n_y + n_z = n - n_x.$$

于是, 数组 $\{n_y, n_z\}$ 就有 $n - n_x + 1$ 种可能的情况:

$$\{n_y, n_z\} = \{0, n - n_x\}, \{1, n - n_x - 1\}, \cdots, \{n - n_x, 0\}.$$

因此, E_n 的简并度 g_n 为

$$g_n = \sum_{n_x=0}^{n} (n - n_x + 1).$$

不难算出这个和为

$$g_n = (n+1)\sum_{n_x=0}^{n} 1 - \sum_{n_x=0}^{n} n_x = \frac{(n+1)(n+2)}{2}.$$

由此可见, 只有基态能级 $E_0 = \frac{3}{2}\hbar\omega$ 是非简并的.

6.4.3 在球坐标系中分离变量

由于势场只是粒子到坐标原点的距离 r 的函数, 即

$$V(r) = \frac{1}{2}m\omega^2 r^2,$$

因此轨道角动量 $\hat{\boldsymbol{L}}$ 的三个分量都是运动常量. 下面, 我们去求算符 $\hat{H}, \hat{L}^2, \hat{L}_z$ 的共同本征态. 对于轨道角量子数 l 的一个固定值, 径向波函数 $R_{kl}(r)$ 及能量 E_{kl} 由下列方程给出:

$$\left[-\frac{\hbar^2}{2m}\frac{1}{r}\frac{\mathrm{d}^2}{\mathrm{d}r^2}r + \frac{1}{2}m\omega^2 r^2 + \frac{l(l+1)\hbar^2}{2mr^2}\right]R_{kl}(r) = E_{kl}R_{kl}(r). \tag{6.4.8}$$

现令

$$R_{kl}(r) = \frac{1}{r}u_{kl}(r), \quad \varepsilon_{kl} = \frac{2mE_{kl}}{\hbar^2},$$

只有对于各向同性的谐振子, 才能实现极坐标变量 r, θ, φ 的分离. 于是方程 (6.4.8) 可以改写为

$$\left[\frac{\mathrm{d}^2}{\mathrm{d}r^2} - \beta^4 r^2 - \frac{l(l+1)}{r^2} + \varepsilon_{kl}\right]u_{kl}(r) = 0, \tag{6.4.9}$$

其中, $\beta = \sqrt{m\omega/\hbar}$. 对此方程还必须附加一个在原点处的条件:

$$u_{kl}(0) = 0.$$

当 r 值很大时, (6.4.9) 式实际上变为

$$\left(\frac{\mathrm{d}^2}{\mathrm{d}r^2} - \beta^4 r^2\right)u_{kl}(r) \underset{r\to\infty}{\longrightarrow} 0.$$

该方程的通解为 $\exp(\pm\beta^2 r^2/2)$, 由此可见, 方程 (6.4.9) 解的渐近行为取决于 $\exp(\beta^2 r^2/2)$ 或 $\exp(-\beta^2 r^2/2)$. 由于只有第二个解在物理上是合理的, 因此我们可以进行如下函数变换:

$$u_{kl}(r) = \mathrm{e}^{-\beta^2 r^2/2}y_{kl}(r).$$

不难验证, $y_{kl}(r)$ 应满足

$$\frac{\mathrm{d}^2}{\mathrm{d}r^2}y_{kl}-2\beta^2 r\frac{\mathrm{d}}{\mathrm{d}r}y_{kl}+\left[\varepsilon_{kl}-\beta^2-\frac{l(l+1)}{r^2}\right]y_{kl}=0, \qquad y_{kl}(0)=0. \tag{6.4.10}$$

现在我们来求 $y_{kl}(r)$ 的形式为 r 的级数的解, 设

$$y_{kl}(r)=r^s\sum_{q=0}^{\infty}a_q r^q,$$

在这里, 按定义可知, a_0 是第一个非零项的系数, 且

$$a_0\neq 0.$$

若将该级数解代入方程 (6.4.10), 则最低幂次项是 r^{s-2} 的项. 如果

$$[s(s-1)-l(l+1)]a_0=0,$$

则这一项的系数等于零. 考虑到 $a_0\neq 0$ 和 $y_{kl}(0)=0$, 唯一的办法是取

$$s=l+1.$$

下一项是 r^{s-1} 的项, 其系数为 $[s(s+1)-l(l+1)]a_1$, 由于 s 已由 $s=l+1$ 确定, 因此只有当

$$a_1=0$$

时, 系数 $[s(s+1)-l(l+1)]a_1$ 才等于零. 最后, 我们令普遍项 r^{q+s} 的系数等于零:

$$[(q+s+2)(q+s+1)-l(l+1)]a_{q+2}+\left[\varepsilon_{kl}-\beta^2-2\beta^2(q+s)\right]a_q=0.$$

考虑到 $s=l+1$, 上式可改写为

$$(q+2)(q+2l+3)a_{q+2}=\left[(2q+2l+3)\beta^2-\varepsilon_{kl}\right]a_q. \tag{6.4.11}$$

于是, 我们就得到了级数中诸系数 a_q 之间的递推关系.

首先, 将这个递推关系与 $a_1=0$ 结合起来, 我们可以看出指标 q 为奇数的全体系数 a_q 都等于零, 指标 q 为偶数的全体系数都正比于 a_0. 如果 ε_{kl} 具有这样的值, 使得任何整数 q 都不能使 (6.4.11) 式右边的括号内等于零, 我们便得到方程 (6.4.8) 的级数形式的解 y_{kl}, 对于这样的解, 有

$$\frac{a_{q+2}}{a_q}\underset{q\to\infty}{\longrightarrow}\frac{2\beta^2}{q}.$$

这种行为和函数 $e^{\beta^2 r^2}$ 的展开式中系数的行为是一致的. 因为

$$e^{\beta^2 r^2}=\sum_{p=0}^{\infty} c_{2p} r^{2p},$$

其中,

$$c_{2p}=\frac{\beta^{2p}}{p!},$$

因而便有

$$\frac{c_{2p+2}}{c_{2p}} \underset{p\to\infty}{\longrightarrow} \frac{\beta^2}{p}.$$

这里的 $2p$ 相当于 y_{kl} 的展开式中的偶整数 q. 由此可知, 级数解必须截断为一个多项式解, y_{kl} 的渐近行为在物理上才是合理的.

因此, 从物理上看有意义的仅仅是这种情况, 即存在着一个 k, 其值为正偶整数或零, 它使得

$$\varepsilon_{kl}=(2k+2l+3)\beta^2.$$

递推关系 (6.4.11) 表明, 超过 k 的任何偶数项的系数都为零. 又由于任何奇数项的系数都等于零, 因此 y_{kl} 的展开式退化为一个多项式, 从而径向函数 $u_{kl}(r)$ 在无限远处按指数形式减小. 于是可以得到三维各向同性谐振子的能级为

$$E_{kl}=\hbar\omega\left(k+l+\frac{3}{2}\right),$$

其中, k 为任意的正偶整数或零. 由于 E_{kl} 实际上只依赖于

$$n=k+l,$$

因此, 在这个问题中会出现偶然性简并. 三维各向同性谐振子的能量具有下列形式:

$$E_n=\left(n+\frac{3}{2}\right)\hbar\omega,$$

因 l 是任意正整数或零, k 是任意正偶整数或零, 故 n 可以取任意正整数或零.

下面我们考察一个确定的能级 E_n, 也就是将 n 取为某一正整数或零. 根据 $n=k+l$, 和这个能级相联系的 k 与 l 可取下列一些值: 若 n 为偶数, 则 $(k,l)=(0,n),(2,n-2),\cdots,(n-2,2),(n,0)$. 若 n 为奇数, 则 $(k,l)=(0,n),(2,n-2),\cdots,(n-3,3),(n-1,1)$.

由此可知, 与 n 的前几个值相联系的 l 为

$$\begin{aligned}
&n=0, \quad l=0,\\
&n=1, \quad l=1,\\
&n=2, \quad l=0,2,\\
&n=3, \quad l=1,3,\\
&n=4, \quad l=0,2,4.
\end{aligned}$$

对于每一对数 (k,l), 有且只有一个径向函数 $u_{kl}(r)$ 与之对应, 也就是说, 算符 $\hat{H}$, $\hat{L}^2$, $\hat{L}_z$ 的与之对应的共同本征函数有 $2l+1$ 个, 即

$$\psi_{klm}(\boldsymbol{r})=\frac{1}{r}u_{kl}(r)Y_{lm}(\theta,\varphi).$$

因此, 我们所考虑的能级 E_n 的简并度为: 若 n 为偶数, 则 $g_n=\sum\limits_{l=0,2,\cdots,n}(2l+1)$. 若 n 为奇数, 则 $g_n=\sum\limits_{l=1,3,\cdots,n}(2l+1)$. 对前面两个式子求和, 可以得到如下结果: 当 n 为偶数时, $g_n=\sum\limits_{p=0}^{n/2}(4p+1)=\dfrac{(n+1)(n+2)}{2}$. 当 n 为奇数时, $g_n=\sum\limits_{p=0}^{(n-1)/2}(4p+3)=\dfrac{(n+1)(n+2)}{2}$.

例 1 将一个自由电子置于接地大导体平面上方, 受大导体静电吸引. 试求: (1) 电子能级. (2) 电子的基态波函数.

解答 大导体平面对电子的静电吸引可归结为像电荷 (带电量为 e) 与电子的静电相互作用. 以电子到大导体平面的垂线作为 z 轴, 方向朝上, 原点在大导体平面上. 电子与像电荷的距离为 $2z$, 相互作用力为 $f=-e_s^2/(2z)^2$, 沿 z 轴把电子从无穷远处移到 z 处需要克服库仑力做功 $W=\int_\infty^z\frac{e_s^2}{4z^2}\mathrm{d}z=-\frac{e_s^2}{4z}$. 体系的哈密顿量可写为

$$H=\frac{1}{2m}\left(p_x^2+p_y^2+p_z^2\right)-\frac{e_s^2}{4z},$$

在 $z\leqslant 0$ 时, 有

$$\psi(x,y,z)=0.$$

令 $\psi(x,y,z)=X(x)Y(y)Z(z)$, 则

$$\left(\frac{p^2}{2m}-\frac{e_s^2}{4z}\right)XYZ=(E_x+E_y+E_z)XYZ,$$

因此

$$\left(\frac{p_x^2}{2m}+\frac{p_y^2}{2m}+\frac{p_z^2}{2m}-\frac{e_s^2}{4z}\right)XYZ=(E_x+E_y+E_z)XYZ.$$

利用分离变量法，可将上述方程分解为如下三个式子:

$$\frac{p_x^2}{2m}X=E_xX,\quad \frac{p_y^2}{2m}Y=E_yY,\quad \left(\frac{p_z^2}{2m}-\frac{e_s^2}{4z}\right)Z=E_zZ,$$

其中, x,y 方向的本征值即为对应方向动量的本征值，因此可以直接写出

$$E_x=\frac{\hbar^2k_x^2}{2m},\quad E_y=\frac{\hbar^2k_y^2}{2m}.$$

接下来求 z 方向的本征值, 用 $p_z=-\mathrm{i}\hbar\frac{\mathrm{d}}{\mathrm{d}z}$ 替换本征方程中的动量算符, 可得

$$-\frac{\hbar^2}{2m}\frac{\mathrm{d}^2Z}{\mathrm{d}z^2}-\frac{e_s^2}{4z}Z=E_zZ,$$

所以

$$\frac{\mathrm{d}^2Z}{\mathrm{d}z^2}+\frac{2m}{\hbar^2}\left(E_z+\frac{e_s^2}{4z}\right)Z=0,$$

且有

$$Z(z=0)=0.$$

回想氢原子的径向本征值问题:

$$\begin{cases}u''+\left[\dfrac{2m}{\hbar^2}\left(E+\dfrac{e_s^2}{r}\right)-\dfrac{l(l+1)}{r^2}\right]u=0,\\ u(0)=0.\end{cases}$$

本题相当于氢原子的 s 态 ($l=0$), 只是 $e_s^2\to e_s^2/4,\ u^s(r)\to Z(z)$.

(1) 氢原子的能级为

$$E_n=-\frac{e_s^2}{2a_{\mathrm{B}}}\frac{1}{n^2}=-\frac{me_s^4}{2\hbar^2}\frac{1}{n^2},$$

其中, $a_{\mathrm{B}}=\dfrac{\hbar^2}{me_s^2}$. 类比可得, 本题中有

$$E_z^n=-\frac{e_s^2}{32a_{\mathrm{B}}}\frac{1}{n^2}=-\frac{me_s^4}{32\hbar^2}\frac{1}{n^2},\quad n=1,2,\cdots.$$

所以电子能级为

$$E_{nk_xk_y} = -\frac{me_s^4}{32\hbar^2}\frac{1}{n^2} + \frac{\hbar^2}{2m}\left(k_x^2 + k_y^2\right).$$

(2) 氢原子的基态波函数为

$$u_{1,0}(r) = rR_{1,0}(r) = \frac{2r}{\sqrt{a_{\mathrm{B}}^3}}\mathrm{e}^{-r/a_{\mathrm{B}}},$$

所以本题中的基态波函数 $(n=1)$ 为

$$Z_1(z) = \frac{2z}{\sqrt{a_{\mathrm{B}}^3}}\mathrm{e}^{-z/(4a_{\mathrm{B}})}.$$

例 2　设氢原子处于

$$\psi(r,\theta,\varphi) = \frac{1}{2}R_{2,1}(r)Y_{1,0}(\theta,\varphi) - \frac{\sqrt{3}}{2}R_{2,1}(r)Y_{1,-1}(\theta,\varphi)$$

描述的状态. 求氢原子的能量、角动量的平方及角动量的 z 分量的可能值, 以及这些可能值出现的概率和这些力学量的平均值.

解答　在此状态下, 氢原子的能量有确定值:

$$E_2 = -\frac{me_s^4}{2\hbar^2 n^2} = -\frac{me_s^4}{8\hbar^2} \quad (n=2).$$

角动量的平方有确定值:

$$L^2 = l(l+1)\hbar^2 = 2\hbar^2 \quad (l=1).$$

角动量的 z 分量的可能值为

$$L_{z1} = 0, \quad L_{z2} = -\hbar,$$

其相应的概率分别为 $\frac{1}{4}, \frac{3}{4}$, 其平均值为 $-\frac{3}{4}\hbar$.

习　题

1. 对于氢原子的基态, 验证不确定关系

$$\Delta x \Delta p_x = \hbar/\sqrt{3}.$$

2. 求氢原子处于基态时, 电子出现在与原子核的距离 r 为多大处的概率最大.

3. 假设氢原子的波函数为 $\psi(r,\theta,\varphi) = A\exp(-r/a)$, 其中, A 和 a 都为常量. 求能量 E 和势能 $V(r)$ (已知当 $r\to\infty$ 时, $V(r)\to 0$).

4. 一个氢原子的初态为

$$|\psi(0)\rangle = \frac{1}{\sqrt{2}}\left(|\psi_{2,1,1}\rangle + |\psi_{2,1,-1}\rangle\right).$$

(1) 求含时波函数 $|\psi(t)\rangle$, 并尽可能简化表达式.

(2) 求出势能的期望值 $\langle V\rangle$.

5. 两个质量为 m 的粒子固定在一个质量可忽略不计的长度为 a 的刚性杆两端. 这个体系可以在三维空间内绕杆的中心自由旋转 (杆的中心是固定的).

(1) 证明这个刚性转子所允许的能量值是

$$E_n = \frac{\hbar^2 n(n+1)}{ma^2}, \quad n = 0,1,2,\cdots.$$

(2) 求这个体系的归一化波函数.

6. 在 $t=0$ 时刻, 氢原子的波函数为

$$\psi(\boldsymbol{r},0) = \frac{1}{\sqrt{10}}\left(2\psi_{1,0,0} + \psi_{2,1,0} + \sqrt{2}\psi_{2,1,1} + \sqrt{3}\psi_{2,1,-1}\right),$$

其中, 脚标分别是量子数 n,l,m 的值.

(1) 求该体系能量的期望值.

(2) 求 t 时刻体系处于 $l=1, m=1$ 态的概率.

(3) 求波函数随时间变化的规律, 即求 $\psi(\boldsymbol{r},t)$.

(4) 假设一次测量发现 $L=1, L_x=1$, 用上面求出的 $\psi(\boldsymbol{r},t)$ 描述这一测量后瞬间的波函数.

7. 设碱金属原子中的价电子所受原子实 (原子核 + 满壳电子) 的作用可近似表示为

$$V(r) = -\frac{e_s^2}{r} - \lambda\frac{e_s^2 a}{r^2}, \quad 0<\lambda\ll 1,$$

其中, $a=\hbar^2/\left(me_s^2\right)$ 为玻尔半径. 试求价电子的基态及第一激发态的能量, 并与氢原子的能级做比较.

8. 求位于二维谐振子势场中质量为 m 的粒子的能量本征态和本征值. 其哈密顿算符为

$$\hat{H} = \frac{\hat{p}^2}{2m} + \frac{1}{2}m\omega^2(x^2+y^2).$$

9. 考虑两个质量为 m 的粒子通过有吸引力的简谐势相互作用. 其哈密顿算符为

$$\hat{H} = \frac{\hat{p}_1^2}{2m} + \frac{\hat{p}_2^2}{2m} + \frac{k}{2}\left(\boldsymbol{r}_1 - \boldsymbol{r}_2\right)^2,$$

其中, $\boldsymbol{r}_{1,2}$ 是两个粒子的坐标, $\hat{\boldsymbol{p}}_{1,2}$ 是动量算符.

(1) 用质心坐标和相对坐标改写 $\hat{H}$.

(2) 体系的基态及第一激发态的能量是多少?

10. 在简谐势中运动的中性粒子的哈密顿算符为

$$\hat{H}=\frac{\hat{p}^2}{2m}+\frac{1}{2}m\omega^2r^2.$$

$\hat{H}$ 等价于在 x, y 和 z 三个方向独立的谐振子, 因此其本征态可以被标记为 $|n_xn_yn_z\rangle$, 其中, $n_{x,y,z}=0,1,2,\cdots$ 表示占据数. 其能级为 $E_{n_xn_yn_z}=\hbar\omega(N+3/2)$, 其中, $N=n_x+n_y+n_z$.

(1) 以 $N=1$ 情形下的三个本征态作为基矢, 求算符 $\hat{l}_z=\mathrm{i}\left(\hat{a}_y^\dagger\hat{a}_x-\hat{a}_x^\dagger\hat{a}_y\right)$ 的矩阵表示, 其中, $\hat{a}_{x,y,z}$ 是每个谐振子的湮灭算符.

(2) 题设同 (1), 求 $\hat{l}_z$ 的本征值和对应的本征矢量 $|N=1,l=1,m\rangle$.

11. 在这个问题中, 我们将按照泡利的方法, 用代数方法研究氢原子的光谱. 描述氢原子的哈密顿算符为

$$\hat{H}=\frac{\hat{p}^2}{2m_\mathrm{e}}-\frac{e^2}{r}.$$

(1) 利用对称性考虑, 检验角动量是守恒的, 因此 $[\hat{L}_i,\hat{H}]=0$, 其中, $i=x,y,z$.

(2) $1/r$ 势对应的另一个守恒量是拉普拉斯–伦格 (Runge)–伦兹 (Lenz) 矢量, 它在量子力学中的定义是

$$\hat{\boldsymbol{A}}=\frac{\hat{\boldsymbol{p}}\times\hat{\boldsymbol{L}}-\hat{\boldsymbol{L}}\times\hat{\boldsymbol{p}}}{2m_\mathrm{e}}-e^2\frac{\boldsymbol{r}}{r}.$$

证明 $\hat{\boldsymbol{A}}$ 是厄米算符.

接下来, 我们考虑两个线性组合:

$$\hat{\boldsymbol{T}}=\frac{1}{2}\left(\hat{\boldsymbol{L}}+\sqrt{-\frac{m_\mathrm{e}}{2E}}\hat{\boldsymbol{A}}\right),\quad \hat{\boldsymbol{S}}=\frac{1}{2}\left(\hat{\boldsymbol{L}}-\sqrt{-\frac{m_\mathrm{e}}{2E}}\hat{\boldsymbol{A}}\right),$$

其中, $E<0$ 是能量本征值. 证明: 对于 $\hat{\boldsymbol{T}}$ 和 $\hat{\boldsymbol{S}}$, 它们满足和角动量算符类似的对易关系, 而且它们的平方相等, 即

$$\hat{T}^2=\hat{S}^2=-\frac{m_\mathrm{e}e^4}{8E}-\frac{1}{4}.$$

在这里和下文中, 我们设 $\hbar=1$.

(3) 就像我们可以用 $\hat{J}^2$ 和 $\hat{J}_z$ 来量子化角动量 $\hat{\boldsymbol{J}}$ 一样, 我们可以用 $|\psi\rangle=|tm_Tm_S\rangle$ 来表示其本征态, 其中,

$$\hat{T}^2|\psi\rangle=\hat{S}^2|\psi\rangle=t(t+1)|\psi\rangle,\quad \hat{T}_z|\psi\rangle=m_T|\psi\rangle,\quad \hat{S}_z|\psi\rangle=m_S|\psi\rangle,$$

那么 t, m_T 和 m_S 的允许值是多少?

(4) 求解氢原子的能级 E. 如果用 $n=2t+1$ 来表示, 其表达式是什么?

(5) 给出用 n 标记的能级的简并度.

(6) 对于给定的 n, 确定轨道角动量的允许值 l. 使用允许的 l 值, 求出用 n 标记的能级的简并度, 并与 (5) 中的结果进行比较.

第七章　自旋与全同粒子

前面几章我们介绍了量子力学中的基本原理, 从而可以解释很多微观现象. 例如, 计算谐振子和氢原子的能级从而得出它们的光谱结构. 理论计算结果与实验测量结果在相当精确的范围内符合得很好, 但是这个理论还有较大的局限性. 一方面, 我们知道微观粒子都有自旋, 薛定谔方程没有把自旋包含进去, 因而用前面已建立的理论还不能解释与自旋有关的物理现象. 例如, 我们仅基于库仑势场中薛定谔方程的解无法解释氢原子光谱的精细结构和超精细结构. 另一方面, 前面讨论的是单粒子运动的问题, 而实际存在的体系 (原子、分子、晶体等) 一般都是由多粒子组成的体系. 对于这种体系, 前面的理论无法处理. 本章中我们将把自旋引入量子力学理论. 首先介绍证明电子具有自旋的实验事实, 讨论具有自旋的粒子量子态的描述和自旋角动量的性质, 然后叙述多粒子体系的特性.

7.1　电 子 自 旋

7.1.1　施特恩 – 格拉赫实验

如图 7.1.1(a) 所示, 观察从高温炉 E 中射出的一个银原子的径迹. 这个银原子受到电磁铁 A 的磁场梯度从而发生偏转, 最后冷凝到板 P 上的 N 点. 图 7.1.1(b) 是电磁铁 A 在 xz 平面上的剖面图, 虚线表示磁场的磁力线. 设 B_z 是正的而 $\dfrac{\partial B_z}{\partial z}$ 是负的. 因而, 图 7.1.1(a) 中的径迹所对应的磁矩分量 M_z 是负的.

实验结果是照片上出现了两条分立的线. 这说明银原子具有磁矩, 所以银原子束通过非均匀磁场时受到力的作用从而发生偏转; 而且由分立线只有两条这一事实可知, 银原子的磁矩在磁场中只有两种取向, 即它们是**空间量子化**的. 这可由下面的讨论看出. 假设银原子的磁矩大小为 M, 它在沿 z 方向的磁感应强度为 $\boldsymbol{B}$ 的磁场中的势能为

$$U = -\boldsymbol{M}\cdot\boldsymbol{B} = -MB_z\cos\theta,$$

其中, θ 是原子磁矩 $\boldsymbol{M}$ 和磁感应强度 $\boldsymbol{B}$ 之间的夹角. 原子在 z 方向所受的力是

$$F_z = -\frac{\partial U}{\partial z} = M\frac{\partial B_z}{\partial z}\cos\theta.$$

如果原子的磁矩在空间中可以取任何方向的话, 则 $\cos\theta$ 应当可以从 1 连续变化到 -1. 这样, 在照片上应该得到一个连续的带, 但实验结果是只有两条分立的线,

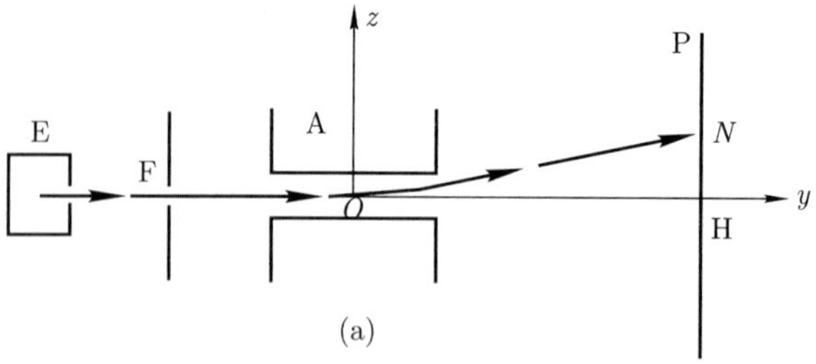

(a)

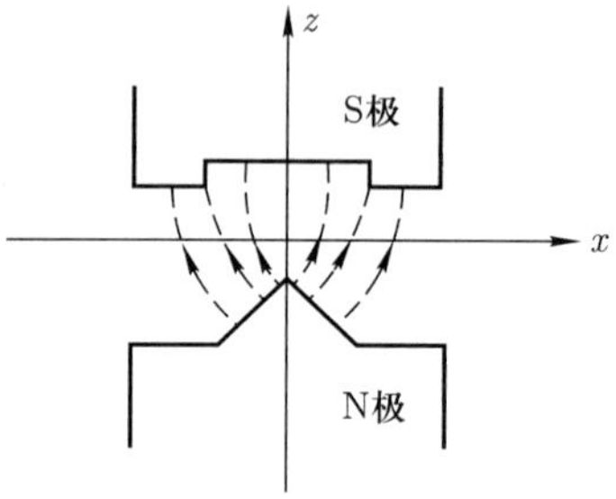

(b)

图 7.1.1 施特恩 – 格拉赫 (Stern–Gerlach) 实验的示意图

分别对应于 $\cos\theta = 1$ 和 $\cos\theta = -1$. 由于实验中用的射线是处于 s 态的原子束, 轨道角量子数 $l = 0$, 原子没有轨道角动量, 因而也没有轨道磁矩, 因此原子所具有的磁矩是电子的固有磁矩, 即自旋磁矩 (因原子核的质量大, 故核磁矩的贡献可忽略不计).

乌伦贝克 (Uhlenbeck) 和古德斯米特 (Goudsmit) 为了解释这些现象, 于 1925 年提出了下面的假设:

(1) 每个电子都具有自旋角动量 $\boldsymbol{S}$, 它在空间中的任何方向上的投影都只能取两个数值:

$$S_z = \pm\frac{\hbar}{2}.$$

(2) 每个电子都具有自旋磁矩 $\boldsymbol{M}_S$, 它和自旋角动量 $\boldsymbol{S}$ 的关系是

$$\boldsymbol{M}_S = -\frac{e}{m_{\mathrm{e}}}\boldsymbol{S},$$

其中, $-e$ 是电子的电荷, m_{e} 是电子的质量. $\boldsymbol{M}_S$ 在空间中的任何方向上的投影都只能取两个数值:

$$M_{S_z} = \pm\frac{e\hbar}{2m_{\mathrm{e}}} = \pm M_{\mathrm{B}},$$

其中, M_{B} 是玻尔磁子.

电子的自旋磁矩和自旋角动量的大小之比是

$$\frac{M_{S_z}}{S_z} = -\frac{e}{m_{\mathrm{e}}},$$

这个比值称为电子自旋的**回转磁比率**. 我们知道轨道磁矩和轨道角动量的关系是

$$\boldsymbol{M}_L = -\frac{e}{2m_{\mathrm{e}}}\boldsymbol{L},$$

即轨道运动的回转磁比率是 $-e/(2m_{\mathrm{e}})$, 因而自旋的回转磁比率等于轨道运动的回转磁比率的两倍.

自旋磁矩和自旋角动量的关系早在 1915 年就被爱因斯坦与德哈斯 (de Haas) 发现了, 因此被称为**爱因斯坦 – 德哈斯效应**. 如图 7.1.2 所示, 一个依靠细线悬挂在导体线圈中的铁磁体 (铁磁体原先保持静止状态), 在线圈上外加一个电流脉冲后会产生力学转动. 考虑到由线圈中的电流所产生的外加磁场会引发铁磁体中电子自旋的磁化 (或通过选取特定的电流方向, 使已经磁化的铁磁体内部的电子自旋反向), 于是在铁磁体内部产生了一个特殊的角动量 —— 自旋角动量. 根据角动量守恒定律, 需要在铁磁体外部产生一个等大反向的转动角动量来补偿这个自旋角动量, 于是铁磁体就发生了力学转动. 爱因斯坦 – 德哈斯效应反映了量子力学中的自旋角动量和经典力学中的转动角动量具有相同的本质. 但是值得注意的是, 电子的自旋角动量不能在经典力学的框架下被描述. 爱因斯坦 – 德哈斯效应奠定了近代铁磁学的理论基础.

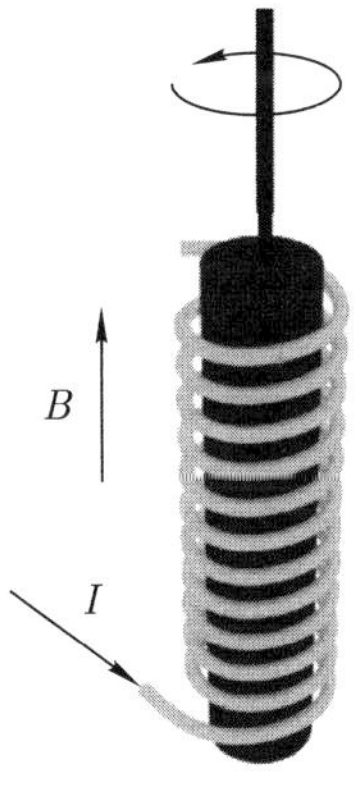

图 7.1.2 爱因斯坦 – 德哈斯效应的示意图

7.1.2 自旋态与自旋算符

电子具有自旋角动量这一特性纯粹是量子特性, 它不可能用经典力学来解释. 自旋角动量也是一个力学量, 但是它和其他力学量有着根本的差别: 一般的力学量都可表示为坐标和动量的函数, 但是自旋角动量与电子的坐标和动量无关, 它是电子内部状态的表征, 是描述电子状态的第四个变量. 像量子力学中的所有力学量一样, 自旋角动量也可以用一个算符 $\hat{\boldsymbol{S}}$ 来描述.

电子具有自旋自由度, 要对它的状态做出完全描述, 还必须考虑其自旋态. 确切地说, 要考虑它的自旋在某给定方向 (例如, z 方向) 上的两个可能取值 (投影) 的波幅, 即波函数中还应包括自旋投影这个变量 (习惯上将其记为 s_z), 因此将该波函数记为 $\psi(\boldsymbol{r}, s_z)$. 与连续变量 $\boldsymbol{r}$ 不同, s_z 只能取 $\pm\hbar/2$ 两个分立值, 因此通常使用二分量波函数, 即

$$\psi(\boldsymbol{r}, s_z) = \begin{pmatrix} \psi_+(\boldsymbol{r}, \hbar/2) \\ \psi_-(\boldsymbol{r}, -\hbar/2) \end{pmatrix}, \tag{7.1.1}$$

称之为**旋量波函数**, 其物理意义如下: $|\psi_+(\boldsymbol{r}, \hbar/2)|^2$ 是自旋向上 $\uparrow$ $(s_z = \hbar/2)$, 位置在 $\boldsymbol{r}$ 处的概率密度, $|\psi_-(\boldsymbol{r}, -\hbar/2)|^2$ 是自旋向下 $\downarrow$ $(s_z = -\hbar/2)$, 位置在 $\boldsymbol{r}$ 处的概率密度. 如果哈密顿量不含自旋变量, 或者可以表示成自旋变量部分与空间部分之和, 则 $\hat{H}$ 的本征函数可以分离变量, 即

$$\psi(\boldsymbol{r}, s_z) = \psi(\boldsymbol{r})\chi(s_z).$$

此时, 自旋算符仅对波函数中的自旋函数 χ 有作用, 其中, s_z 为描述自旋投影的量子数.

由于自旋角动量和坐标、动量无关, 因此角动量的算符表示 $\boldsymbol{r} \times \hat{\boldsymbol{p}}$ 对它不适用. 另一方面, 它又是角动量, 和其他角动量之间应有共性, 这个共性表现在角动量算符所满足的对易关系. 因此自旋角动量算符也满足这样的对易关系:

$$\hat{\boldsymbol{S}} \times \hat{\boldsymbol{S}} = \mathrm{i}\hbar\hat{\boldsymbol{S}}.$$

可将上式写成分量形式:

$$\hat{S}_x\hat{S}_y - \hat{S}_y\hat{S}_x = \mathrm{i}\hbar\hat{S}_z, \tag{7.1.2}$$

$$\hat{S}_y\hat{S}_z - \hat{S}_z\hat{S}_y = \mathrm{i}\hbar\hat{S}_x, \tag{7.1.3}$$

$$\hat{S}_z\hat{S}_x - \hat{S}_x\hat{S}_z = \mathrm{i}\hbar\hat{S}_y. \tag{7.1.4}$$

由于 $\hat{\boldsymbol{S}}$ 在空间中的任何方向上的投影都只能取两个数值 $\pm\hbar/2$, 因此 $\hat{S}_x, \hat{S}_y$ 和 $\hat{S}_z$ 三个算符的本征值都是 $\pm\hbar/2$, 它们的平方就都是 $\hbar^2/4$, 即

$$S_x^2 = S_y^2 = S_z^2 = \frac{\hbar^2}{4}. \tag{7.1.5}$$

由此可得, 自旋角动量平方算符 $\hat{S}^2$ 的本征值是

$$S^2 = S_x^2 + S_y^2 + S_z^2 = \frac{3}{4}\hbar^2. \tag{7.1.6}$$

记

$$S^2 = s(s+1)\hbar^2,$$

则 $s=1/2$. 将上式与轨道角动量平方算符的本征值 $L^2 = l(l+1)\hbar^2$ 比较可知, s 与轨道角量子数 l 相当, 因此我们称 s 为**自旋角量子数**. 但必须注意, s 只能取一个值, 即 $s=1/2$.

由于 $s=\frac{1}{2}$, 因此 $\hat{S}^2$ 和 $\hat{S}_z$ 都仅有两个本征态: $\left|\frac{1}{2},\frac{1}{2}\right\rangle$, 它被称为上自旋态 (经常用 $|\uparrow\rangle$ 表示); $\left|\frac{1}{2},-\frac{1}{2}\right\rangle$, 它被称为下自旋态 (经常用 $|\downarrow\rangle$ 表示). 利用这两个基矢, 一个自旋为 1/2 的粒子的一般态可以表示为一个二元列向量 (或旋量):

$$\chi = \begin{pmatrix} a \\ b \end{pmatrix} = a\chi_+ + b\chi_-, \tag{7.1.7}$$

其中,

$$\chi_+ = \begin{pmatrix} 1 \\ 0 \end{pmatrix}$$

代表上自旋态, 而

$$\chi_- = \begin{pmatrix} 0 \\ 1 \end{pmatrix}$$

代表下自旋态.

另外, 自旋角动量算符成为 2×2 矩阵, 具体表示可由它们对 χ_+ 和 χ_- 的作用结果写出. 由

$$\hat{S}^2|sm\rangle = \hbar^2 s(s+1)|sm\rangle, \quad \hat{S}_z|sm\rangle = \hbar m|sm\rangle,$$

可知

$$\hat{S}^2\chi_+ = \frac{3}{4}\hbar^2\chi_+, \quad \hat{S}^2\chi_- = \frac{3}{4}\hbar^2\chi_-. \tag{7.1.8}$$

如果我们把 $\hat{S}^2$ 写为矩阵元待定的矩阵, 即

$$\hat{S}^2 = \begin{pmatrix} c & d \\ e & f \end{pmatrix},$$

则 (7.1.8) 式的第一个方程可以改写为

$$\begin{pmatrix} c & d \\ e & f \end{pmatrix}\begin{pmatrix} 1 \\ 0 \end{pmatrix} = \frac{3}{4}\hbar^2\begin{pmatrix} 1 \\ 0 \end{pmatrix} \Rightarrow \begin{pmatrix} c \\ e \end{pmatrix} = \begin{pmatrix} \frac{3}{4}\hbar^2 \\ 0 \end{pmatrix},$$

所以 $c=\frac{3}{4}\hbar^2, e=0$. 第二个方程可以改写为

$$\begin{pmatrix} c & d \\ e & f \end{pmatrix}\begin{pmatrix} 0 \\ 1 \end{pmatrix}=\frac{3}{4}\hbar^2\begin{pmatrix} 0 \\ 1 \end{pmatrix}\Rightarrow\begin{pmatrix} d \\ f \end{pmatrix}=\begin{pmatrix} 0 \\ \frac{3}{4}\hbar^2 \end{pmatrix},$$

所以 $d=0, f=\frac{3}{4}\hbar^2$. 结论是

$$\hat{S}^2=\frac{3}{4}\hbar^2\begin{pmatrix} 1 & 0 \\ 0 & 1 \end{pmatrix}. \tag{7.1.9}$$

类似有

$$\hat{S}_z\chi_+=\frac{1}{2}\hbar\chi_+,\quad \hat{S}_z\chi_-=-\frac{1}{2}\hbar\chi_-,$$

由此可得

$$\hat{S}_z=\frac{\hbar}{2}\begin{pmatrix} 1 & 0 \\ 0 & -1 \end{pmatrix}. \tag{7.1.10}$$

由于 $\hat{S}_x$, $\hat{S}_y$ 和 $\hat{S}_z$ 都有一个因子 $\hbar/2$, 因此 $\boldsymbol{S}$ 可以更简洁地写为

$$\hat{\boldsymbol{S}}=\frac{\hbar}{2}\hat{\boldsymbol{\sigma}}, \tag{7.1.11}$$

则 (7.1.2) 式变为

$$\hat{\sigma}_x\hat{\sigma}_y-\hat{\sigma}_y\hat{\sigma}_x=2\mathrm{i}\hat{\sigma}_z, \tag{7.1.12}$$

$$\hat{\sigma}_y\hat{\sigma}_z-\hat{\sigma}_z\hat{\sigma}_y=2\mathrm{i}\hat{\sigma}_x, \tag{7.1.13}$$

$$\hat{\sigma}_z\hat{\sigma}_x-\hat{\sigma}_x\hat{\sigma}_z=2\mathrm{i}\hat{\sigma}_y. \tag{7.1.14}$$

由于 $\hat{S}_x$, $\hat{S}_y$ 和 $\hat{S}_z$ 的本征值都是 $\pm\hbar/2$, 因此 $\hat{\sigma}_x$, $\hat{\sigma}_y$ 和 $\hat{\sigma}_z$ 的本征值都是 ±1. 所以 $\hat{\sigma}_x^2$, $\hat{\sigma}_y^2$ 和 $\hat{\sigma}_z^2$ 的本征值都是 1, 即

$$\sigma_x^2=\sigma_y^2=\sigma_z^2=1.$$

于是算符 $\hat{\sigma}_x^2$, $\hat{\sigma}_y^2$ 和 $\hat{\sigma}_z^2$ 都是单位算符. 设 $|\chi\rangle$ 为任意自旋态, 则其可以按照 $\hat{\sigma}_i$ $(i=x,y,z)$ 的本征态 $|\chi_+\rangle_i$, $|\chi_-\rangle_i$ 做线性展开, 即 $|\chi\rangle=\sum\limits_{\pm}c_\pm|\chi_\pm\rangle_i$. 于是

$$\hat{\sigma}_i^2|\chi\rangle=\hat{\sigma}_i^2\sum_{\pm}c_\pm|\chi_\pm\rangle_i=\sum_{\pm}c_\pm\hat{\sigma}_i^2|\chi_\pm\rangle_i=\sum_{\pm}c_\pm\sigma_i^2|\chi_\pm\rangle_i=|\chi\rangle.$$

可以证明 $\hat{\boldsymbol{\sigma}}$ 的分量之间满足反对易关系:

$$\begin{aligned}\hat{\sigma}_x\hat{\sigma}_y+\hat{\sigma}_y\hat{\sigma}_x&=\frac{1}{2\mathrm{i}}\left(\hat{\sigma}_y\hat{\sigma}_z-\hat{\sigma}_z\hat{\sigma}_y\right)\hat{\sigma}_y+\frac{1}{2\mathrm{i}}\hat{\sigma}_y\left(\hat{\sigma}_y\hat{\sigma}_z-\hat{\sigma}_z\hat{\sigma}_y\right)\\&=\frac{1}{2\mathrm{i}}\left(\hat{\sigma}_y\hat{\sigma}_z\hat{\sigma}_y-\hat{\sigma}_z\hat{\sigma}_y^2+\hat{\sigma}_y^2\hat{\sigma}_z-\hat{\sigma}_y\hat{\sigma}_z\hat{\sigma}_y\right)\\&=0.\end{aligned}$$

同理可证

$$\begin{aligned}\hat{\sigma}_y\hat{\sigma}_z+\hat{\sigma}_z\hat{\sigma}_y&=0,\\\hat{\sigma}_z\hat{\sigma}_x+\hat{\sigma}_x\hat{\sigma}_z&=0.\end{aligned}\tag{7.1.15}$$

也就是说, $\hat{\boldsymbol{\sigma}}$ 的三个分量彼此**反对易**.

设

$$\hat{\sigma}_x=\begin{pmatrix}a&b\\d&c\end{pmatrix},$$

根据厄米算符的定义可知, a, c 必为实数, 且 $b=d^*$, 即

$$\hat{\sigma}_x=\begin{pmatrix}a&b\\b^*&c\end{pmatrix}.$$

将其代入 $\hat{\sigma}_x$ 和 $\hat{\sigma}_z$ 的反对易关系 (见 (7.1.15) 式的第二式), 可得

$$\begin{pmatrix}a&b\\-b^*&-c\end{pmatrix}+\begin{pmatrix}a&-b\\b^*&-c\end{pmatrix}=0.$$

由此可得, $a=c=0$, 则

$$\hat{\sigma}_x=\begin{pmatrix}0&b\\b^*&0\end{pmatrix}.$$

再由 $\sigma_x^2=1$, 可得 $|b|^2=1$. 取 $b=1$, 有

$$\hat{\sigma}_x=\begin{pmatrix}0&1\\1&0\end{pmatrix}.$$

利用 (7.1.14) 式, 可得

$$\begin{aligned}\hat{\sigma}_y&=\frac{1}{2\mathrm{i}}\left(\hat{\sigma}_z\hat{\sigma}_x-\hat{\sigma}_x\hat{\sigma}_z\right)\\&=\frac{1}{2\mathrm{i}}\begin{pmatrix}1&0\\0&-1\end{pmatrix}\begin{pmatrix}0&1\\1&0\end{pmatrix}-\frac{1}{2\mathrm{i}}\begin{pmatrix}0&1\\1&0\end{pmatrix}\begin{pmatrix}1&0\\0&-1\end{pmatrix}\\&=\begin{pmatrix}0&-\mathrm{i}\\\mathrm{i}&0\end{pmatrix}.\end{aligned}$$

于是

$$\hat{\sigma}_x \equiv \begin{pmatrix} 0 & 1 \\ 1 & 0 \end{pmatrix}, \quad \hat{\sigma}_y \equiv \begin{pmatrix} 0 & -\mathrm{i} \\ \mathrm{i} & 0 \end{pmatrix}, \quad \hat{\sigma}_z \equiv \begin{pmatrix} 1 & 0 \\ 0 & -1 \end{pmatrix}. \tag{7.1.16}$$

这就是著名的泡利自旋矩阵. 我们也可以得到自旋算符:

$$\hat{S}_x = \frac{\hbar}{2}\begin{pmatrix} 0 & 1 \\ 1 & 0 \end{pmatrix}, \quad \hat{S}_y = \frac{\hbar}{2}\begin{pmatrix} 0 & -\mathrm{i} \\ \mathrm{i} & 0 \end{pmatrix}. \tag{7.1.17}$$

定义 $\hat{S}_\pm = \hat{S}_x \pm \mathrm{i}\hat{S}_y$, 可得

$$\hat{S}_+ = \hbar\begin{pmatrix} 0 & 1 \\ 0 & 0 \end{pmatrix}, \quad \hat{S}_- = \hbar\begin{pmatrix} 0 & 0 \\ 1 & 0 \end{pmatrix}.$$

从而可得

$$\hat{S}_+\chi_- = \hbar\chi_+, \quad \hat{S}_-\chi_+ = \hbar\chi_-, \quad \hat{S}_+\chi_+ = \hat{S}_-\chi_- = 0. \tag{7.1.18}$$

$\hat{S}_z$ 的本征旋量是

$$\chi_+ = \begin{pmatrix} 1 \\ 0 \end{pmatrix}, \quad \text{本征值为 } \frac{\hbar}{2},$$

$$\chi_- = \begin{pmatrix} 0 \\ 1 \end{pmatrix}, \quad \text{本征值为 } -\frac{\hbar}{2}.$$

如果对一个粒子的一般态 $\chi = a\chi_+ + b\chi_-$ 测量其 S_z, 则得到 $\hbar/2$ 的概率为 $|a|^2$, 得到 $-\hbar/2$ 的概率为 $|b|^2$. 容易看出, 应有

$$|a|^2 + |b|^2 = 1.$$

但是, 如果我们测量 S_x, 那么可能测量值和对应的概率是多少? 按照广义的统计诠释, 我们需要知道 $\hat{S}_x$ 的本征值和本征旋量. 久期方程是

$$\begin{vmatrix} -\lambda & \hbar/2 \\ \hbar/2 & -\lambda \end{vmatrix} = 0 \Rightarrow \lambda^2 = \left(\frac{\hbar}{2}\right)^2 \Rightarrow \lambda = \pm\frac{\hbar}{2}.$$

很显然, S_x 的可能测量值同 S_z 的可能测量值是一样的. 用通常的方法可以获得其本征旋量:

$$\frac{\hbar}{2}\begin{pmatrix} 0 & 1 \\ 1 & 0 \end{pmatrix}\begin{pmatrix} \alpha \\ \beta \end{pmatrix} = \pm\frac{\hbar}{2}\begin{pmatrix} \alpha \\ \beta \end{pmatrix} \Rightarrow \begin{pmatrix} \beta \\ \alpha \end{pmatrix} = \pm\begin{pmatrix} \alpha \\ \beta \end{pmatrix},$$

所以 $\beta=\pm\alpha$. 显然, $\hat{S}_x$ 的本征旋量是

$$\chi_+^{(x)}=\begin{pmatrix}1/\sqrt{2}\\1/\sqrt{2}\end{pmatrix},\qquad \text{本征值为 }\frac{\hbar}{2},$$

$$\chi_-^{(x)}=\begin{pmatrix}1/\sqrt{2}\\-1/\sqrt{2}\end{pmatrix},\quad \text{本征值为 }-\frac{\hbar}{2}.$$

作为厄米矩阵的本征旋量, 它们张成空间; 一般的旋量 χ 可以表示成它们的线性叠加:

$$\chi=\frac{a+b}{\sqrt{2}}\chi_+^{(x)}+\frac{a-b}{\sqrt{2}}\chi_-^{(x)}.$$

由此可知, 测量 S_x 得到 $\frac{\hbar}{2}$ 的概率是 $\frac{|a+b|^2}{2}$, 得到 $-\frac{\hbar}{2}$ 的概率是 $\frac{|a-b|^2}{2}$.

例 自旋为 1/2 的粒子处于态

$$\chi=\frac{1}{\sqrt{6}}\begin{pmatrix}1+\mathrm{i}\\2\end{pmatrix},$$

对 S_z 和 S_x 进行测量, 得到 $\hbar/2$ 和 $-\hbar/2$ 的概率分别是多少? 并给出 S_x 的期望值.

解答 这里, $a=(1+\mathrm{i})/\sqrt{6}$, $b=2/\sqrt{6}$, 所以测量 S_z 得到 $\hbar/2$ 的概率为 $|(1+\mathrm{i})/\sqrt{6}|^2=1/3$, 得到 $-\hbar/2$ 的概率为 $|2/\sqrt{6}|^2=2/3$. 测量 S_x 得到 $\hbar/2$ 的概率为 $\frac{|(3+\mathrm{i})/\sqrt{6}|^2}{2}=\frac{5}{6}$, 得到 $-\hbar/2$ 的概率为 $\frac{|(-1+\mathrm{i})/\sqrt{6}|^2}{2}=\frac{1}{6}$.

S_x 的期望值是

$$\frac{5}{6}\cdot\frac{\hbar}{2}+\frac{1}{6}\left(-\frac{\hbar}{2}\right)=\frac{\hbar}{3}.$$

该值也可以更直接地由下式得到:

$$\langle S_x\rangle=\chi^\dagger\hat{S}_x\chi=\left((1-\mathrm{i})/\sqrt{6},\quad 2/\sqrt{6}\right)\begin{pmatrix}0&\hbar/2\\\hbar/2&0\end{pmatrix}\begin{pmatrix}(1+\mathrm{i})/\sqrt{6}\\2/\sqrt{6}\end{pmatrix}=\frac{\hbar}{3}.$$

7.2 磁场中的电子

7.2.1 哈密顿算符

一个带电的、具有自旋的运动粒子形成一个磁偶极子, 具有轨道磁矩和自旋磁

矩. 电子的自旋磁矩 $\boldsymbol{M}_S$ 和自旋角动量 $\boldsymbol{S}$ 成正比, 即

$$\boldsymbol{M}_S = -\frac{e}{m_\mathrm{e}}\boldsymbol{S}.$$

与轨道角动量对应的轨道磁矩为

$$\boldsymbol{M}_L = -\frac{e}{2m_\mathrm{e}}\boldsymbol{L}.$$

于是电子的总磁矩为

$$\boldsymbol{M} = -\frac{e}{2m_\mathrm{e}}(\boldsymbol{L}+2\boldsymbol{S}). \tag{7.2.1}$$

将一个磁偶极子放入一个外磁场 $\boldsymbol{B}$ 中时, 它受到一个力矩 $\boldsymbol{M}\times\boldsymbol{B}$, 使得磁偶极子趋于与磁场平行的方向 (就像一个指南针一样). 与这个力矩相应的能量为

$$H = -\boldsymbol{M}\cdot\boldsymbol{B},$$

所以一个电子在外磁场中的哈密顿算符是

$$\hat{H} = \frac{e}{2m_\mathrm{e}}\boldsymbol{B}\cdot(\hat{\boldsymbol{L}}+2\hat{\boldsymbol{S}}). \tag{7.2.2}$$

7.2.2 拉莫进动

假设一个电子静止在一个沿 z 方向的均匀磁场中 (忽略轨道效应):

$$\boldsymbol{B} = B_0\boldsymbol{e}_z,$$

其中, B_0 为均匀磁场的磁感应强度, $\boldsymbol{e}_z$ 为 z 方向的单位矢量. 矩阵形式的哈密顿算符是

$$\hat{H} = -\gamma B_0\hat{S}_z = -\frac{\gamma B_0\hbar}{2}\begin{pmatrix}1 & 0\\ 0 & -1\end{pmatrix},$$

其中, $\gamma = -e/m_\mathrm{e}$ 为电子自旋的回转磁比率.

$\hat{H}$ 的本征旋量同 $\hat{S}_z$ 的一样:

$$\begin{cases}\chi_+, & \text{能量为 } E_+ = -\gamma B_0\hbar/2,\\ \chi_-, & \text{能量为 } E_- = \gamma B_0\hbar/2.\end{cases}$$

显然, 当磁偶极矩平行于磁场时能量最低, 如同它的经典情况一样. 由于哈密顿算符与时间无关, 因此含时薛定谔方程

$$\mathrm{i}\hbar\frac{\partial\chi}{\partial t} = \hat{H}\chi$$

的一般解可以表示成定态的叠加:

$$\chi(t) = a\chi_+ \mathrm{e}^{-\mathrm{i}E_+t/\hbar} + b\chi_- \mathrm{e}^{-\mathrm{i}E_-t/\hbar} = \begin{pmatrix} a\mathrm{e}^{\mathrm{i}\gamma B_0 t/2} \\ b\mathrm{e}^{-\mathrm{i}\gamma B_0 t/2} \end{pmatrix},$$

其中, 常量 a 和 b 由如下初始条件决定:

$$\chi(0) = \begin{pmatrix} a \\ b \end{pmatrix},$$

且 $|a|^2 + |b|^2 = 1$. 不失一般性, 可以令 $a = \cos(\alpha/2)$, $b = \sin(\alpha/2)$, 其中, α 是一个固定的角度, 其物理意义随后说明. 这样, 有

$$\chi(t) = \begin{pmatrix} \cos(\alpha/2)\mathrm{e}^{\mathrm{i}\gamma B_0 t/2} \\ \sin(\alpha/2)\mathrm{e}^{-\mathrm{i}\gamma B_0 t/2} \end{pmatrix}.$$

为了对该态有更深刻的认识, 下面我们计算 $\boldsymbol{S}$ 的期望值对时间的依赖关系:

$$\begin{aligned} \langle S_x \rangle = \chi^\dagger(t)\hat{S}_x\chi(t) &= \left(\cos(\alpha/2)\mathrm{e}^{-\mathrm{i}\gamma B_0 t/2}, \quad \sin(\alpha/2)\mathrm{e}^{\mathrm{i}\gamma B_0 t/2}\right) \\ &\quad \times \frac{\hbar}{2}\begin{pmatrix} 0 & 1 \\ 1 & 0 \end{pmatrix} \begin{pmatrix} \cos(\alpha/2)\mathrm{e}^{\mathrm{i}\gamma B_0 t/2} \\ \sin(\alpha/2)\mathrm{e}^{-\mathrm{i}\gamma B_0 t/2} \end{pmatrix} \\ &= \frac{\hbar}{2}\sin\alpha\cos\gamma B_0 t. \end{aligned}$$

类似有

$$\begin{aligned} \langle S_y \rangle = \chi^\dagger(t)\hat{S}_y\chi(t) &= -\frac{\hbar}{2}\sin\alpha\sin\gamma B_0 t, \\ \langle S_z \rangle = \chi^\dagger(t)\hat{S}_z\chi(t) &= \frac{\hbar}{2}\cos\alpha. \end{aligned}$$

显然, $\langle \boldsymbol{S} \rangle$ 与 z 轴之间有一个固定的倾斜角 α, 并且绕磁场方向以频率

$$\omega = \gamma B_0$$

进动, 如同在经典情况中一样, 这被称为拉莫进动.

7.2.3 简单塞曼效应

下面我们讨论氢原子或类氢原子在均匀外磁场中的情况. 由于电子的轨道磁矩和自旋磁矩受到磁场的作用, 因此电子除了在原子内部所具有的动能和势能外, 还具有外磁场引起的附加能量. 除此之外, 电子的自旋角动量和轨道运动之间也有相互作用能量. 在外磁场足够强的条件下, 自旋轨道耦合能量和磁矩在外磁场中的

能量相比可以忽略不计. 取磁场方向为 z 方向, 磁感应强度的大小为 B_z, 则与磁偶极相互作用对应的哈密顿算符为

$$\begin{aligned}\hat{H}' &= -\left(\hat{\boldsymbol{M}}_L + \hat{\boldsymbol{M}}_S\right)\cdot\boldsymbol{B} = \frac{e}{2m_{\mathrm{e}}}(\hat{\boldsymbol{L}} + 2\hat{\boldsymbol{S}})\cdot\boldsymbol{B} \\ &= \frac{e}{2m_{\mathrm{e}}}\left(\hat{L}_z + 2\hat{S}_z\right)B_z,\end{aligned} \tag{7.2.3}$$

其中, e, m_{e} 分别为电子的电荷和质量, $\hat{\boldsymbol{M}}_L$, $\hat{\boldsymbol{M}}_S$ 分别为电子的轨道磁矩算符和自旋磁矩算符, $\hat{\boldsymbol{L}}$, $\hat{\boldsymbol{S}}$ 分别为电子的轨道角动量算符和自旋角动量算符.

于是我们可以得到体系的定态薛定谔方程:

$$-\frac{\hbar^2}{2m_{\mathrm{e}}}\nabla^2\psi + V(r)\psi + \frac{eB_z}{2m_{\mathrm{e}}}\left(\hat{L}_z + 2\hat{S}_z\right)\psi = E\psi. \tag{7.2.4}$$

此式虽然有自旋算符 $\hat{S}_z$, 但无自旋轨道耦合项, 所以 ψ 可以写为

$$\psi = \psi(\boldsymbol{r})\chi_{\pm}.$$

把上式代入 (7.2.4) 式, 可以得到 $\psi(\boldsymbol{r})$ 所满足的方程:

$$\begin{aligned}&-\frac{\hbar^2}{2m_{\mathrm{e}}}\nabla^2\psi + V(r)\psi + \frac{eB_z}{2m_{\mathrm{e}}}\left(\hat{L}_z + \hbar\right)\psi = E\psi, \\ &-\frac{\hbar^2}{2m_{\mathrm{e}}}\nabla^2\psi + V(r)\psi + \frac{eB_z}{2m_{\mathrm{e}}}\left(\hat{L}_z - \hbar\right)\psi = E\psi.\end{aligned} \tag{7.2.5}$$

很显然, 当外磁场不存在时, (7.2.5) 式的解是

$$\psi(\boldsymbol{r}) = \psi_{nlm} = R_{nl}(r)Y_{lm}(\theta,\varphi).$$

对于氢原子, $V(r)$ 是库仑势, ψ_{nlm} 所对应的能级 E_n 仅与总量子数 n 有关. 对于碱金属原子 (例如, Li, Na), 核外电子对核的库仑场有屏蔽作用, 这时, ψ_{nlm} 所对应的能级 E_{nl} 不仅与 n 有关, 而且与轨道角量子数 l 也有关, 即

$$-\frac{\hbar^2}{2m_{\mathrm{e}}}\nabla^2\psi_{nlm} + V(r)\psi_{nlm} = E_{nl}\psi_{nlm}.$$

当有外磁场时, 由于 ψ_{nlm} 是 $\hat{L}_z$ 的本征函数:

$$\hat{L}_z\psi_{nlm} = m\hbar\psi_{nlm},$$

因此 ψ_{nlm} 仍是 (7.2.5) 式的解. 且

$$s_z = \frac{\hbar}{2}\ \text{时},\qquad E_{nlm} = E_{nl} + \frac{e\hbar B_z}{2m_{\mathrm{e}}}(m+1), \tag{7.2.6}$$

$$s_z = -\frac{\hbar}{2}\ \text{时},\quad E_{nlm} = E_{nl} + \frac{e\hbar B_z}{2m_{\mathrm{e}}}(m-1). \tag{7.2.7}$$

下面我们引入自旋磁量子数 $m_s = \pm 1/2$, 则整个波函数可以表示为 $\psi_{nlm}(r,\theta,\varphi)\chi_{m_s}$, 对应的本征值为

$$E_{nlmm_s} = E_{nl} + \frac{e\hbar B_z}{2m_{\mathrm{e}}}(m + 2m_s). \tag{7.2.8}$$

由此可见, 在外磁场中, 能级与磁量子数 m 和自旋磁量子数 m_s 有关. 原来 m 不同而能量相同的简并现象被外磁场消除. 对于光辐射跃迁, 跃迁选择定则 (后面章节会讲到) 要求 $\Delta m = 0, \pm 1$, $\Delta m_s = 0$. 也就是说, 跃迁只能分别在 $m_s = 1/2$ 和 $m_s = -1/2$ 两组能级内部进行, 自旋对谱线分裂没有影响. 可以看出, 能级 (谱线) 分裂的大小与磁感应强度 B 成正比.

由 (7.2.8) 式可得, 在外磁场中, 当电子由能级 E_{nlm} 跃迁到 $E_{n'l'm'}$ 时, 谱线频率为

$$\omega = \frac{E_{nlm} - E_{n'l'm'}}{\hbar} = \omega_0 + \frac{eB_z}{2m_{\mathrm{e}}}\Delta m,$$

其中, $\omega_0 = (E_{nl} - E_{n'l'})/\hbar$ 是没有外磁场时的跃迁频率, $\Delta m = m - m' = 0, \pm 1$ 是跃迁中磁量子数的改变量. 所以 ω 可以取如下三个值:

$$\omega = \omega_0, \quad \omega = \omega_0 \pm \frac{eB_z}{2m_{\mathrm{e}}},$$

即在没有外磁场时的一条谱线在外磁场中将分裂为三条谱线, 这就是**简单塞曼** (Zeeman) **效应** (也称为正常塞曼效应), 如图 7.2.1 所示.

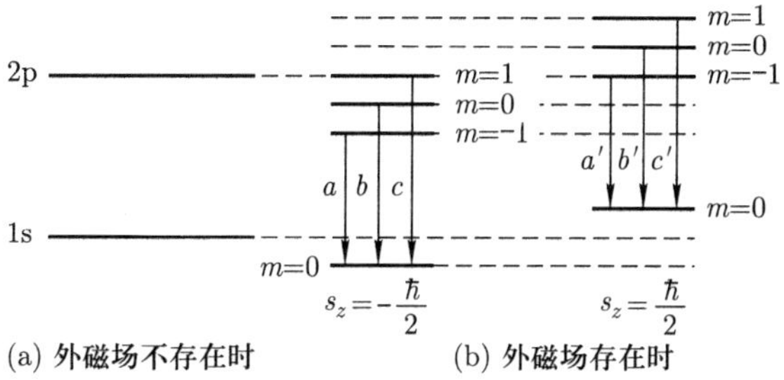

图 7.2.1 强磁场中的能级劈裂

7.3 总 角 动 量

7.3.1 自旋角动量的叠加

本节我们讨论两个自旋角动量的耦合问题. 现在考虑两个自旋为 1/2 的粒子. 例如, 处于氢原子基态的电子和质子. 每个粒子均可自旋向上或自旋向下, 所以共

有四种可能性 (四个复合态): $|\uparrow\uparrow\rangle$, $|\uparrow\downarrow\rangle$, $|\downarrow\uparrow\rangle$, $|\downarrow\downarrow\rangle$, 其中, 第一个箭头代表电子的自旋 m_1, 第二个箭头代表质子的自旋 m_2. 现在要求这个原子的总角动量. 令

$$\hat{\boldsymbol{S}} \equiv \hat{\boldsymbol{S}}^{(1)} + \hat{\boldsymbol{S}}^{(2)},$$

其中, $\hat{\boldsymbol{S}}$ 为原子的总角动量算符, $\hat{\boldsymbol{S}}^{(1)}$ 为电子的角动量算符, $\hat{\boldsymbol{S}}^{(2)}$ 为质子的角动量算符. 这四个复合态都是 $\hat{S}_z$ 的本征态, 因为 z 分量是简单加在一起的:

$$\begin{aligned}\hat{S}_z\chi_1\chi_2 &= \left(\hat{S}_z^{(1)} + \hat{S}_z^{(2)}\right)\chi_1\chi_2 = \left(\hat{S}_z^{(1)}\chi_1\right)\chi_2 + \chi_1\left(\hat{S}_z^{(2)}\chi_2\right) \\ &= (\hbar m_1\chi_1)\chi_2 + \chi_1(\hbar m_2\chi_2) = \hbar(m_1+m_2)\chi_1\chi_2,\end{aligned}$$

注意: χ_1 和 χ_2 分别为电子和质子的自旋态, 所以 $\hat{S}_z^{(1)}$ 只作用在 χ_1 上, $\hat{S}_z^{(2)}$ 只作用在 χ_2 上, 因此 m_s (m_s 为复合系统的自旋磁量子数) 就是 $m_1 + m_2$:

$$\begin{aligned}&|\uparrow\uparrow\rangle \text{ 对应于 } m_s = 1, \\ &|\uparrow\downarrow\rangle \text{ 对应于 } m_s = 0, \\ &|\downarrow\uparrow\rangle \text{ 对应于 } m_s = 0, \\ &|\downarrow\downarrow\rangle \text{ 对应于 } m_s = -1.\end{aligned}$$

我们发现出现了 $m_s = 0$ 的态. 搞清楚这个问题的一种方法是: 利用 (7.1.18) 式, 将降阶算符 $\hat{S}_- = \hat{S}_-^{(1)} + \hat{S}_-^{(2)}$ 作用在态 $|\uparrow\uparrow\rangle$ 上, 即

$$\begin{aligned}\hat{S}_-|\uparrow\uparrow\rangle &= \left(\hat{S}_-^{(1)}|\uparrow\rangle\right)|\uparrow\rangle + |\uparrow\rangle\left(\hat{S}_-^{(2)}|\uparrow\rangle\right) \\ &= (\hbar|\downarrow\rangle)|\uparrow\rangle + |\uparrow\rangle(\hbar|\downarrow\rangle) = \hbar(|\downarrow\uparrow\rangle + |\uparrow\downarrow\rangle).\end{aligned}$$

很显然, $s = 1$ 的三个态为 (用 $|sm_s\rangle$ 表示):

$$\left.\begin{cases}|1,1\rangle = |\uparrow\uparrow\rangle, \\ |1,0\rangle = \dfrac{1}{\sqrt{2}}(|\uparrow\downarrow\rangle + |\downarrow\uparrow\rangle), \\ |1,-1\rangle = |\downarrow\downarrow\rangle,\end{cases}\right\} \quad s = 1(\text{三重态}).$$

由于明显的原因, 这被称为三重态. 另外, 还有一个 $s = 0$, $m_s = 0$ 的态 (称为单态, 如果对这个态应用升阶和降阶算符, 则结果都为零). 我们的结论是, 两个自旋为 1/2 的粒子可以结合成总自旋为 1 或 0 的态, 这取决于它们占据的是三重态还是单态. 为了确定这一点, 我们需要证明三重态是 $\hat{S}^2$ 的本征值为 $2\hbar^2$ 的本征态, 而单态是 $\hat{S}^2$ 的本征值为 0 的本征态. 因为

$$\hat{S}^2 = \left(\hat{\boldsymbol{S}}^{(1)} + \hat{\boldsymbol{S}}^{(2)}\right)\cdot\left(\hat{\boldsymbol{S}}^{(1)} + \hat{\boldsymbol{S}}^{(2)}\right) = \left(\hat{\boldsymbol{S}}^{(1)}\right)^2 + \left(\hat{\boldsymbol{S}}^{(2)}\right)^2 + 2\hat{\boldsymbol{S}}^{(1)}\cdot\hat{\boldsymbol{S}}^{(2)},$$

利用 (7.1.10) 式和 (7.1.17) 式, 我们有

$$\begin{aligned}\hat{\boldsymbol{S}}^{(1)}\cdot\hat{\boldsymbol{S}}^{(2)}|\uparrow\downarrow\rangle &= \left(\hat{S}_x^{(1)}|\uparrow\rangle\right)\left(\hat{S}_x^{(2)}|\downarrow\rangle\right)+\left(\hat{S}_y^{(1)}|\uparrow\rangle\right)\left(\hat{S}_y^{(2)}|\downarrow\rangle\right)+\left(\hat{S}_z^{(1)}|\uparrow\rangle\right)\left(\hat{S}_z^{(2)}|\downarrow\rangle\right)\\ &= \left(\frac{\hbar}{2}|\downarrow\rangle\right)\left(\frac{\hbar}{2}|\uparrow\rangle\right)+\left(\frac{\mathrm{i}\hbar}{2}|\downarrow\rangle\right)\left(\frac{-\mathrm{i}\hbar}{2}|\uparrow\rangle\right)+\left(\frac{\hbar}{2}|\uparrow\rangle\right)\left(\frac{-\hbar}{2}|\downarrow\rangle\right)\\ &= \frac{\hbar^2}{4}(2|\downarrow\uparrow\rangle-|\uparrow\downarrow\rangle).\end{aligned}$$

同理可得

$$\hat{\boldsymbol{S}}^{(1)}\cdot\hat{\boldsymbol{S}}^{(2)}|\downarrow\uparrow\rangle=\frac{\hbar^2}{4}(2|\uparrow\downarrow\rangle-|\downarrow\uparrow\rangle).$$

这样, 有

$$\hat{\boldsymbol{S}}^{(1)}\cdot\hat{\boldsymbol{S}}^{(2)}|1,0\rangle=\frac{\hbar^2}{4}\frac{1}{\sqrt{2}}(2|\downarrow\uparrow\rangle-|\uparrow\downarrow\rangle+2|\uparrow\downarrow\rangle-|\downarrow\uparrow\rangle)=\frac{\hbar^2}{4}|1,0\rangle,$$

$$\hat{\boldsymbol{S}}^{(1)}\cdot\hat{\boldsymbol{S}}^{(2)}|0,0\rangle=\frac{\hbar^2}{4}\frac{1}{\sqrt{2}}(2|\downarrow\uparrow\rangle-|\uparrow\downarrow\rangle-2|\uparrow\downarrow\rangle+|\downarrow\uparrow\rangle)=-\frac{3\hbar^2}{4}|0,0\rangle.$$

我们最后得到

$$\hat{S}^2|1,0\rangle=\left(\frac{3\hbar^2}{4}+\frac{3\hbar^2}{4}+2\frac{\hbar^2}{4}\right)|1,0\rangle=2\hbar^2|1,0\rangle,$$

所以 $|1,0\rangle$ 确实是 $\hat{S}^2$ 的本征值为 $2\hbar^2$ 的本征态. 还有

$$\hat{S}^2|0,0\rangle=\left(\frac{3\hbar^2}{4}+\frac{3\hbar^2}{4}-2\frac{3\hbar^2}{4}\right)|0,0\rangle=0,$$

所以 $|0,0\rangle$ 确实是 $\hat{S}^2$ 的本征值为 0 的本征态. $|1,1\rangle$, $|1,-1\rangle$ 也是 $\hat{S}^2$ 的取相应本征值的本征态. 因此可得

$$\hat{S}^2|sm_s\rangle=s(s+1)\hbar^2|sm_s\rangle,\ s=1,\ m_s=-1,0,1;\ \text{或}s=0,\ m_s=0. \tag{7.3.1}$$

自旋态 $|1,0\rangle$ 和 $|0,0\rangle$ 是两个粒子自旋态的线性叠加, 它们不能分解为两个粒子自旋态的直积, 因此也被称为贝尔纠缠态, 是重要的量子资源, 在量子计算与量子通信领域具有重要作用.

我们上面所介绍的 (自旋为 1/2 的两个粒子结合, 得到自旋为 1 或 0 的态) 是一个较大问题中的最简单的例子. 如果将自旋为 s_1 和 s_2 的两个粒子结合, 则可以得到的总自旋 s 的值从 s_1+s_2 开始逐次减 1, 直到 s_1-s_2 或 s_2-s_1 为止. 如果 $s_2>s_1$, 即

$$s=s_1+s_2,s_1+s_2-1,s_1+s_2-2,\cdots,|s_1-s_2|.$$

可以看出，当两个粒子的自旋同向平行时，总自旋有最大值；当两个粒子的自旋反向平行时，总自旋有最小值. 例如，将一个自旋为 3/2 的粒子和一个自旋为 2 的粒子结合到一起，将会得到总自旋为 7/2, 5/2, 3/2, 1/2 的态. 又如，如果一个氢原子处于态 ψ_{nlm} 上，电子的总角动量 (自旋角动量加上轨道角动量) 为 $l+1/2$ 或 $l-1/2$，如果现在再放入一个质子，则这个原子的总角动量为 $l+1$, l, $l-1$ (依据电子是在态 $l+1/2$ 还是态 $l-1/2$ 上，l 能通过两种不同的方法得到). 有着总自旋 s 和 z 分量 m_s 的复合态 $|sm_s\rangle$ 将是复合态 $|s_1m_1\rangle$ 和 $|s_2m_2\rangle$ 的线性叠加:

$$|sm_s\rangle = \sum_{m_1+m_2=m_s} C^{s_1s_2s}_{m_1m_2m_s} |s_1m_1\rangle |s_2m_2\rangle \,. \tag{7.3.2}$$

由于 z 分量是相加的，因此有贡献的复合态仅是那些 $m_1+m_2=m_s$ 的态. 常量 $C^{s_1s_2s}_{m_1m_2m_s}$ 称为克勒布施 – 戈丹 (Clebsch–Gordan) 系数，简称 CG 系数.

7.3.2 自旋轨道角动量的叠加

下面我们讨论轨道角动量算符 $\hat{\boldsymbol{L}}$ 和自旋角动量算符 $\hat{\boldsymbol{S}}$ 的耦合问题. 定义总角动量算符为

$$\hat{\boldsymbol{J}} = \hat{\boldsymbol{L}} + \hat{\boldsymbol{S}},$$

考虑到 $\hat{\boldsymbol{L}}$ 与 $\hat{\boldsymbol{S}}$ 分别属于不同的自由度，因此彼此对易，即

$$[\hat{L}_\alpha, \hat{S}_\beta] = 0, \quad \alpha, \beta = x, y, z.$$

$\hat{\boldsymbol{J}}$ 的三个分量满足下列对易关系:

$$[\hat{J}_x, \hat{J}_y] = \mathrm{i}\hbar\hat{J}_z,$$

$$[\hat{J}_y, \hat{J}_z] = \mathrm{i}\hbar\hat{J}_x,$$

$$[\hat{J}_z, \hat{J}_x] = \mathrm{i}\hbar\hat{J}_y.$$

令

$$\hat{J}^2 = \hat{J}_x^2 + \hat{J}_y^2 + \hat{J}_z^2,$$

同样可以证明 $\hat{J}^2$ 与 $\hat{\boldsymbol{J}}$ 的三个分量都对易，即

$$[\hat{J}^2, \hat{J}_\alpha] = 0, \quad \alpha = x, y, z.$$

容易证明

$$[\hat{\boldsymbol{J}}, \hat{\boldsymbol{S}} \cdot \hat{\boldsymbol{L}}] = 0,$$
$$[\hat{L}^2, \hat{\boldsymbol{S}} \cdot \hat{\boldsymbol{L}}] = 0,$$
$$[\hat{S}^2, \hat{\boldsymbol{S}} \cdot \hat{\boldsymbol{L}}] = 0.$$

所以在计及自旋轨道耦合时, $\hat{J}^2$, $\hat{L}^2$, $\hat{S}^2$, $\hat{J}_z$ 相互对易, 因此具有共同本征态, 记为 $|jlsm_j\rangle$. 它们可以用 $\hat{L}^2$, $\hat{L}_z$, $\hat{S}^2$, $\hat{S}_z$ 的共同本征态 $|lm_l\rangle|sm_s\rangle = |lm_lsm_s\rangle$ 展开, 即

$$|jlsm_j\rangle = \sum_{m_l,m_s} |lm_lsm_s\rangle\langle lm_lsm_s|jlsm_j\rangle. \tag{7.3.3}$$

下面来求轨道角量子数 l 和自旋角量子数 s 给定时, 总角量子数 j 和它们的关系. 因为 $\hat{J}_z = \hat{L}_z + \hat{S}_z$, 所以 $m_j = m_l + m_s$, 且 m_j, m_l, m_s 的最大值分别是 j, l, s, 因此 j 的最大值是

$$j_{\max} = l + s. \tag{7.3.4}$$

接下来求在 l 和 s 给定时, j 可能取的最小值. 当 l 给定时, m_l 可取 $2l+1$ 个值: $-l, -l+1, -l+2, \cdots, l-2, l-1, l$, 因而 $|lm_l\rangle$ 有 $2l+1$ 个. 同样, 当 s 给定时, $|sm_s\rangle$ 有 $2s+1$ 个, 它们对应于不同的 m_s. 所以在 l 和 s 给定时, $|lm_lsm_s\rangle$ 共有 $(2l+1)(2s+1)$ 个. 于是, $|jlsm_j\rangle$ 是各种 $|lm_lsm_s\rangle$ 的线性叠加, 所以 l 和 s 给定时, 相互独立的 $|jlsm_j\rangle$ 也是 $(2l+1)(2s+1)$ 个. 这些 $|jlsm_j\rangle$ 对应于不同的 j 或 m_j. 另一方面, 对应于一个 j, m_j 可以取 $2j+1$ 个值:

$$-j, -j+1, -j+2, \cdots, j-2, j-1, j.$$

以 $j_{\min}$ 表示 j 可能取的最小值, 则 $|jlsm_j\rangle$ 的数目可以表示为

$$\sum_{j=j_{\min}}^{j_{\max}} (2j+1).$$

由此可得

$$\sum_{j=j_{\min}}^{j_{\max}} (2j+1) = (2l+1)(2s+1). \tag{7.3.5}$$

(7.3.5) 式左边的求和可以用等差级数求和的公式算出:

$$\sum_{j=j_{\min}}^{j_{\max}} (2j+1) = j_{\max}(2+j_{\max}) - \left(j_{\min}^2 - 1\right).$$

把该结果和 $j_{\max} = l + s$ 代入 (7.3.5) 式即得

$$j_{\min} = |l - s|.$$

由此可知, 当 l 和 s 给定时, j 可能取的值是

$$j = l + s, l + s - 1, l + s - 2, \cdots, |l - s|.$$

$\hat{J}^2, \hat{L}^2, \hat{S}^2, \hat{J}_z$ 的本征方程分别为

$$\hat{J}^2|jlsm_j\rangle = j(j+1)\hbar^2|jlsm_j\rangle, \tag{7.3.6}$$

$$\hat{L}^2|jlsm_j\rangle = l(l+1)\hbar^2|jlsm_j\rangle, \tag{7.3.7}$$

$$\hat{S}^2|jlsm_j\rangle = s(s+1)\hbar^2|jlsm_j\rangle, \tag{7.3.8}$$

$$\hat{J}_z|jlsm_j\rangle = m_j\hbar|jlsm_j\rangle. \tag{7.3.9}$$

很显然, 以上讨论对于任意两个角动量的耦合都适用. 因此, 对于任意两个角动量的耦合问题, 我们都可以直接使用上面的结果得到总角动量.

7.4 全同粒子体系

7.4.1 全同性原理与交换对称性

自然界中有各种不同种类的微观粒子, 例如, 电子、质子、中子、光子等, 每一类粒子都具有完全相同的内禀属性, 例如, 电荷、自旋、静质量、磁矩等. 我们称质量、电荷、自旋等固有性质完全相同的微观粒子为**全同粒子**. 例如, 所有的电子都是全同粒子, 所有的质子也都是全同粒子等. 在经典力学中, 尽管两个粒子的固有性质完全相同, 我们仍然可以区分这两个粒子. 因为它们在运动过程中, 都有自己确定的轨道, 在任一时刻, 都有确定的位置和速度. 但是在量子力学中, 情况完全不同. 我们无法区分同一类粒子中的两个粒子. 全同粒子的这种不可区分性是微观粒子所具有的特性. 由于这一特性, **在全同粒子组成的体系中, 两个全同粒子相互代换不引起物理状态的改变**. 这个论断被称为**全同性原理**, 这是量子力学中的基本原理之一.

对于一个单粒子, $\psi(\boldsymbol{r}, t)$ 是空间坐标 $\boldsymbol{r}$ 和时间 t 的函数 (我们暂时忽略自旋). 而由两个粒子组成的体系的状态则是粒子 1 的坐标 $\boldsymbol{r}_1$、粒子 2 的坐标 $\boldsymbol{r}_2$ 和时间 t 的函数 $\psi(\boldsymbol{r}_1, \boldsymbol{r}_2, t)$. 它随时间的演化由薛定谔方程

$$\mathrm{i}\hbar\frac{\partial\psi}{\partial t} = \hat{H}\psi$$

决定, 其中, $\hat{H}$ 是整个体系的哈密顿算符:

$$\hat{H}=-\frac{\hbar^2}{2m_1}\nabla_1^2-\frac{\hbar^2}{2m_2}\nabla_2^2+V\left(\boldsymbol{r}_1,\boldsymbol{r}_2,t\right),$$

这里, ∇ 的下标 1 或 2 表示微分仅对粒子 1 或粒子 2 的坐标作用, m_1 和 m_2 分别为粒子 1 和粒子 2 的质量. 此时的统计诠释很明确: $|\psi\left(\boldsymbol{r}_1,\boldsymbol{r}_2,t\right)|^2\ \mathrm{d}\boldsymbol{r}_1\ \mathrm{d}\boldsymbol{r}_2$ 是在体积元 $\mathrm{d}\boldsymbol{r}_1$ 中发现粒子 1 并在体积元 $\mathrm{d}\boldsymbol{r}_2$ 中发现粒子 2 的概率. 当然, ψ 必须是归一化的:

$$\int|\psi\left(\boldsymbol{r}_1,\boldsymbol{r}_2,t\right)|^2\ \mathrm{d}\boldsymbol{r}_1\ \mathrm{d}\boldsymbol{r}_2=1.$$

对于势能不显含时间的情况, 我们通过分离变量可以得到一组完备的解:

$$\psi\left(\boldsymbol{r}_1,\boldsymbol{r}_2,t\right)=\psi\left(\boldsymbol{r}_1,\boldsymbol{r}_2\right)\mathrm{e}^{-\mathrm{i}Et/\hbar},$$

这里, 空间波函数 ψ 满足定态薛定谔方程:

$$-\frac{\hbar^2}{2m_1}\nabla_1^2\psi-\frac{\hbar^2}{2m_2}\nabla_2^2\psi+V\psi=E\psi,$$

其中, E 为该体系的总能量.

假设两个粒子之间无相互作用, 粒子 1 处于 (单粒子) 态 $\psi_a(\boldsymbol{r}_1)$, 粒子 2 处于态 $\psi_b(\boldsymbol{r}_2)$ (暂时忽略自旋). 在这种情况下, $\psi\left(\boldsymbol{r}_1,\boldsymbol{r}_2\right)$ 就是两者的简单乘积:

$$\psi\left(\boldsymbol{r}_1,\boldsymbol{r}_2\right)=\psi_a\left(\boldsymbol{r}_1\right)\psi_b\left(\boldsymbol{r}_2\right).$$

当然, 这假定了我们可以把不同的粒子区分开来, 否则粒子 1 处于态 $\psi_a(\boldsymbol{r}_1)$, 粒子 2 处于态 $\psi_b(\boldsymbol{r}_2)$ 的说法就没有任何意义; 我们只能说, 一个粒子处于态 $\psi_a(\boldsymbol{r}_1)$, 另一个粒子处于态 $\psi_b(\boldsymbol{r}_2)$, 而并不知道到底哪个是哪个. 如果我们此时讨论的是经典力学, 那么原则上, 我们总可以将粒子区分开来, 只要将一个粒子涂成红色, 另一个粒子涂成蓝色, 或者在粒子上贴上编码即可. 但是, 在量子力学中, 情况将有本质上的不同: 我们不可能将某个电子涂成红色, 或者在它上面贴上编码, 因为这将不可避免且无法预测地改变电子的状态. 事实上, 所有的电子都是完全相同的, 而这种性质是经典物体绝对不会有的. 根本就不存在 "这个" 电子或 "那个" 电子这样的说法, 唯一合理的说法是 "一个" 电子.

量子力学巧妙地适应了在原则上不可区分粒子的存在: 我们可以简单地构造一个波函数, 但这个波函数并不指出哪个粒子处于哪个态. 有两种不同的构造方法, 即

$$\psi_{\pm}\left(\boldsymbol{r}_1,\boldsymbol{r}_2\right)=A\left[\psi_a\left(\boldsymbol{r}_1\right)\psi_b\left(\boldsymbol{r}_2\right)\pm\psi_b\left(\boldsymbol{r}_1\right)\psi_a\left(\boldsymbol{r}_2\right)\right].$$

这样, 理论上将允许两种全同粒子 —— **玻色子** (取正号时) 和**费米子** (取负号时) 存在. 光子和介子是玻色子, 质子和电子是费米子. 恰巧的是, 所有自旋为 $\hbar$ 的整数倍的粒子为玻色子, 所有自旋为 $\hbar$ 的半整数倍的粒子为费米子. 这种自旋与统计 (我们将看到, 玻色子和费米子有截然不同的统计性质) 之间的联系, 可以在相对论量子力学中得到证明. 在非相对论量子力学中, 它被当作一个公理. 我们进而可以得到, 两个全同费米子 (如两个电子) 不可能占据相同的状态. 因为, 如果 $\psi_a = \psi_b$, 则有

$$\psi_-(\boldsymbol{r}_1, \boldsymbol{r}_2) = A\left[\psi_a(\boldsymbol{r}_1)\psi_a(\boldsymbol{r}_2) - \psi_a(\boldsymbol{r}_1)\psi_a(\boldsymbol{r}_2)\right] = 0,$$

我们将得不到任何波函数. 这就是著名的**泡利不相容原理**. 这个假设并不是仅适用于电子, 而是构造二粒子体系的波函数规则的自然结果, 适用于所有全同费米子.

为了便于讨论, 我们假设一个粒子处于态 ψ_a, 另一个粒子处于态 ψ_b, 但是还有一个更一般也更复杂的方法来解决这个问题. 首先, 我们定义交换算符 $\hat{P}$, 它可以交换两个粒子:

$$\hat{P}f(\boldsymbol{r}_1, \boldsymbol{r}_2) = f(\boldsymbol{r}_2, \boldsymbol{r}_1).$$

很显然, $\hat{P}^2 = 1$, 且 $\hat{P}$ 的本征值为 ± 1. 如果两个粒子是全同的, 则哈密顿算符对它们来说也是可交换的, 因为 $m_1 = m_2, V(\boldsymbol{r}_1, \boldsymbol{r}_2) = V(\boldsymbol{r}_2, \boldsymbol{r}_1)$. 这样, $\hat{P}$ 和 $\hat{H}$ 是相互对易的, 即

$$[\hat{P}, \hat{H}] = 0,$$

因此, 我们可以找到一组完备的函数, 使得它们同时是 $\hat{P}$ 和 $\hat{H}$ 的本征态. 这就是说, 我们可以找到薛定谔方程的解, 它们或者是交换对称的 (本征值为 1), 或者是交换反对称的 (本征值为 -1):

$$\psi(\boldsymbol{r}_1, \boldsymbol{r}_2) = \pm\psi(\boldsymbol{r}_2, \boldsymbol{r}_1).$$

另外, 如果一个体系的初态为上述状态, 则它将一直处于这个状态. 新的规则 (对称性要求) 是: 对于全同粒子的波函数, 它们或者是交换对称的 (玻色子), 或者是交换反对称的 (费米子).

完整的电子状态不仅包含它的空间波函数, 还包含一个用来描述电子自旋指向的旋量, 因而完整的波函数为 $\psi(\boldsymbol{r})\chi(s)$. 当我们把它们都考虑在内时, 就得到这个整体所决定的体系的状态, 而不仅仅是空间的部分. 整个体系应满足交换反对称性. 现在, 回顾之前提到的两个电子的自旋叠加态. 可以发现, 自旋单态是交换反对称的 (因此需要乘上一个交换对称的空间波函数), 而自旋三重态是交换对称的 (因此需要乘上一个交换反对称的空间波函数).

7.4.2 无相互作用的多粒子体系

上面的讨论可以推广到含有 N 个全同粒子的体系中去. 设粒子之间的相互作用可以忽略, 单粒子的哈密顿算符 $\hat{H}_0$ 不显含时间, 则体系的哈密顿算符可以写为

$$\hat{H}=\hat{H}_0\left(\boldsymbol{r}_1\right)+\hat{H}_0\left(\boldsymbol{r}_2\right)+\cdots+\hat{H}_0\left(\boldsymbol{r}_N\right)=\sum_{i=1}^{N}\hat{H}_0\left(\boldsymbol{r}_i\right).$$

以 ε_i 和 ϕ_i 表示 $\hat{H}_0$ 的本征值和本征函数, 则有

$$\begin{gathered}\hat{H}_0\left(\boldsymbol{r}_1\right)\phi_i\left(\boldsymbol{r}_1\right)=\varepsilon_i\phi_i\left(\boldsymbol{r}_1\right),\\ \hat{H}_0\left(\boldsymbol{r}_2\right)\phi_j\left(\boldsymbol{r}_2\right)=\varepsilon_j\phi_j\left(\boldsymbol{r}_2\right),\\ \cdots,\\ \hat{H}_0\left(\boldsymbol{r}_N\right)\phi_k\left(\boldsymbol{r}_N\right)=\varepsilon_k\phi_k\left(\boldsymbol{r}_N\right).\end{gathered}$$

因此体系的薛定谔方程

$$\hat{H}\varPhi=E\varPhi$$

的解是

$$\begin{gathered}E=\varepsilon_i+\varepsilon_j+\cdots+\varepsilon_k,\\ \varPhi\left(\boldsymbol{r}_1,\boldsymbol{r}_2,\cdots,\boldsymbol{r}_N\right)=\phi_i\left(\boldsymbol{r}_1\right)\phi_j\left(\boldsymbol{r}_2\right)\cdots\phi_k\left(\boldsymbol{r}_N\right).\end{gathered}$$

容易验证

$$\begin{aligned}\hat{H}\varPhi&=\left[\sum_{i=1}^{N}\hat{H}_0\left(\boldsymbol{r}_i\right)\right]\phi_i\left(\boldsymbol{r}_1\right)\phi_j\left(\boldsymbol{r}_2\right)\cdots\psi_k\left(\boldsymbol{r}_N\right)\\ &=\phi_j\left(\boldsymbol{r}_2\right)\cdots\phi_k\left(\boldsymbol{r}_N\right)\hat{H}_0\left(\boldsymbol{r}_1\right)\phi_i\left(\boldsymbol{r}_1\right)+\phi_i\left(\boldsymbol{r}_1\right)\phi_l\left(\boldsymbol{r}_3\right)\cdots\phi_k\left(\boldsymbol{r}_N\right)\hat{H}_0\left(\boldsymbol{r}_2\right)\phi_j\left(\boldsymbol{r}_2\right)\\ &\quad+\cdots+\phi_i\left(\boldsymbol{r}_1\right)\phi_j\left(\boldsymbol{r}_2\right)\cdots\hat{H}_0\left(\boldsymbol{r}_N\right)\phi_k\left(\boldsymbol{r}_N\right)\\ &=\left(\varepsilon_i+\varepsilon_j+\cdots+\varepsilon_k\right)\phi_i\left(\boldsymbol{r}_1\right)\phi_j\left(\boldsymbol{r}_2\right)\cdots\phi_k\left(\boldsymbol{r}_N\right)=E\varPhi.\end{aligned}$$

这就证明了由无相互作用全同粒子组成的体系的哈密顿算符的本征函数等于各单粒子的哈密顿算符的本征函数之积, 本征能量则等于各单粒子的本征能量之和. 于是, 解多粒子体系的薛定谔方程的问题就归结为解单粒子的薛定谔方程的问题.

如果所讨论的是由玻色子组成的全同粒子体系, 则其波函数应是对称函数, 它可以按照下列方式构成:

$$\varPhi_{\mathrm{S}}\left(\boldsymbol{r}_1,\boldsymbol{r}_2,\cdots,\boldsymbol{r}_N\right)=C\sum_{P}P\phi_i\left(\boldsymbol{r}_1\right)\phi_j\left(\boldsymbol{r}_2\right)\cdots\phi_k\left(\boldsymbol{r}_N\right),$$

其中, P 表示 N 个粒子在波函数中的某一种排列, $\sum\limits_{P}$ 表示对所有可能的排列求和, 而 C 是归一化常量.

如果所讨论的是由费米子组成的全同粒子体系, 则其波函数应是反对称函数, 它可以按照下列方式构成:

$$\varPhi_{\mathrm{A}}\left(\boldsymbol{r}_1,\boldsymbol{r}_2,\cdots,\boldsymbol{r}_N\right)=\frac{1}{\sqrt{N!}}\begin{vmatrix}\phi_i\left(\boldsymbol{r}_1\right) & \phi_i\left(\boldsymbol{r}_2\right) & \cdots & \phi_i\left(\boldsymbol{r}_N\right)\\ \phi_j\left(\boldsymbol{r}_1\right) & \phi_j\left(\boldsymbol{r}_2\right) & \cdots & \phi_j\left(\boldsymbol{r}_N\right)\\ \vdots & \vdots & & \vdots\\ \phi_k\left(\boldsymbol{r}_1\right) & \phi_k\left(\boldsymbol{r}_2\right) & \cdots & \phi_k\left(\boldsymbol{r}_N\right)\end{vmatrix}.$$

上式称为斯莱特 (Slater) 行列式. 交换任意两个粒子, 在行列式中就是任意两列相互调换, 这使得行列式改变符号, 因此是反对称的. 在不考虑粒子的自旋轨道耦合的情况下, 体系的波函数可以写成坐标函数和自旋函数之积. 把坐标和自旋变量明显写出, 则有

$$\varPhi\left(\boldsymbol{r}_1 s_1,\boldsymbol{r}_2 s_2,\cdots,\boldsymbol{r}_N s_N\right)=\phi\left(\boldsymbol{r}_1,\boldsymbol{r}_2,\cdots,\boldsymbol{r}_N\right)\chi\left(s_1,s_2,\cdots,s_N\right).$$

如果是费米子, 则 $\varPhi$ 是反对称的, 如果是玻色子, 则 $\varPhi$ 是对称的.

例 1 两个自旋为 1/2 的粒子组成一个复合系统. 自旋 A 在 $S_z=\hbar/2$ 的本征态上, 自旋 B 在 $S_x=\hbar/2$ 的本征态上. 求测得系统的总自旋为零的概率.

解答 按题意, 系统所处状态为

$$|\psi\rangle=\left|S_z=\frac{\hbar}{2}\right\rangle_A\left|S_x=\frac{\hbar}{2}\right\rangle_B.$$

将其写到 $\hat{S}_z$ 的表象中, 有

$$|\psi\rangle=\left|S_z=\frac{\hbar}{2}\right\rangle_A\frac{\hbar}{\sqrt{2}}\left(\left|S_z=\frac{\hbar}{2}\right\rangle_B+\left|S_z=-\frac{\hbar}{2}\right\rangle_B\right).$$

系统的总自旋为零的状态可以写为

$$|0\rangle=\frac{1}{\sqrt{2}}\left(\left|S_z=\frac{\hbar}{2}\right\rangle_A\left|S_z=-\frac{\hbar}{2}\right\rangle_B-\left|S_z=-\frac{\hbar}{2}\right\rangle_A\left|S_z=\frac{\hbar}{2}\right\rangle_B\right).$$

因此测得系统的总自旋为零的概率为

$$P=|\langle 0\mid\psi\rangle|^2=\frac{1}{4}.$$

例 2 一个具有磁矩的自旋为 1/2 的粒子放于沿 x 方向的均匀恒定外磁场中. 在 $t=0$ 时刻, 测得粒子具有 $S_z=\hbar/2$. 求在以后任意时刻测得粒子具有 $S_y=\hbar/2$ 的概率.

解答 粒子自旋运动的哈密顿算符为

$$\hat{H}=-\gamma\hat{\boldsymbol{S}}\cdot\boldsymbol{B}=-\frac{1}{2}\mu_0\hat{\sigma}_x B.$$

取 $\hat{\sigma}_z$ 表象, 设自旋波函数为 $\begin{pmatrix}a_1\\a_2\end{pmatrix}$, 则其满足的薛定谔方程为

$$\mathrm{i}\hbar\frac{\mathrm{d}}{\mathrm{d}t}\begin{pmatrix}a_1\\a_2\end{pmatrix}+\frac{1}{2}\mu_0 B\begin{pmatrix}0&1\\1&0\end{pmatrix}\begin{pmatrix}a_1\\a_2\end{pmatrix}=0.$$

因此

$$\mathrm{i}\hbar\frac{\mathrm{d}a_1}{\mathrm{d}t}+\frac{1}{2}\mu_0 Ba_2=0,$$
$$\mathrm{i}\hbar\frac{\mathrm{d}a_2}{\mathrm{d}t}+\frac{1}{2}\mu_0 Ba_1=0,$$

所以

$$\frac{\mathrm{d}^2a_{1,2}}{\mathrm{d}t^2}+\left(\frac{\mu_0 B}{2\hbar}\right)^2a_{1,2}=0.$$

若令 $\omega=\dfrac{\mu_0 B}{2\hbar}$, 则上面方程的解为

$$a_{1,2}=A_{1,2}\mathrm{e}^{\mathrm{i}\omega t}+B_{1,2}\mathrm{e}^{-\mathrm{i}\omega t}.$$

初始条件为: $a_1(0)=1,\ a_2(0)=0$, 从而

$$\frac{\mathrm{d}a_1}{\mathrm{d}t}(0)=0,\quad \frac{\mathrm{d}a_2}{\mathrm{d}t}(0)=\mathrm{i}\frac{\mu_0 B}{2\hbar}=\mathrm{i}\omega.$$

因此

$$A_1+B_1=1,\quad A_2+B_2=0,\quad \omega\left(A_1-B_1\right)=0,\quad \omega\left(A_2-B_2\right)=\omega,$$

解得

$$A_1=\frac{1}{2},\quad A_2=\frac{1}{2},\quad B_1=\frac{1}{2},\quad B_2=-\frac{1}{2}.$$

所以

$$\begin{pmatrix}a_1(t)\\a_2(t)\end{pmatrix}=\begin{pmatrix}\cos\omega t\\\mathrm{i}\sin\omega t\end{pmatrix}.$$

$S_y = \hbar/2$ 的本征态为

$$|S_y(+)\rangle = \frac{1}{\sqrt{2}}\begin{pmatrix}1\\ \mathrm{i}\end{pmatrix}.$$

于是测得 $S_y = \hbar/2$ 的概率为

$$P(+) = |\langle S_y(+) \mid \psi(t)\rangle|^2 = \left|\frac{1}{\sqrt{2}}(1, -\mathrm{i})\begin{pmatrix}\cos\omega t\\ \mathrm{i}\sin\omega t\end{pmatrix}\right|^2 = \frac{1}{2}(1+\sin 2\omega t).$$

例 3 两个无相互作用的粒子, 质量都为 m, 处于一维无限深势阱中, 阱宽为 $2a$, 在势阱中势场为零, 势阱外势场为无限大.

(1) 求系统四个最低能级的值分别是多少?

(2) 求这些能级的简并度, 如果这两个粒子 (i) 是全同粒子, 自旋都为 1/2; (ii) 不是全同粒子, 自旋都为 1/2.

解答 (1) 在这样的一维无限深势阱中, 单粒子的空间波函数为

$$\psi_n(x) = \frac{1}{\sqrt{a}}\sin\frac{n\pi x}{2a},$$

其中, n 为正整数, 相应的能量为 n^2E_0, 这里, $E_0 = \dfrac{\pi^2\hbar^2}{8ma^2}$.

当两个粒子分别处于态 n_1 和态 n_2 时, 系统的双粒子态可以表示为

$$\psi(x_1, x_2) = \frac{1}{a}\sin\frac{n_1\pi x_1}{2a}\sin\frac{n_2\pi x_2}{2a}.$$

此态对应的能量为

$$E = \left(n_1^2 + n_2^2\right)E_0,$$

因此四个最低的能级分别为

(n_1, n_2)	E/E_0
$(1,1)$	2
$(2,1)$	5
$(2,2)$	8
$(3,1)$	10

(2) (i) 系统的波函数可以表示成空间波函数和自旋波函数之积. 因为粒子是全同费米子, 所以态必须是反对称的, 这时, 若空间波函数是对称的, 则自旋波函数是反对称的, 若空间波函数是反对称的, 则自旋波函数是对称的, 因为粒子的

自旋为 $s=1/2$, 由 (1) 的结果可知, 有 3 个对称的自旋态和一个反对称的自旋态 (3 个对称态的总自旋为 1, 称为三重态; 一个反对称态的总自旋为 0, 称为单态). 因为空间态 $(1,1)$ 是对称的, 所以整个波函数是空间态 $(1,1)$ 乘上总自旋 $S=0$ 的单态. 因此, 能级简并度为 1. 归一化波函数为

$$\psi=\frac{1}{\sqrt{2}a}\sin\frac{\pi x_1}{2a}\sin\frac{\pi x_2}{2a}\cdot(\alpha_1\beta_2-\beta_1\alpha_2),$$

这里, α 或 β 表示自旋向上或向下的自旋态, 下标 1, 2 表示不同的粒子. 空间态 $(2,1)$ 可以是对称的也可以是反对称的, 前者必须乘上反对称的 $S=0$ 的单态, 而后者必须乘上对称的 $S=1$ 的三重态. 所以第二个能级的简并度为 4, 它们之中的两个为

$$\psi=\frac{1}{2a}\left(\sin\frac{2\pi x_1}{2a}\sin\frac{\pi x_2}{2a}+\sin\frac{\pi x_1}{2a}\sin\frac{2\pi x_2}{2a}\right)(\alpha_1\beta_2-\beta_1\alpha_2),$$

$$\psi=\frac{1}{\sqrt{2}a}\left(\sin\frac{2\pi x_1}{2a}\sin\frac{\pi x_2}{2a}-\sin\frac{\pi x_1}{2a}\sin\frac{2\pi x_2}{2a}\right)\alpha_1\alpha_2.$$

一般来说, 相应于空间态 n_1, n_2 的简并度, 当 $n_1=n_2$ 时为 1, 当 $n_1\neq n_2$ 时为 4.

(ii) 如果两个粒子不是全同粒子, 则系统的波函数没有对称性或反对称性的约束, 这时, 若 $n_1\neq n_2$, 则有两个空间态具有相同的能量, 它们是

$$\frac{1}{a}\sin\frac{2\pi x_1}{2a}\sin\frac{\pi x_2}{2a}\quad 和 \quad\frac{1}{a}\sin\frac{\pi x_1}{2a}\sin\frac{2\pi x_2}{2a}.$$

每个空间波函数可以乘上 4 个自旋波函数 $\alpha_1\alpha_2$, $\alpha_1\beta_2$, $\beta_1\alpha_2$, $\beta_1\beta_2$ 中的一个, 故总的简并度为 8. 如果 $n_1=n_2$, 则总的简并度为 4.

习 题

1. 求 $\hat{S}_y=\frac{\hbar}{2}\begin{pmatrix}0 & -\mathrm{i}\\ \mathrm{i} & 0\end{pmatrix}$ 的本征值及其对应的本征态.

2. 求自旋角动量算符在 $(\cos\alpha,\cos\beta,\cos\gamma)$ 方向上的投影算符

$$\hat{S}_n=\hat{S}_x\cos\alpha+\hat{S}_y\cos\beta+\hat{S}_z\cos\gamma$$

的本征值及其对应的本征态. 在这些本征态中, 测量 S_z 可以得到哪些可能值? 这些可能值各以多大的概率出现? S_z 的期望值是多少?

3. 一个电子处于自旋态 $\chi=A\begin{pmatrix}3\mathrm{i}\\ 4\end{pmatrix}$ 上.

(1) 确定归一化常量 A.

(2) 求自旋算符 $\hat{S}_x$, $\hat{S}_y$ 和 $\hat{S}_z$ 在自旋态 χ 上的期望值.

4. 考虑一个自旋为 1/2 的粒子. $\hat{\boldsymbol{P}}$ 和 $\hat{\boldsymbol{S}}$ 表示与粒子的动量和自旋相联系的算符. 我们取 $\hat{P}_x$, $\hat{P}_y$, $\hat{P}_z$ 和 $\hat{S}_z$ 的共同本征矢量 (分别对应于本征值 P_x, P_y, P_z 与 $\pm\hbar/2$) 为态空间中的正交归一化的基矢 $|p_xp_yp_z\pm\rangle$. 算符 $\hat{A}$ 的定义是

$$\hat{A}=\hat{\boldsymbol{S}}\cdot\hat{\boldsymbol{P}},$$

我们要解出 $\hat{A}$ 的本征方程.

(1) 请问 $\hat{A}$ 是厄米算符吗?

(2) 证明我们可以找到由 $\hat{A}$ 的本征矢量 (它们也是 $\hat{P}_x$, $\hat{P}_y$, $\hat{P}_z$ 的共同本征矢量) 所构成的一个基. 并说明在由诸右矢 $|p_xp_yp_z\pm\rangle$ (p_x, p_y, p_z 的值是固定的) 所张成的子空间中, $\hat{A}$ 的矩阵表示是什么矩阵?

(3) 求 $\hat{A}$ 的本征值和它们的简并度. 给出 $\hat{A}$ 与 $\hat{P}_x$, $\hat{P}_y$, $\hat{P}_z$ 的共同本征矢量的一个集合.

5. 在施特恩 – 格拉赫实验中, 磁铁的磁感应强度为 $\boldsymbol{B}=B\boldsymbol{z}$, 其中, $\boldsymbol{z}$ 为 z 方向的单位矢量. 此磁场把一束自旋为 1/2 的原子分裂为在 z 方向自旋向上 $|+\rangle$ 和自旋向下 $|-\rangle$ 的两束. 设自旋角动量算符为 $\hat{\boldsymbol{S}}=\left(\hat{S}_x,\hat{S}_y,\hat{S}_z\right)$.

(1) 若某时刻磁场的方向突然改变为 $\boldsymbol{z}'$ 方向, 其中, $\boldsymbol{z}'=(\sin\theta\cos\varphi,\sin\theta\sin\varphi,\cos\theta)$. 求 $\hat{S}_{z'}=\hat{\boldsymbol{S}}\cdot\hat{\boldsymbol{z}}'$ 的本征值及其对应的本征态 $|z'\pm\rangle$.

(2) 对于处于态 $|z'+\rangle$ 的原子, 测量 S_z, 求测量值为 $\pm\hbar/2$ 的概率.

6. 一个自旋为 $\hbar/2$ 的粒子, 磁矩为 $\boldsymbol{\mu}=\mu_0\boldsymbol{\sigma}$, 处于沿 z 轴正方向的均匀磁场 $\boldsymbol{B}_0$ 中, 设 $t\geqslant 0$ 时, 再加上一个旋转磁场 $\boldsymbol{B}_1(t)$:

$$\boldsymbol{B}_1(t)=B_1\cos 2\omega_0 t\boldsymbol{e}_x-B_1\sin 2\omega_0 t\boldsymbol{e}_y\quad(\omega_0=\mu_0B_0/\hbar),$$

由此可知, 其方向垂直于 z 轴. 设初始时刻 ($t=0$) 体系处于 $S_x=\hbar/2$ 的本征态 $\chi_{1/2}$ 上, 求 $t>0$ 时体系的自旋波函数及自旋反向所需的时间.

7. 在某自旋态 $|\lambda\rangle$ 中, 测得 $S_z=\hbar/2$ 的概率为 1/3, 测得 $S_x=\hbar/2$ 的概率为 1/6, 求 $|\lambda\rangle$ 及 $\langle\lambda|\hat{S}_y|\lambda\rangle$.

8. 设两个电子在弹性中心力场中运动, 每个电子的势能都是 $U(r)=m_{\mathrm{e}}\omega^2r^2/2$. 如果电子之间的库仑能和 $U(r)$ 相比可以忽略不计, 则当一个电子处于基态, 另一个电子处于沿 x 方向运动的第一激发态时, 求两个电子组成的体系的波函数.

9. 已知夸克的自旋为 1/2. 三个夸克结合在一起形成重子 (如质子或中子); 两个夸克 (或更确切地说是一个夸克和一个反夸克) 结合在一起形成介子 (如 π 介子或 K 介子). 假设夸克都处于基态 (即轨道角动量为零).

(1) 重子可能的自旋是多少?

(2) 介子可能的自旋是多少?

10. 对于一个自旋为 3/2 的粒子, 其自旋角动量算符的 x 和 z 分量分别由以下矩阵给出:

$$S_x = \frac{\hbar}{2}\begin{pmatrix} 0 & \sqrt{3} & 0 & 0 \\ \sqrt{3} & 0 & 2 & 0 \\ 0 & 2 & 0 & \sqrt{3} \\ 0 & 0 & \sqrt{3} & 0 \end{pmatrix}, \quad S_z = \frac{\hbar}{2}\begin{pmatrix} 3 & 0 & 0 & 0 \\ 0 & 1 & 0 & 0 \\ 0 & 0 & -1 & 0 \\ 0 & 0 & 0 & -3 \end{pmatrix}.$$

(1) 求自旋角动量 S_y 的矩阵形式.

(2) 计算 $S_x^2 + S_y^2 + S_z^2$.

(3) 假设测得 S_z 为 $\dfrac{\hbar}{2}$, 测量后的态矢量是什么?

(4) 测量后, S_x 为 $\dfrac{\hbar}{2}$ 的概率是多少?

11. 考虑一个自旋为 1 的粒子, 其状态为

$$|\psi\rangle = \sqrt{\frac{1}{3}}(|+\rangle + |0\rangle + |-\rangle),$$

其中, $|+\rangle \equiv |s=1, s_z=1\rangle$, $|0\rangle \equiv |s=1, s_z=0\rangle$, 以及 $|-\rangle \equiv |s=1, s_z=-1\rangle$ 是 $\hat{S}_z$ 的本征态.

(1) 证明算符 $\hat{S}_z$ 可以写成 $\hat{S}_z = \hbar(|+\rangle\langle+| - |-\rangle\langle-|)$, 并写出算符 $\hat{S}_z^2$ 的表达式.

(2) 若以态 $|\psi\rangle$ 作为初态, 先测量 S_z^2, 再测量 S_z, 求测量 S_z^2 可能得到的结果和相应的概率. 在测量 S_z^2 之后, 测量 S_z 可能得到的结果和相应的概率.

(3) 假设系统的哈密顿算符为

$$\hat{H} = A\hat{S}_z^2 + B(\hat{S}_x^2 - \hat{S}_y^2),$$

求 $\hat{H}$ 的本征值和本征态.

12. 以下问题改编自本内特 (Bennett) 发表在《物理评论快报》上的关于量子隐形传态的工作. 在这个问题中, 基于自旋为 1/2 的粒子的自旋态讨论量子隐形传态, 也称为量子态的 "瞬移". 自旋向上 ($s_z = \hbar/2$) 和自旋向下 ($s_z = -\hbar/2$) 的状态分别用 $|+\rangle$ 和 $|-\rangle$ 表示.

(1) 首先考虑由两个自旋为 1/2 的粒子构成的系统, 并将两个粒子分别标记为粒子 1 和粒子 2. 该系统可以用基矢 $|++\rangle_{12}$, $|--\rangle_{12}$, $|+-\rangle_{12}$ 和 $|-+\rangle_{12}$ 描述, 其中, 下标表示基矢内的 "+" 和 "−" 描述的是哪个粒子. 在以 $|++\rangle_{12}$, $|--\rangle_{12}$, $|+-\rangle_{12}$,

$|-+\rangle_{12}$ 为基矢的表象中, 考虑算符 $\hat{Q}$, 其矩阵形式为

$$Q = \begin{pmatrix} 0 & 2 & 0 & 0 \\ 2 & 0 & 0 & 0 \\ 0 & 0 & 0 & 1 \\ 0 & 0 & 1 & 0 \end{pmatrix}.$$

求这个算符的本征值和本征态.

(2) 假设爱丽丝准备了两个总自旋为 0 的粒子. 这两个粒子分别被标记为粒子 2 和粒子 3, 粒子 1 被保存起来以备后用. 两个粒子的态矢量可以写成

$$|\Psi\rangle_{23} = \frac{1}{\sqrt{2}}\left(|+-\rangle_{23} - |-+\rangle_{23}\right).$$

在不扰乱任何一个粒子的自旋的情况下, 粒子 3 被交给鲍勃, 鲍勃可以把它带到其他任何地方. 粒子 2 和粒子 3 被称为 "纠缠对". 然后, 爱丽丝得到了第三个自旋为 1/2 的粒子, 即粒子 1, 其任意量子态可表示为

$$|\Phi\rangle_1 = a|+\rangle_1 + b|-\rangle_1,$$

其中, $|a|^2 + |b|^2 = 1$. 她的目标是利用纠缠对把这个量子态 "传送" 给鲍勃. 需要注意的是, 她并没有被告知系数 a 和 b 的值, 而且她也无法通过对她得到的粒子进行任何实验来确定它们. 由于粒子 1 与粒子 2 或粒子 3 不相关, 因此这三个粒子的完整量子态可以写成一个直积态:

$$\begin{aligned} |\Omega\rangle_{123} &= |\Phi\rangle_1|\Psi\rangle_{23} \\ &= \frac{a}{\sqrt{2}}\left(|++-\rangle_{123} - |+-+\rangle_{123}\right) + \frac{b}{\sqrt{2}}\left(|-+-\rangle_{123} - |--+\rangle_{123}\right). \end{aligned}$$

当粒子处于上面给出的状态 $|\Omega\rangle_{123}$ 时, 假设爱丽丝测量了粒子 1 的自旋, 自旋向上 (+) 的概率 P_1 是多少? 假设她测量的是粒子 2 的自旋, 自旋向上的概率 P_2 是多少?

(3) 假设现在爱丽丝没有进行 (2) 中讨论的两次测量, 因此三个粒子仍然处于上面描述的状态 $|\Omega\rangle_{123}$. 爱丽丝对粒子 1 和粒子 2 整体进行测量, 测量的是力学量 Q. 她测得 Q 的本征值为 -1 的概率 P_{-1} 是多少 (提示: 将 $|\Omega\rangle_{123}$ 在一组新基矢下重写, 新基矢下粒子 1 和粒子 2 用 $\hat{Q}$ 的本征态描述, 而粒子 3 用 $\hat{S}_z$ 的本征态描述)?

(4) 假设爱丽丝确实得到了 $Q = -1$, 并且把这个结果告诉了鲍勃. 在测量之后, 三个粒子构成的系统的状态 $|\Omega'\rangle_{123}$ 是什么? 证明鲍勃发现粒子 3 处于一个自旋本

征态, 而且这个本征态与爱丽丝试图传送的状态 $|\Phi\rangle$ 相同 (只差一个无关紧要的相因子) (注意: 如果爱丽丝得到了不同的结果, 那么粒子 3 就不会处于状态 $|\Phi\rangle$. 然而, 在所有情况下, 粒子 3 都会处于一个自旋本征态, 它是对状态 $|\Phi\rangle$ 旋转后的结果. 通过了解爱丽丝实验的结果, 鲍勃就会知道应该对粒子 3 进行怎样的旋转, 从而使它恢复到状态 $|\Phi\rangle$).

13. 电子的回旋磁因子 g 决定了电子的磁矩 $\boldsymbol{\mu}$ 和自旋角动量 $\boldsymbol{S}$ 之间的关系, 即

$$\boldsymbol{\mu} = g\frac{e}{2m}\boldsymbol{S},$$

其中, e 是电子的电荷, m 是电子的质量. 著名的狄拉克方程预言 $g = 2$. 但在量子电动力学中, 电子会产生反常磁矩 $g = 2(1 + a)$, 而目前的实验值是 $a = 0.00115965218076(27)$.

通过实验测量 a 的一种方法是让一束电子与恒定磁场 $\boldsymbol{B} = B\boldsymbol{z}$ 相互作用, 其哈密顿算符为

$$\hat{H} = \frac{1}{2m}(\hat{\boldsymbol{p}} - e\boldsymbol{A})^2 - \boldsymbol{\mu}\cdot\boldsymbol{B},$$

其中, $\boldsymbol{A}$ 是矢势. 电子被限制在 xy 平面内, 可以忽略任何电子之间的相互作用. 电子将表现出频率为 $\omega = eB/m$ 的回旋运动, 但它们也将表现出频率略有不同的自旋进动. 此问题将展示如何利用这一现象来获得 a.

(1) 验证对易关系

$$[v_x, \hat{H}] = \mathrm{i}\hbar\omega v_y, \quad [v_y, \hat{H}] = -\mathrm{i}\hbar\omega v_x,$$

其中, $\boldsymbol{v} = (\hat{\boldsymbol{p}} - e\boldsymbol{A})/m$ 是规范不变的速度算符 (提示: 因为 $\boldsymbol{v}$ 是规范不变的, 所以可以为 $\boldsymbol{A}$ 自由选择任何规范).

(2) 考虑两个期望值

$$C_1(t) = \langle \hat{S}_x v_x + \hat{S}_y v_y\rangle, \quad C_2(t) = \langle \hat{S}_x v_y - \hat{S}_y v_x\rangle.$$

试推导一组耦合微分方程来描述 $C_1(t)$ 和 $C_2(t)$ 的时间演化. 在 $a = 0$ (即 $g = 2$) 的特殊情况下, 验证 $C_1(t)$ 和 $C_2(t)$ 不随时间变化.

(3) 一束速度为 $\boldsymbol{v}$ 的电子在 $t = 0$ 时刻处于 $C_1(0)$ 和 $C_2(0)$ 已知的自旋态. 此电子束在 $t = 0$ 和 $t = T$ 之间与磁场 $\boldsymbol{B} = B\boldsymbol{z}$ 相互作用. 实验发现期望值 $C_1(T)$ 是周期为 $2\pi/\Omega$ 的周期函数, 即 $C_1(T) = C_1(T + 2\pi/\Omega)$. 利用这些信息, 根据 Ω 和其他物理参数确定 a 的值.

第八章　对称性与守恒定律

自然界中充满着对称, 例如, 球对称的天体、六角对称的雪花、左右对称的人体等. 对称性与守恒定律是现代物理研究的重要领域. 对称性与守恒定律的本质和它们之间的关系一直是人们研究的重要内容. 在经典力学中我们学过, 守恒定律与力学体系的对称性紧密联系. 例如, 空间平移对称性和动量守恒定律联系在一起. 经典力学中的对称性与守恒定律之间的关系可以统一用拉格朗日 (Lagrange) 量在各种对称变换下的不变性来描述. 在量子力学中, 除了与经典力学相对应的空间对称性和时间平移对称性之外, 还出现了新的经典力学中所没有的对称性, 例如, 全同粒子体系的置换对称性. 这些新出现的对称性都是由于量子力学中利用量子态来描述体系的状态, 以及微观粒子的波动性所导致的. 量子力学中对称性的性质可以用薛定谔方程在某种对称变换下的不变性来描述.

8.1　时间平移变换

8.1.1　时间平移算符

下面我们来研究时间平移不变性. 首先考虑含时一维薛定谔方程

$$\hat{H}\psi(x,t) = \mathrm{i}\hbar\frac{\partial}{\partial t}\psi(x,t)$$

的解 $\psi(x,t)$. 然后定义一个使波函数在时间上向前传播的算符 $\hat{U}(t)$, 满足

$$\hat{U}(t)\psi(x,0) = \psi(x,t). \tag{8.1.1}$$

如果哈密顿算符本身不显含时间 t, 则问题处理起来就很简单, 即 $\hat{U}(t)$ 可以用哈密顿算符表示. 在这种情况下, 将 (8.1.1) 式右边展开为泰勒级数, 因此

$$\begin{aligned}\hat{U}(t)\psi(x,0) = \psi(x,t) &= \sum_n \frac{1}{n!}\frac{\partial^n}{\partial t^n}\psi(x,t)\bigg|_{t=0} t^n \\ &= \sum_n \frac{1}{n!}\left(-\frac{\mathrm{i}}{\hbar}\hat{H}t\right)^n \psi(x,0).\end{aligned}$$

因此, 不含时哈密顿算符的时间演化 (平移) 算符是

$$\hat{U}(t)=\exp\left(-\frac{\mathrm{i}t}{\hbar}\hat{H}\right). \tag{8.1.2}$$

也就是说, 哈密顿算符是时间平移算符的生成元. 很容易证明 $\hat{U}(t)$ 是幺正算符.

在求解含时薛定谔方程时, 时间平移算符为我们提供了一种简洁的方法. 为了搞清楚这一点, 可以将 $t=0$ 时刻的波函数写成定态 (满足 $\hat{H}\psi_n=E_n\psi_n$) 的线性叠加, 于是有

$$\psi(x,0)=\sum_n c_n\psi_n(x),$$

所以

$$\begin{aligned}\psi(x,t)=\hat{U}(t)\psi(x,0)&=\sum_n c_n\hat{U}(t)\psi_n(x)\\&=\sum_n c_n\mathrm{e}^{-\mathrm{i}\hat{H}t/\hbar}\psi_n(x)=\sum_n c_n\mathrm{e}^{-\mathrm{i}E_nt/\hbar}\psi_n(x).\end{aligned}$$

从这个意义上讲, 上面两个式子描述了以下过程: 先将初始波函数用定态展开, 然后加上时间因子, 即可获得以后某一时刻的波函数. 这个过程我们在前面的章节中已经碰到过.

8.1.2 海森伯绘景

下面我们来研究将时间演化算符作用于算符 $\hat{Q}$ 和波函数的效果. 定义

$$\hat{Q}_H(t)=\hat{U}^\dagger(t)\hat{Q}\hat{U}(t), \tag{8.1.3}$$

并称变换后的算符 $\hat{Q}_H(t)$ 为**海森伯绘景**算符. 将 (8.1.3) 式对时间求微分, 可得

$$\begin{aligned}\frac{\mathrm{d}}{\mathrm{d}t}\hat{Q}_H&=\frac{\mathrm{d}}{\mathrm{d}t}\hat{U}^\dagger(t)\hat{Q}\hat{U}(t)+\hat{U}^\dagger(t)\hat{Q}\frac{\mathrm{d}}{\mathrm{d}t}\hat{U}(\iota)\\&=\frac{\mathrm{i}}{\hbar}\hat{H}\hat{U}^\dagger(t)\hat{Q}\hat{U}(t)-\frac{\mathrm{i}}{\hbar}\hat{U}^\dagger(t)\hat{Q}\hat{U}(t)\hat{H}=\frac{\mathrm{i}}{\hbar}[\hat{H},\hat{Q}_H].\end{aligned}$$

于是我们得到海森伯绘景算符的时间演化方程为

$$\mathrm{i}\hbar\frac{\mathrm{d}}{\mathrm{d}t}\hat{Q}_H(t)=[\hat{Q}_H,\hat{H}]. \tag{8.1.4}$$

方程 (8.1.4) 称为**海森伯方程**.

我们把之前基于薛定谔方程而讨论问题的绘景称为**薛定谔绘景**. 在薛定谔绘景中, 波函数根据薛定谔方程随时间演化, 而算符本身与时间无关, 力学量期望值对时间的依赖性来自波函数对时间的依赖性, 即

$$\langle Q\rangle=\langle\psi(t)|\hat{Q}|\psi(t)\rangle.$$

在海森伯绘景中, 波函数不随时间改变, 即

$$\psi_H(x) = \hat{U}^\dagger \psi(x,t) = \psi(x,0),$$

算符根据海森伯方程随时间演化. 在海森伯绘景中, 力学量期望值 (或矩阵元) 对时间的依赖性来自算符对时间的依赖性, 即

$$\langle Q \rangle = \langle \psi_H | \hat{Q}_H(t) | \psi_H \rangle.$$

当然, 两个绘景中力学量的期望值是完全相同的, 因为

$$\langle \psi(x,t) | \hat{Q} | \psi(x,t) \rangle = \langle \psi(0) | \hat{U}^\dagger \hat{Q} \hat{U} | \psi(0) \rangle = \langle \psi_H | \hat{Q}_H(t) | \psi_H \rangle.$$

8.1.3 守恒量

若力学量的期望值不随时间变化, 即

$$\frac{\mathrm{d}\langle F \rangle}{\mathrm{d}t} = 0,$$

则称力学量 F 为守恒量. 由

$$\langle F \rangle = \langle \psi | \hat{F} | \psi \rangle$$

和薛定谔方程

$$\mathrm{i}\hbar \frac{\partial}{\partial t} |\psi\rangle = \hat{H} |\psi\rangle,$$

可得

$$\begin{aligned} \frac{\mathrm{d}\langle F \rangle}{\mathrm{d}t} &= \frac{\partial \langle \psi |}{\partial t} \hat{F} |\psi\rangle + \left\langle \psi \left| \frac{\partial \hat{F}}{\partial t} \right| \psi \right\rangle + \langle \psi | \hat{F} \frac{\partial |\psi\rangle}{\partial t} \\ &= \left\langle \frac{\partial \hat{F}}{\partial t} \right\rangle + \frac{1}{\mathrm{i}\hbar} \langle [\hat{F}, \hat{H}] \rangle, \end{aligned}$$

于是我们有

$$\frac{\mathrm{d}\langle F \rangle}{\mathrm{d}t} = \left\langle \frac{\partial \hat{F}}{\partial t} \right\rangle + \frac{1}{\mathrm{i}\hbar} \langle [\hat{F}, \hat{H}] \rangle. \tag{8.1.5}$$

这个结果被称为**广义埃伦菲斯特** (Ehrenfest) **定理**.

若 $\hat{F}$ 不显含时间 t, 则

$$\frac{\mathrm{d}\langle F \rangle}{\mathrm{d}t} = \frac{1}{\mathrm{i}\hbar} \langle [\hat{F}, \hat{H}] \rangle.$$

按照定义, 若 $\hat{F}$ 与 $\hat{H}$ 对易, 则力学量 F 为守恒量. 于是我们得出结论: **力学量 F 用算符 $\hat{F}$ 表示, 若 $\hat{F}$ 不显含时间, 且 $[\hat{F}, \hat{H}] = 0$, 则 F 为守恒量.**

8.1.4 时间平移不变性

如果哈密顿算符是含时的, 则我们仍然可以利用时间平移算符 $\hat{U}$ 写出薛定谔方程的形式解, 即

$$\psi(x,t)=\hat{U}\left(t,t_0\right)\psi\left(x,t_0\right),$$

但是 $\hat{U}(t)$ 不再采用 (8.1.2) 式的简单形式. 对于无穷小的时间间隔 δt, 有

$$\hat{U}\left(t_0+\delta t,t_0\right)\approx 1-\frac{\mathrm{i}}{\hbar}\hat{H}\left(t_0\right)\delta t.$$

时间平移不变性, 即时间演化与我们考虑的时间间隔无关. 换句话说, 对于任意选择的 t_1 和 t_2, 有

$$\hat{U}\left(t_1+\delta t,t_1\right)=\hat{U}\left(t_2+\delta t,t_2\right).$$

于是, 体系在 t_1 时刻从状态 $|\alpha\rangle$ 出发, 经过一段时间 δt 到达状态 $|\beta\rangle$, 与体系在 t_2 时刻从状态 $|\alpha\rangle$ 出发, 经过一段时间 δt 到达状态 $|\beta\rangle$ 是一样的. 例如, 假设实验条件相同, 那么我们在周一得到的实验结果应该与周二的相同. 可以看到这个结论成立的条件是 $\hat{H}\left(t_1\right)=\hat{H}\left(t_2\right)$, 而且这对所有的 t_1 和 t_2 都成立, 所以哈密顿算符必须是不含时的 (时间平移不变性成立), 即

$$\frac{\partial\hat{H}}{\partial t}=0.$$

这种情况下, 我们可以得出

$$\frac{\mathrm{d}}{\mathrm{d}t}\langle H\rangle=\frac{\mathrm{i}}{\hbar}\langle[\hat{H},\hat{H}]\rangle+\left\langle\frac{\partial\hat{H}}{\partial t}\right\rangle=0.$$

因此, 能量守恒是时间平移不变性的结果, 这个结论和经典力学中的一样.

8.2 空间平移变换

8.2.1 空间平移算符

定义空间平移算符 $\hat{T}(L)$, 使之满足

$$\hat{T}(L)\psi(x)=\psi(x-L). \tag{8.2.1}$$

$\hat{T}(L)$ 与动量算符密切相关, 它表示把波函数 $\psi(x)$ 移动一段距离 L, 可以用动量算

符来表示它. 为此, 我们将 (8.2.1) 式右边展开为泰勒级数, 因此

$$\begin{aligned}\hat{T}(L)\psi(x) = \psi(x-L) &= \sum_n \frac{1}{n!}(-L)^n \frac{\mathrm{d}^n}{\mathrm{d}x^n}\psi(x) \\ &= \sum_n \frac{1}{n!}\left(\frac{-\mathrm{i}L}{\hbar}\hat{p}\right)^n \psi(x).\end{aligned}$$

上式右边是指数函数, 于是我们有

$$\hat{T}(L) = \exp\left(-\frac{\mathrm{i}L}{\hbar}\hat{p}\right). \tag{8.2.2}$$

也就是说, 动量算符是空间平移算符的生成元.

8.2.2 空间平移对称性

我们已经讨论了在平移变换下波函数如何改变, 下面我们精确地解释对称性的概念. 如果系统的哈密顿算符在平移变换下保持不变, 即

$$\hat{H}' = \hat{T}^\dagger \hat{H}\hat{T} = \hat{H},$$

则系统是平移不变的, 或者说, 它具有平移对称性. 由于 $\hat{T}$ 是幺正算符, 因此将上式第二个等号两边同时左乘 $\hat{T}$, 可以得到

$$\hat{H}\hat{T} = \hat{T}\hat{H}.$$

所以, 如果系统的哈密顿算符与空间平移算符对易, 即

$$[\hat{H}, \hat{T}] = 0,$$

则系统具有平移对称性.

例如, 在一维势场中运动的质量为 m 的粒子的哈密顿算符为

$$\hat{H} = \frac{\hat{p}^2}{2m} + V(x).$$

空间平移变换后的哈密顿算符为

$$\hat{H}' = \frac{\hat{p}^2}{2m} + V(x+L).$$

因此, 平移对称性是指

$$V(x+L) = V(x).$$

现在, $V(x+L)=V(x)$ 可能出现两种截然不同的情况. 第一种情况是势场为一恒定值, 即 $V(x+L)=V(x)$ 对任意的 L 值都成立. 这种系统具有连续平移对称性. 第二种情况是势场具有周期性, 这时 $V(x+L)=V(x)$ 仅对一些离散的 L 值成立, 例如, 晶体中的电子就是这种情况. 这种系统具有离散平移对称性.

1. **离散平移对称性**

对于具有离散平移对称性的系统, 我们将得到著名的布洛赫 (Bloch) 定理, 该定理给出了系统定态波函数具有的一般形式. 如果哈密顿算符是平移不变的, 即它与平移算符对易, 那么哈密顿算符和平移算符具有共同本征态, 所以哈密顿算符的本征态 $\psi(x)$ 可以同时作为 $\hat{T}$ 的本征态, 即

$$\hat{H}\psi(x)=E\psi(x),\quad \hat{T}\psi(x)=\lambda\psi(x),$$

其中, λ 是 $\hat{T}$ 的本征值. 由于 $\hat{T}$ 是幺正算符, 因此其本征值的大小为 1. 因为

$$\hat{T}|\psi\rangle=\lambda|\psi\rangle,\quad \langle\psi|\hat{T}^{\dagger}=\lambda^{*}\langle\psi|,$$

所以

$$\langle\psi|\hat{T}^{\dagger}\hat{T}|\psi\rangle=|\lambda|^{2}\langle\psi|\psi\rangle,$$

因此可得 $|\lambda|^2=1$. 于是 λ 可以写成 $\lambda=\exp{(\mathrm{i}\varphi)}$, 其中, φ 为实数. 我们可以把 φ 写成 $\varphi=-qa$, 其中, $\hbar q$ 称为晶格动量. 因此, 在周期势场中运动的质量为 m 的粒子的定态波函数具有如下特性:

$$\psi(x-a)=\mathrm{e}^{-\mathrm{i}qa}\psi(x).$$

上式可以写成如下等价形式:

$$\psi(x)=\mathrm{e}^{\mathrm{i}qx}u(x),$$

其中, $u(x)$ 是 x 的周期函数, 即 $u(x+a)=u(x)$, $\exp{(\mathrm{i}qx)}$ 为波长等于 $2\pi/q$ 的行波. 周期势场中粒子的定态波函数等于周期函数乘上行波, 这就是**布洛赫定理**, 是固体能带论的理论基础.

2. **连续平移对称性与动量守恒**

如果系统具有连续平移对称性, 那么对于任意选择的 a 值, 系统的哈密顿算符与 $\hat{T}(a)$ 都对易. 在这种情况下, 考虑无限小平移

$$\hat{T}(\delta a)=\mathrm{e}^{-\mathrm{i}\delta a\hat{p}/\hbar}\approx 1-\mathrm{i}\frac{\delta a}{\hbar}\hat{p},$$

其中, δa 是一个无限小的长度, 即如果系统的哈密顿算符具有连续平移对称性, 那么它在包括无限小在内的任何平移下都保持不变. 也就意味着它与平移算符对易, 因此

$$[\hat{H},\hat{T}(\delta a)]=\left[\hat{H},1-\mathrm{i}\frac{\delta a}{\hbar}\hat{p}\right]=0,$$

可以得到

$$[\hat{H}, \hat{p}] = 0.$$

所以, 如果系统的哈密顿算符具有连续平移对称性, 那么它必须与动量算符对易. 推广到三维情况, 如果系统的哈密顿算符与动量算符对易, 那么

$$\frac{\mathrm{d}}{\mathrm{d}t}\langle \boldsymbol{p} \rangle = \frac{\mathrm{i}}{\hbar}\langle [\hat{H}, \hat{\boldsymbol{p}}] \rangle = 0.$$

这就是动量守恒的表述, 和经典力学中的结论一致, 对称意味着存在守恒定律. 在经典力学中, 只有空间的连续平移对称性, 而不存在离散平移对称性. 当然, 如果讨论的是质量为 m 的单粒子在势场 $V(x)$ 中的运动, 那么唯一具有连续平移对称性的势场就是恒定势场, 因此该粒子等同于自由粒子.

8.3 空间旋转变换

8.3.1 空间旋转算符

我们首先讨论绕 z 轴的旋转算符. 将波函数绕 z 轴旋转一定角度 φ 的算符 $\hat{R}_z(\varphi)$ 满足

$$\hat{R}_z(\varphi)\psi(r, \theta, \phi) = \psi'(r, \theta, \phi) = \psi(r, \theta, \phi - \varphi),$$

且 $\hat{R}_z(\varphi)$ 与角动量的 z 分量密切相关. 同 (8.2.2) 式的推导过程相似, 我们可得

$$\hat{R}_z(\varphi) = \exp\left(-\frac{\mathrm{i}\varphi}{\hbar}\hat{L}_z\right). \tag{8.3.1}$$

也就是说, $\hat{L}_z$ 是绕 z 轴的旋转算符的生成元.

接下来研究算符 $\boldsymbol{r}$ 和 $\hat{\boldsymbol{p}}$ 在旋转下如何变换. 我们使用算符的无穷小形式:

$$\hat{R}_z(\delta\varphi) \approx 1 - \frac{\mathrm{i}\delta\varphi}{\hbar}\hat{L}_z.$$

这样, 算符 x 变换为

$$\begin{aligned} x' = \hat{R}_z^\dagger x \hat{R}_z &\approx \left(1 + \frac{\mathrm{i}\delta\varphi}{\hbar}\hat{L}_z\right) x \left(1 - \frac{\mathrm{i}\delta\varphi}{\hbar}\hat{L}_z\right) \\ &\approx x + \frac{\mathrm{i}\delta\varphi}{\hbar}[\hat{L}_z, x] \approx x - \delta\varphi y. \end{aligned}$$

同理可得, $y' \approx y + \delta\varphi x$ 和 $z' = z$. 把这些结果组合起来, 可以构成一个矩阵方程:

$$\begin{pmatrix} x' \\ y' \\ z' \end{pmatrix} = \begin{pmatrix} 1 & -\delta\varphi & 0 \\ \delta\varphi & 1 & 0 \\ 0 & 0 & 1 \end{pmatrix} \begin{pmatrix} x \\ y \\ z \end{pmatrix}.$$

这是以下旋转变换的最低级近似:

$$\begin{pmatrix} x' \\ y' \\ z' \end{pmatrix} = \begin{pmatrix} \cos\delta\varphi & -\sin\delta\varphi & 0 \\ \sin\delta\varphi & \cos\delta\varphi & 0 \\ 0 & 0 & 1 \end{pmatrix} \begin{pmatrix} x \\ y \\ z \end{pmatrix}.$$

接下来讨论一般的空间旋转. 显而易见, (8.3.1) 式可以推广到以单位矢量 $\boldsymbol{n}$ 为轴的任意方向旋转:

$$\hat{R}_n(\varphi) = \exp\left(-\frac{\mathrm{i}\varphi}{\hbar}\boldsymbol{n}\cdot\hat{\boldsymbol{L}}\right). \tag{8.3.2}$$

正如线动量是平移算符的生成元一样, 角动量也是旋转算符的生成元. 我们把与位置算符旋转变换方式相同的任何算符都称为矢量算符. "变换方式相同" 是指 $\boldsymbol{A}' = R\boldsymbol{A}$, 其中, R 与 $\boldsymbol{r}' = R\boldsymbol{r}$ 中的 R 是同一个矩阵. 特别是, 对于绕 z 轴的旋转, 有

$$\begin{pmatrix} \hat{A}'_x \\ \hat{A}'_y \\ \hat{A}'_z \end{pmatrix} = \begin{pmatrix} \cos\varphi & -\sin\varphi & 0 \\ \sin\varphi & \cos\varphi & 0 \\ 0 & 0 & 1 \end{pmatrix} \begin{pmatrix} \hat{A}_x \\ \hat{A}_y \\ \hat{A}_z \end{pmatrix}.$$

这种变换规则源自对易关系

$$[\hat{L}_i, \hat{A}_j] = \mathrm{i}\hbar\varepsilon_{ijk}\hat{A}_k, \tag{8.3.3}$$

其中, ε_{ijk} 是一个三阶反对称张量, 定义如下:

$$\varepsilon_{ijk} = -\varepsilon_{jik} = -\varepsilon_{ikj}, \quad \varepsilon_{123} = 1,$$

这里, $i, j, k = 1, 2, 3$. ε_{ijk} 对于任何两个指标对换, 都要改变正负号. 因此, 若有两个指标相同, 则为 0, 例如, $\varepsilon_{112} = \varepsilon_{121} = 0$. 我们可以把 (8.3.3) 式作为矢量算符的定义. 目前, 我们已经遇到了 $\boldsymbol{r}$, $\hat{\boldsymbol{p}}$ 和 $\hat{\boldsymbol{L}}$ 三个矢量算符, 它们满足

$$[\hat{L}_i, r_j] = \mathrm{i}\hbar\varepsilon_{ijk}r_k, \quad [\hat{L}_i, \hat{p}_j] = \mathrm{i}\hbar\varepsilon_{ijk}\hat{p}_k, \quad [\hat{L}_i, \hat{L}_j] = \mathrm{i}\hbar\varepsilon_{ijk}\hat{L}_k.$$

标量算符 $\hat{F}$ 是一个简单的量, 它在旋转变换下不变. 这就是说, 标量算符和角动量算符 $\hat{\boldsymbol{L}}$ 对易, 即

$$[\hat{L}_i, \hat{F}] = 0,$$

现在我们可以根据算符与 $\hat{\boldsymbol{L}}$ 的对易关系 (它们在旋转操作下如何变换) 将其分为标量算符和矢量算符.

8.3.2 空间连续旋转对称性

一个质量为 m 的粒子在势场 $V(\boldsymbol{r})$ 中运动, 其哈密顿算符为

$$\hat{H} = \frac{\hat{p}^2}{2m} + V(\boldsymbol{r}).$$

如果 $V(\boldsymbol{r}) = V(r)$, 则其哈密顿算符具有旋转不变性 (中心势场). 在这种情况下, 哈密顿算符与绕任意轴和任意角度的旋转算符都对易, 即

$$[\hat{H}, \hat{R}_n(\varphi)] = 0.$$

特别是, 对于无限小角度的旋转, 有

$$\hat{R}_n(\delta\varphi) \approx 1 - \frac{\mathrm{i}\delta\varphi}{\hbar}\boldsymbol{n}\cdot\hat{\boldsymbol{L}},$$

这将导致哈密顿算符与 $\hat{\boldsymbol{L}}$ 的三个分量对易, 因此也与 $\hat{\boldsymbol{L}}$ 对易, 即

$$[\hat{H}, \hat{\boldsymbol{L}}] = 0.$$

对于中心势场, 由 $[\hat{H}, \hat{\boldsymbol{L}}] = 0$ 和埃伦菲斯特定理, 可得

$$\frac{\mathrm{d}}{\mathrm{d}t}\langle \boldsymbol{L}\rangle = \frac{\mathrm{i}}{\hbar}\langle[\hat{H}, \hat{\boldsymbol{L}}]\rangle = 0.$$

因此角动量守恒是旋转不变性的结果. 这个结果和经典力学中的结果完全一致. 角动量守恒还意味着概率分布 (角动量的每个分量) 与时间无关.

8.4 宇 称 变 换

前面几节我们得到了与经典力学中完全相同的结果: 能量守恒、动量守恒和角动量守恒分别与体系的时间平移对称性、空间连续平移对称性和空间旋转对称性有关. 本节我们讨论量子力学中特有的一个对称性 —— 宇称, 这是量子力学中离散对称性的一个显著例子.

8.4.1 宇称算符

空间反演变换是通过宇称算符 $\hat{\mathcal{P}}$ 来实现的. 在一维情况下, 有

$$\hat{\mathcal{P}}\psi(x) = \psi'(x) = \psi(-x).$$

一般情况下, 宇称算符的空间反演是

$$\hat{\mathcal{P}}\psi(\boldsymbol{r}) = \psi'(\boldsymbol{r}) = \psi(-\boldsymbol{r}).$$

显然, 宇称算符的逆算符是它自身: $\hat{\mathcal{P}}^{-1}=\hat{\mathcal{P}}$. 在前面章节的例题中, 我们证明过宇称算符是厄米算符: $\hat{\mathcal{P}}^{\dagger}=\hat{\mathcal{P}}$. 综上所述, 宇称算符是幺正算符:

$$\hat{\mathcal{P}}^{-1}=\hat{\mathcal{P}}=\hat{\mathcal{P}}^{\dagger}.$$

在空间反演下, 算符 $\hat{Q}$ 变换为

$$\hat{Q}'=\hat{\mathcal{P}}^{\dagger}\hat{Q}\hat{\mathcal{P}}.$$

位置算符和动量算符是 "奇宇称":

$$\boldsymbol{r}'=\hat{\mathcal{P}}^{\dagger}\boldsymbol{r}\hat{\mathcal{P}}=-\boldsymbol{r},$$
$$\hat{\boldsymbol{p}}'=\hat{\mathcal{P}}^{\dagger}\hat{\boldsymbol{p}}\hat{\mathcal{P}}=-\hat{\boldsymbol{p}}.$$

任意算符变换为

$$\hat{Q}'(\boldsymbol{r},\hat{\boldsymbol{p}})=\hat{\mathcal{P}}^{\dagger}\hat{Q}(\boldsymbol{r},\hat{\boldsymbol{p}})\hat{\mathcal{P}}=\hat{Q}(-\boldsymbol{r},-\hat{\boldsymbol{p}}).$$

例如, 角动量算符 $\hat{\boldsymbol{L}}$ 在宇称变换下变为

$$\hat{\boldsymbol{L}}'=\hat{\mathcal{P}}^{\dagger}(\boldsymbol{r}\times\hat{\boldsymbol{p}})\hat{\mathcal{P}}=\hat{\boldsymbol{L}}.$$

如果系统的哈密顿算符在宇称变换下保持不变, 即

$$\hat{H}'=\hat{\mathcal{P}}^{\dagger}\hat{H}\hat{\mathcal{P}}=\hat{H},$$

则其具有空间反演对称性. 利用宇称算符的幺正性, 可得

$$[\hat{H},\hat{\mathcal{P}}]=0.$$

考虑处于一维势场 $V(x)$ 中的一个质量为 m 的粒子, 则空间反演对称性表明势场是位置的偶函数:

$$V(x)=V(-x).$$

空间反演对称性有两个含义: 首先, 可以找到 $\hat{\mathcal{P}}$ 和 $\hat{H}$ 的一组完备的共同本征态. 把这样的本征态写成 ψ_n, 则其满足

$$\hat{\mathcal{P}}\psi_n(x)=\psi_n(-x)=\pm\psi_n(x),$$

因此, 若势场是位置的偶函数, 则其定态波函数本身就是偶函数或奇函数. 这个性质在一维线性谐振子、无限深方势阱 (如果原点位于势阱中心) 中已经得到证明了. 其次, 根据广义埃伦菲斯特定理, 如果哈密顿算符具有空间反演对称性, 则有

$$\frac{\mathrm{d}}{\mathrm{d}t}\langle\mathcal{P}\rangle=\frac{\mathrm{i}}{\hbar}\langle[\hat{H},\hat{\mathcal{P}}]\rangle=0.$$

所以, 对于处于对称势场中的粒子, 其宇称守恒. 不仅是期望值, 还包括测量中任何给定结果的概率都是守恒的. 宇称守恒是指, 若处于势场中的粒子波函数在 $t=0$ 时刻为偶函数 (奇函数), 那么在以后的任何时刻它都将是偶函数 (奇函数).

在三维空间中, 如果势场满足 $V(\boldsymbol{r})=V(-\boldsymbol{r})$, 则在 $V(\boldsymbol{r})$ 中运动的一个质量为 m 的粒子的哈密顿算符具有反演对称性. 任意中心势场都满足这一条件. 与一维情况一样, 此类系统是宇称守恒的, 并且哈密顿算符的本征态可选为其与宇称算符的共同本征态. 中心势场中粒子的本征态 $\psi_{nlm}(r,\theta,\varphi)=R_{nl}(r)Y_{lm}(\theta,\varphi)$ 是宇称算符的本征态, 即

$$\hat{\mathcal{P}}\psi_{nlm}(r,\theta,\varphi)=(-1)^l\psi_{nlm}(r,\theta,\varphi).$$

8.4.2 宇称选择定则

对称性对于分析量子跃迁问题非常有用. 根据所讨论问题的对称性, 选择定则会告诉我们矩阵元何时为零. 我们知道, 矩阵元是形式为 $\langle b|\hat{Q}|a\rangle$ 的任何对象, 而期望值是在 $a=b=\psi$ 的情况下的特殊矩阵元. 在量子力学中, 最重要的是电偶极矩算符 $\hat{\boldsymbol{p}}_e=q\boldsymbol{r}$ 的选择定则.

电偶极矩算符是粒子的电荷 q 乘以它的位置算符 $\boldsymbol{r}$. 此算符的选择定则决定了哪些原子能级间的跃迁是允许的, 哪些是禁戒的 (见第十章). 由于位置算符 $\boldsymbol{r}$ 为奇函数, 因此电偶极矩算符具有奇宇称:

$$\hat{\mathcal{P}}^\dagger\hat{\boldsymbol{p}}_e\hat{\mathcal{P}}=-\hat{\boldsymbol{p}}_e.$$

现在, 考虑电偶极矩算符在两个状态 $|\psi_{nlm}\rangle$ 和 $|\psi_{n'l'm'}\rangle$ 之间的矩阵元. 我们有

$$\begin{aligned}\langle n'l'm'|\hat{\boldsymbol{p}}_e|nlm\rangle&=-\langle n'l'm'|\hat{\mathcal{P}}^\dagger\hat{\boldsymbol{p}}_e\hat{\mathcal{P}}|nlm\rangle\\&=-\langle n'l'm'|(-1)^{l'}\hat{\boldsymbol{p}}_e(-1)^l|nlm\rangle\\&=(-1)^{l+l'+1}\langle n'l'm'|\hat{\boldsymbol{p}}_e|nlm\rangle.\end{aligned}$$

由此可得, 当 $l+l'$ 为偶数时, 有

$$\langle n'l'm'|\hat{\boldsymbol{p}}_e|nlm\rangle=0.$$

这表明电偶极矩算符在相同宇称状态间的跃迁矩阵元恒为零. 也就是说, 电偶极跃迁无法在两个相同宇称状态间发生.

例 1 对于自旋为 1/2 的粒子, 只考虑自旋自由度并取 $\hbar=1$. 绕 y 轴旋转 $\pi/2$ 角的旋转算符为

$$\hat{R}_y(\pi/2) = \mathrm{e}^{-\mathrm{i}\frac{\pi}{2}\hat{S}_y} = \mathrm{e}^{-\mathrm{i}\frac{\pi}{4}\hat{\sigma}_y}.$$

试对于 $\sigma_z = \pm 1$ 的本征态 $\chi_{\pm\frac{1}{2}}$ 计算 $\hat{R}_y(\pi/2)\chi_{\frac{1}{2}}$, $\hat{R}_y(\pi/2)\chi_{-\frac{1}{2}}$, 并解释其含义.

解答 $\hat{R}_y(\pi/2)$ 可以表示成

$$\hat{R}_y(\pi/2) = \frac{1}{\sqrt{2}}(1 - \mathrm{i}\hat{\sigma}_y),$$

因此

$$\hat{R}_y(\pi/2)\chi_{\frac{1}{2}} = \frac{1}{\sqrt{2}}\left(\chi_{\frac{1}{2}} + \chi_{-\frac{1}{2}}\right) = \frac{1}{\sqrt{2}}\begin{pmatrix}1\\1\end{pmatrix},$$

$$\hat{R}_y(\pi/2)\chi_{-\frac{1}{2}} = \frac{1}{\sqrt{2}}\left(\chi_{-\frac{1}{2}} - \chi_{\frac{1}{2}}\right) = -\frac{1}{\sqrt{2}}\begin{pmatrix}1\\-1\end{pmatrix}.$$

上面两个式子正是 $\sigma_x = \pm 1$ 的自旋波函数. 从几何上说, 绕 y 轴旋转 $\pi/2$ 角, 则 z 轴变成 x 轴, $-z$ 轴变成 $-x$ 轴, 故 $\sigma_z = \pm 1$ 的本征态变成 $\sigma_x = \pm 1$ 的本征态.

例 2 已知二能级体系的两个本征态为 $|a\rangle$, $|b\rangle$, 描述体系的哈密顿算符为

$$\hat{H} = -\frac{\hbar\Omega_{\mathrm{R}}}{2}(|a\rangle\langle b| + |b\rangle\langle a|),$$

其中, Ω_{R} 为一个常量. 求该体系的时间演化算符和任意时刻 t 的本征态.

解答 直接计算可得

$$\hat{H}^{2n} = \left(\frac{\hbar\Omega_{\mathrm{R}}}{2}\right)^{2n}(|a\rangle\langle a| + |b\rangle\langle b|)^n,$$

$$\hat{H}^{2n+1} = -\left(\frac{\hbar\Omega_{\mathrm{R}}}{2}\right)^{2n+1}(|a\rangle\langle b| + |b\rangle\langle a|).$$

于是有

$$\hat{U}_{\mathrm{I}}(t) = \cos\frac{\Omega_{\mathrm{R}}t}{2}(|a\rangle\langle a| + |b\rangle\langle b|) + \mathrm{i}\sin\frac{\Omega_{\mathrm{R}}t}{2}(|a\rangle\langle b| + |b\rangle\langle a|).$$

若体系的初态为 $|\psi(0)\rangle \equiv |a\rangle$, 则

$$|\psi(t)\rangle = \hat{U}_{\mathrm{I}}(t)|a\rangle = \cos\frac{\Omega_{\mathrm{R}}t}{2}\cdot|a\rangle + \mathrm{i}\sin\frac{\Omega_{\mathrm{R}}t}{2}\cdot|b\rangle.$$

例 3 一个质量为 m 的粒子在谐振子势中做一维运动, 其哈密顿算符为

$$\hat{H} = \frac{\hat{p}^2}{2m} + \frac{1}{2}m\omega^2 x^2.$$

在海森伯绘景中, 求时刻 t 的位置算符.

解答 考虑 x_H 作用在定态 ψ_n 上. 引入 ψ_n 使得我们可以用数值 $\exp(-\mathrm{i}E_n t/\hbar)$ 替换算符 $\exp(-\mathrm{i}\hat{H}t/\hbar)$. 将 x 写成升降算符的形式, 有

$$\begin{aligned}
x_H(t)\psi_n(x) &= \hat{U}^\dagger(t)x\hat{U}(t)\psi_n(x) \\
&= \mathrm{e}^{\mathrm{i}\hat{H}t/\hbar}\sqrt{\frac{\hbar}{2m\omega}}\left(\hat{a}^\dagger + \hat{a}\right)\mathrm{e}^{-\mathrm{i}\hat{H}t/\hbar}\psi_n(x) \\
&= \sqrt{\frac{\hbar}{2m\omega}}\mathrm{e}^{-\mathrm{i}E_n t/\hbar}\mathrm{e}^{\mathrm{i}\hat{H}t/\hbar}\left(\hat{a}^\dagger + \hat{a}\right)\psi_n(x) \\
&= \sqrt{\frac{\hbar}{2m\omega}}\mathrm{e}^{-\mathrm{i}E_n t/\hbar}\mathrm{e}^{\mathrm{i}\hat{H}t/\hbar}\left[\sqrt{n+1}\psi_{n+1}(x) + \sqrt{n}\psi_{n-1}(x)\right] \\
&= \sqrt{\frac{\hbar}{2m\omega}}\mathrm{e}^{-\mathrm{i}E_n t/\hbar}[\sqrt{n+1}\mathrm{e}^{\mathrm{i}E_{n+1}t/\hbar}\psi_{n+1}(x) + \sqrt{n}\mathrm{e}^{\mathrm{i}E_{n-1}t/\hbar}\psi_{n-1}(x)] \\
&= \sqrt{\frac{\hbar}{2m\omega}}\left[\sqrt{n+1}\mathrm{e}^{\mathrm{i}\omega t}\psi_{n+1}(x) + \sqrt{n}\mathrm{e}^{-\mathrm{i}\omega t}\psi_{n-1}(x)\right],
\end{aligned}$$

因此

$$x_H(t) = \sqrt{\frac{\hbar}{2m\omega}}\left(\mathrm{e}^{\mathrm{i}\omega t}\hat{a}^\dagger + \mathrm{e}^{-\mathrm{i}\omega t}\hat{a}\right).$$

或者, 用 x 和 $\hat{p}$ 表示为

$$x_H(t) = x_H(0)\cos\omega t + \frac{1}{m\omega}\hat{p}_H(0)\sin\omega t.$$

可以看出海森伯绘景中的算符满足谐振子系统的经典运动方程.

习　题

1. 在一维势场中运动的粒子, 势能相对于原点对称: $U(-x) = U(x)$, 证明粒子的定态波函数具有确定的宇称.

2. 自旋态的旋转可由与 (8.3.2) 式相同的表达式给出, 即

$$\hat{R}_n(\varphi) = \exp\left(-\mathrm{i}\frac{\varphi}{\hbar}\boldsymbol{n}\cdot\hat{\boldsymbol{S}}\right),$$

可以看出, 上式中用自旋角动量算符代替了轨道角动量算符. 本题将考虑自旋为 $-1/2$ 的自旋态的旋转.

(1) 证明

$$(\boldsymbol{a}\cdot\hat{\boldsymbol{\sigma}})(\boldsymbol{b}\cdot\hat{\boldsymbol{\sigma}})=\boldsymbol{a}\cdot\boldsymbol{b}+\mathrm{i}(\boldsymbol{a}\times\boldsymbol{b})\cdot\hat{\boldsymbol{\sigma}},$$

其中, $\hat{\sigma}_i$ 是泡利自旋矩阵, $\boldsymbol{a}$ 和 $\boldsymbol{b}$ 为普通的矢量.

(2) 利用 (1) 的结果证明

$$\exp\left(-\mathrm{i}\frac{\varphi}{\hbar}\boldsymbol{n}\cdot\hat{\boldsymbol{S}}\right)=\cos\frac{\varphi}{2}-\mathrm{i}\sin\frac{\varphi}{2}\boldsymbol{n}\cdot\hat{\boldsymbol{\sigma}}.$$

回顾一下 $\hat{\boldsymbol{S}}=\dfrac{\hbar}{2}\hat{\boldsymbol{\sigma}}$.

(3) 证明在沿着 z 轴自旋向上和自旋向下的标准基下, (2) 的结果变为如下矩阵:

$$R_n=\cos\frac{\varphi}{2}\begin{pmatrix}1&0\\0&1\end{pmatrix}-\mathrm{i}\sin\frac{\varphi}{2}\begin{pmatrix}\cos\theta&\sin\theta\mathrm{e}^{-\mathrm{i}\phi}\\\sin\theta\mathrm{e}^{\mathrm{i}\phi}&-\cos\theta\end{pmatrix},$$

其中, θ 和 ϕ 是描述转轴的单位矢量 $\boldsymbol{n}$ 的极坐标.

(4) 证明 (3) 中的矩阵 R_n 是幺正矩阵.

(5) 直接计算矩阵 $S_x'=R^\dagger S_xR$, 其中, R 表示绕 z 轴旋转 φ 角.

(6) 构建一个绕 x 轴旋转 π 角的矩阵, 证明它可以把自旋向上变为自旋向下.

(7) 求出描述绕 z 轴旋转 2π 角的矩阵.

3. 考虑一维自由粒子, 其哈密顿算符为 $\hat{H}=\hat{p}^2/(2m)$. 该哈密顿算符同时具有平移对称性和反演对称性.

(1) 证明平移对称性和反演对称性不对易.

(2) 根据平移对称性, $\hat{H}$ 的本征态可以作为动量算符的共同本征态, 即 $f_{\hat{\boldsymbol{p}}}(x)$. 证明如果宇称算符使得 $f_{\hat{\boldsymbol{p}}}(x)$ 变为 $f_{-\hat{\boldsymbol{p}}}(x)$, 则这两个状态的能量一定相同.

(3) 根据反演对称性, $\hat{H}$ 的本征态可以作为宇称算符的共同本征态, 即 $\dfrac{1}{\sqrt{\pi\hbar}}\cos\dfrac{px}{\hbar}$ 和 $\dfrac{1}{\sqrt{\pi\hbar}}\sin\dfrac{px}{\hbar}$. 证明平移算符将这两个状态混合在一起, 因此它们必须是简并的.

4. 对于任意矢量算符 $\hat{\boldsymbol{V}}$, 可以定义升降算符

$$\hat{V}_\pm=\hat{V}_x\pm\mathrm{i}\hat{V}_y.$$

(1) 证明

$$[\hat{L}_z,\hat{V}_\pm]=\pm\hbar\hat{V}_\pm,$$
$$[\hat{L}^2,\hat{V}_\pm]=2\hbar^2\hat{V}_\pm\pm2\hbar\hat{V}_\pm\hat{L}_z\mp2\hbar\hat{V}_z\hat{L}_\pm.$$

(2) 证明如果 ψ 为 $\hat{L}^2$ 和 $\hat{L}_z$ 的共同本征态, 对应的本征值分别为 $l(l+1)\hbar^2$ 和 $l\hbar$, 则 $\hat{V}_+\psi$ 要么为零要么也是 $\hat{L}^2$ 和 $\hat{L}_z$ 的共同本征态, 对应的本征值分别为

$(l+1)(l+2)\hbar^2$ 和 $(l+1)\hbar$. 这意味着算符 $\hat{V}_+$ 作用在具有最大值 $m_l=l$ 的状态时, 该状态的量子数 l 和 m_l 要么同时提升 1, 要么被破坏.

5. (1) “真” 标量算符在宇称变换下是不变的, 即

$$\hat{\mathcal{P}}^\dagger \hat{f} \hat{\mathcal{P}} = \hat{f},$$

然而, “赝” 标量算符在宇称变换下改变符号. 证明对于 “真” 标量算符, 有 $[\hat{\mathcal{P}}, \hat{f}]=0$, 对于 “赝” 标量算符, 有 $\{\hat{\mathcal{P}}, \hat{f}\} = \hat{\mathcal{P}}\hat{f} + \hat{f}\hat{\mathcal{P}} = 0$.

(2) 类似地, “真” 矢量算符在宇称变换下改变符号, 即 $\hat{\mathcal{P}}^\dagger \hat{\boldsymbol{V}} \hat{\mathcal{P}} = -\hat{\boldsymbol{V}}$, 而 “赝” 矢量算符在宇称变换下是不变的. 证明对于 “真” 矢量算符, 有 $\{\hat{\mathcal{P}}, \hat{\boldsymbol{V}}\}=0$, 对于 “赝” 矢量算符, 有 $[\hat{\mathcal{P}}, \hat{\boldsymbol{V}}]=0$.

6. 本题中我们设 $\hbar=1$. 通过自旋轨道耦合, 一个电中性的自旋为 1/2 的粒子可以被耦合到一个外加电场 $\boldsymbol{E}$ 上, 其哈密顿算符为

$$\hat{H}_{\mathrm{SO}} = \gamma \hat{\boldsymbol{S}} \cdot (\hat{\boldsymbol{p}} \times \boldsymbol{E}),$$

其中, $\hat{\boldsymbol{S}}$ 是自旋算符, $\hat{\boldsymbol{p}}$ 是线性动量算符, γ 是耦合常数. 我们接下来研究这种耦合对于在简谐势中运动的中性粒子的能谱的影响. 粒子的哈密顿算符为

$$\hat{H} = \hat{H}_0 + \hat{H}_{\mathrm{SO}},$$

其中, $\hat{H}_0 = \dfrac{\hat{p}^2}{2m} + \dfrac{1}{2}m\omega^2 r^2$. 等价于在 x, y 和 z 三个方向独立的谐振子, 因此其本征态可以被标记为 $|n_x n_y n_z s_z\rangle$, 其中, $n_{x,y,z}=0,1,2,\cdots$ 表示占据数, $s_z=\pm 1/2$, 其能级为 $E_{n_x n_y n_z s_z} = \omega N + \dfrac{3}{2}$, 其中, $N = n_x + n_y + n_z$. 已知对于三维各向同性谐振子, 其轨道角量子数 $l = N, N-2, N-4, \cdots, 1$ (N 为奇数) 或 0 (N 为偶数).

(1) 不考虑自旋自由度, 设 $\gamma=0$, $N=1$. 利用 $N=1$ 情形下的三个本征态作为基矢, 求算符 $\hat{l}_z = \mathrm{i}\left(\hat{a}_y^\dagger \hat{a}_x - \hat{a}_x^\dagger \hat{a}_y\right)$ 的矩阵表示, 其中, $\hat{a}_{x,y,z}$ 是每个谐振子的湮灭算符.

(2) 题设同 (1), 求 $\hat{l}_z$ 的本征值和对应的本征矢量 $|N=1, l=1, m\rangle$.

(3) 考虑宇称变换

$$\hat{I}: \boldsymbol{r} \to -\boldsymbol{r},\ \hat{\boldsymbol{p}} \to -\hat{\boldsymbol{p}},\ \hat{\boldsymbol{S}} \to \hat{\boldsymbol{S}},$$

且其满足 $\hat{I}^2=1$. 在角动量基矢 $|Nlms_z\rangle$ 下, 已知 $\hat{I}\,|Nlms_z\rangle = (-1)^l\,|Nlms_z\rangle$. 证明 $\langle Nlms_z|\hat{H}_{\mathrm{SO}}|Nlm's_z'\rangle = 0$.

第九章 微 扰 理 论

在利用薛定谔方程解决实际问题的过程中, 事实上我们能够精确解析求解的问题少之又少, 所碰到的大多数问题都无法给出精确解析解, 也就是说, 需要在一定的物理条件下, 做出合理的近似从而给出薛定谔方程的近似解. 微扰理论就是这样一种非常有效的处理实际问题的近似方法. 微扰理论一般分为两类: 处理定态薛定谔方程的定态微扰理论和处理含时跃迁问题的含时微扰理论.

9.1 非简并定态微扰理论

9.1.1 一般公式表达

假设对于某些势场, 例如, 一维无限深势阱, 我们已经解出了 (定态) 薛定谔方程, 即已知

$$\hat{H}_0|\psi_n^0\rangle = E_n^0|\psi_n^0\rangle,$$

从而可以得到一组正交完备的本征态 $|\psi_n^0\rangle$ (对应的能量本征值为 E_n^0), 它们满足

$$\langle\psi_n^0 \mid \psi_m^0\rangle = \delta_{nm}.$$

现在我们对这个势阱进行微小扰动, 期望可以找到新的本征态和本征值, 此时, 薛定谔方程为

$$\hat{H}|\psi_n\rangle = E_n|\psi_n\rangle. \tag{9.1.1}$$

对于一般的复杂势场, 我们无法精确求解薛定谔方程, 因此必须借助近似解法. 微扰理论是一套系统的理论, 它可以利用已得的无微扰时的精确解求出有微扰时的近似解.

首先, 我们将哈密顿算符写成两项之和:

$$\hat{H} = \hat{H}_0 + \lambda\hat{H}', \tag{9.1.2}$$

其中, $\hat{H}'$ 是微扰, 下标 0 表示无微扰下的物理量, 参数 λ 是为了求解问题方便而引入的一个参数. 此时, 我们将 λ 取为一个很小的数, 稍后我们会将它取为 1, 那时 $\hat{H}$

将成为真实的哈密顿算符. 下面我们把 $|\psi_n\rangle$ 和 E_n 展开为 λ 的幂级数:

$$\begin{aligned}|\psi_n\rangle &= |\psi_n^0\rangle + \lambda|\psi_n^1\rangle + \lambda^2|\psi_n^2\rangle + \cdots,\\ E_n &= E_n^0 + \lambda E_n^1 + \lambda^2 E_n^2 + \cdots,\end{aligned} \tag{9.1.3}$$

其中, E_n^1 为第 n 个本征值的一级修正, $|\psi_n^1\rangle$ 为第 n 个本征态的一级修正, E_n^2 和 $|\psi_n^2\rangle$ 为二级修正, 以此类推, E_n^0 和 $|\psi_n^0\rangle$ 为无微扰下的物理量. 将 (9.1.2) 式和 (9.1.3) 式代入 (9.1.1) 式, 可得

$$\begin{aligned}&(\hat{H}_0 + \lambda\hat{H}')\left(|\psi_n^0\rangle + \lambda|\psi_n^1\rangle + \lambda^2|\psi_n^2\rangle + \cdots\right)\\ &= \left(E_n^0 + \lambda E_n^1 + \lambda^2 E_n^2 + \cdots\right)\left(|\psi_n^0\rangle + \lambda|\psi_n^1\rangle + \lambda^2|\psi_n^2\rangle + \cdots\right),\end{aligned}$$

上式可以改写为 (将 λ 幂次相同的项合并)

$$\begin{aligned}&\hat{H}_0|\psi_n^0\rangle + \lambda(\hat{H}_0|\psi_n^1\rangle + \hat{H}'|\psi_n^0\rangle) + \lambda^2(\hat{H}_0|\psi_n^2\rangle + \hat{H}'|\psi_n^1\rangle) + \cdots\\ &= E_n^0|\psi_n^0\rangle + \lambda\left(E_n^0|\psi_n^1\rangle + E_n^1|\psi_n^0\rangle\right) + \lambda^2\left(E_n^0|\psi_n^2\rangle + E_n^1|\psi_n^1\rangle + E_n^2|\psi_n^0\rangle\right) + \cdots.\end{aligned}$$

对于零级 (λ^0) 项, 有 $\hat{H}_0|\psi_n^0\rangle = E_n^0|\psi_n^0\rangle$, 这就是无微扰时的定态薛定谔方程. 对于一级 (λ^1) 项, 有

$$\hat{H}_0|\psi_n^1\rangle + \hat{H}'|\psi_n^0\rangle = E_n^0|\psi_n^1\rangle + E_n^1|\psi_n^0\rangle. \tag{9.1.4}$$

对于二级 (λ^2) 项, 有

$$\hat{H}_0|\psi_n^2\rangle + \hat{H}'|\psi_n^1\rangle = E_n^0|\psi_n^2\rangle + E_n^1|\psi_n^1\rangle + E_n^2|\psi_n^0\rangle. \tag{9.1.5}$$

以此类推. 最后, 我们把 λ 取为 1.

9.1.2 一级近似理论

将 $|\psi_n^0\rangle$ 与 (9.1.4) 式进行内积运算, 可得

$$\langle\psi_n^0 \mid \hat{H}_0 \mid \psi_n^1\rangle + \langle\psi_n^0 \mid \hat{H}' \mid \psi_n^0\rangle = E_n^0\left\langle\psi_n^0 \mid \psi_n^1\right\rangle + E_n^1\left\langle\psi_n^0 \mid \psi_n^0\right\rangle.$$

因为 $\hat{H}_0$ 为厄米算符, 所以

$$\langle\psi_n^0 \mid \hat{H}_0 \mid \psi_n^1\rangle = \left\langle\psi_n^0 \mid E_n^0 \mid \psi_n^1\right\rangle = E_n^0\left\langle\psi_n^0 \mid \psi_n^1\right\rangle,$$

又因为 $\left\langle\psi_n^0 \mid \psi_n^0\right\rangle = 1$, 所以

$$E_n^1 = \langle\psi_n^0|\hat{H}'|\psi_n^0\rangle. \tag{9.1.6}$$

这就是一级近似理论的一个最基本的结果, 也是量子力学中的微扰理论最重要的方程之一. 它说明能量的一级修正就是微扰在无微扰态中的期望值.

为了找到能量本征态的一级修正, 我们首先重写 (9.1.4) 式:

$$(\hat{H}_0 - E_n^0)|\psi_n^1\rangle = -(\hat{H}' - E_n^1)|\psi_n^0\rangle. \tag{9.1.7}$$

(9.1.7) 式右边是已知函数, 所以它是关于 $|\psi_n^1\rangle$ 的非齐次微分方程. 因为无微扰的本征态 $|\psi_m^0\rangle$ 是完备的, 所以 $|\psi_n^1\rangle$ 可以表示为它们的线性组合:

$$|\psi_n^1\rangle = \sum_{m\neq n} c_m^{(n)}|\psi_m^0\rangle. \tag{9.1.8}$$

求和时没有必要包含 $m = n$ 项, 因为, 如果 $|\psi_n^1\rangle$ 满足 (9.1.7) 式, 则对于任意 α, $|\psi_n^1\rangle + \alpha|\psi_n^0\rangle$ 亦满足 (9.1.7) 式. 我们可以利用这个结果将 $|\psi_n^0\rangle$ 项去掉. 如果我们确定了系数 $c_m^{(n)}$, 那么问题也就得到了解决. 现在, 将 (9.1.8) 式代入 (9.1.7) 式, 并利用 $|\psi_m^0\rangle$ 满足无微扰薛定谔方程的事实, 可以得到

$$\sum_{m\neq n}\left(E_m^0 - E_n^0\right)c_m^{(n)}|\psi_m^0\rangle = -(\hat{H}' - E_n^1)|\psi_n^0\rangle.$$

取 $|\psi_l^0\rangle$ 与上式的内积, 可得

$$\sum_{m\neq n}\left(E_m^0 - E_n^0\right)c_m^{(n)}\left\langle\psi_l^0 \mid \psi_m^0\right\rangle = -\langle\psi_l^0|\hat{H}'|\psi_n^0\rangle + E_n^1\left\langle\psi_l^0 \mid \psi_n^0\right\rangle.$$

如果 $l = n$, 则上式左边为零, 我们就再次得到了 (9.1.6) 式. 如果 $l \neq n$, 可以得到

$$\left(E_l^0 - E_n^0\right)c_l^{(n)} = -\langle\psi_l^0|\hat{H}'|\psi_n^0\rangle,$$

或者

$$c_m^{(n)} = \frac{\langle\psi_m^0|\hat{H}'|\psi_n^0\rangle}{E_n^0 - E_m^0}.$$

所以

$$|\psi_n^1\rangle = \sum_{m\neq n}\frac{\langle\psi_m^0|\hat{H}'|\psi_n^0\rangle}{E_n^0 - E_m^0}|\psi_m^0\rangle. \tag{9.1.9}$$

注意到只要无微扰能级是非简并的, (9.1.9) 式的分母就不会为零 (因为不存在 $m = n$ 的系数). 但是, 如果两个无微扰态具有相同的能量, 则以上结果便不再成立. 在这种情况下, 我们需要一个简并微扰理论. 于是, 我们就得到了一级微扰理论: 能量的一级修正 E_n^1 由 (9.1.6) 式给出, 本征态的一级修正 $|\psi_n^1\rangle$ 由 (9.1.9) 式给出.

9.1.3 二级能量修正

和一级微扰讨论过程一样, 将 $|\psi_n^0\rangle$ 与二级近似方程 (9.1.5) 求内积, 可得

$$\langle\psi_n^0 \mid \hat{H}_0 \mid \psi_n^2\rangle + \langle\psi_n^0 \mid \hat{H}' \mid \psi_n^1\rangle = E_n^0 \left\langle\psi_n^0 \mid \psi_n^2\right\rangle + E_n^1 \left\langle\psi_n^0 \mid \psi_n^1\right\rangle + E_n^2 \left\langle\psi_n^0 \mid \psi_n^0\right\rangle.$$

再次利用 $\hat{H}_0$ 的厄米性, 可得

$$\langle\psi_n^0 \mid \hat{H}_0 \mid \psi_n^2\rangle = E_n^0 \left\langle\psi_n^0 \mid \psi_n^2\right\rangle,$$

又因为 $\left\langle\psi_n^0 \mid \psi_n^0\right\rangle = 1$, 所以

$$E_n^2 = \langle\psi_n^0|\hat{H}'|\psi_n^1\rangle - E_n^1 \left\langle\psi_n^0 \mid \psi_n^1\right\rangle.$$

但是

$$\left\langle\psi_n^0 \mid \psi_n^1\right\rangle = \sum_{m\neq n} c_m^{(n)} \left\langle\psi_n^0 \mid \psi_m^0\right\rangle = 0.$$

因为求和不包括 $m = n$ 项, 其他项都是正交的, 所以

$$E_n^2 = \langle\psi_n^0|\hat{H}'|\psi_n^1\rangle = \sum_{m\neq n} c_m^{(n)}\langle\psi_n^0|\hat{H}'|\psi_m^0\rangle = \sum_{m\neq n} \frac{\langle\psi_m^0|\hat{H}'|\psi_n^0\rangle\langle\psi_n^0|\hat{H}'|\psi_m^0\rangle}{E_n^0 - E_m^0},$$

最终可得

$$E_n^2 = \sum_{m\neq n} \frac{|\langle\psi_m^0|\hat{H}'|\psi_n^0\rangle|^2}{E_n^0 - E_m^0}. \tag{9.1.10}$$

这就是二级微扰理论的一个基本结果. 我们可以进一步计算能量本征态的二级修正 $|\psi_n^2\rangle$, 能量的三级修正等. 但是在处理实际问题中, 一般计算到 (9.1.10) 式就够用了.

例 1 一个电荷为 q 的线性谐振子受到恒定弱电场 $\mathcal{E}$ 的作用, 电场沿 x 轴正方向. 试用微扰法求该体系的定态能量和波函数.

解答 该体系的哈密顿算符是

$$\hat{H} = -\frac{\hbar^2}{2m}\frac{\mathrm{d}^2}{\mathrm{d}x^2} + \frac{1}{2}m\omega^2x^2 - q\mathcal{E}x.$$

在弱电场的情况下, 上式右边最后一项很小, 因此令

$$\hat{H}_0 = -\frac{\hbar^2}{2m}\frac{\mathrm{d}^2}{\mathrm{d}x^2} + \frac{1}{2}m\omega^2x^2,$$
$$\hat{H}' = -q\mathcal{E}x,$$

其中, $\hat{H}_0$ 是线性谐振子的哈密顿算符, 它的本征值和本征函数前面已经求出. 现在计算微扰对体系第 n 个能级的修正. 根据 (9.1.6) 式给出的能量一级修正公式, 可得

$$\begin{aligned}E_n^1 &= \int_{-\infty}^{\infty} \psi_n^{0*}(x)\hat{H}'\psi_n^0(x)\mathrm{d}x \\ &= -N_n^2 q\mathcal{E}\int_{-\infty}^{\infty} xH_n^2(\alpha x)\mathrm{e}^{-\alpha^2x^2}\ \mathrm{d}x,\end{aligned}$$

其中, $\alpha = \sqrt{m\omega/\hbar}$. 由于厄米多项式 $H_n(\alpha x)$ 是 x 的奇函数或偶函数, 因此 $H_n^2(\alpha x)$ 一定是 x 的偶函数, 所以上式中的被积函数是 x 的奇函数, 积分等于零, 因此可得

$$E_n^1 = 0.$$

这样, 我们就必须计算能量的二级修正. 为求 E_n^2, 必须计算微扰矩阵元 H'_{mn}:

$$H'_{mn} = \int_{-\infty}^{\infty} \psi_m^{0*}(x)\hat{H}'\psi_n^0(x)\mathrm{d}x.$$

引入 $\xi = \alpha x$, 可得

$$H'_{mn} = -\frac{q\mathcal{E}}{\alpha}\int_{-\infty}^{\infty} \psi_m^{0*}\xi\psi_n^0\mathrm{d}x.$$

利用谐振子波函数的递推公式

$$\xi\psi_n(\xi) = \sqrt{\frac{n}{2}}\psi_{n-1}(\xi) + \sqrt{\frac{n+1}{2}}\psi_{n+1}(\xi),$$

可得

$$\begin{aligned}H'_{mn} &= -\frac{q\mathcal{E}}{\alpha}\int_{-\infty}^{\infty} \psi_m^{0*}\left(\sqrt{\frac{n}{2}}\psi_{n-1}^0 + \sqrt{\frac{n+1}{2}}\psi_{n+1}^0\right)\mathrm{d}x \\ &= -\frac{q\mathcal{E}}{\alpha}\left(\sqrt{\frac{n}{2}}\delta_{m,n-1} + \sqrt{\frac{n+1}{2}}\delta_{m,n+1}\right) \\ &= -q\mathcal{E}\sqrt{\frac{\hbar}{2m\omega}}\left(\sqrt{n}\delta_{m,n-1} + \sqrt{n+1}\delta_{m,n+1}\right),\end{aligned}$$

其中, 利用了谐振子波函数的正交归一化条件. 将之代入能量的二级修正公式, 可得

$$E_n^2 = \frac{\hbar q^2\mathcal{E}^2}{2m\omega}\left(\frac{n+1}{E_n^0 - E_{n+1}^0} + \frac{n}{E_n^0 - E_{n-1}^0}\right).$$

因为线性谐振子两相邻能级之间的间隔是 $\hbar\omega$, 所以

$$E_n^2 = \frac{\hbar q^2 \mathcal{E}^2}{2m\omega}\left(-\frac{n+1}{\hbar\omega} + \frac{n}{\hbar\omega}\right) = -\frac{q^2\mathcal{E}^2}{2m\omega^2}.$$

上式表明, 能级移动与 n 无关, 即与谐振子的状态无关. 波函数的一级修正是

$$\begin{aligned}
\psi_n^1 &= \sum_{m\neq n} \frac{H'_{mn}}{E_n^0 - E_m^0}\psi_m^0 \\
&= -q\mathcal{E}\sqrt{\frac{\hbar}{2m\omega}}\left(\frac{\sqrt{n+1}\psi_{n+1}^0}{E_n^0 - E_{n+1}^0} + \frac{\sqrt{n}\psi_{n-1}^0}{E_n^0 - E_{n-1}^0}\right) \\
&= q\mathcal{E}\sqrt{\frac{1}{2\hbar m\omega^3}}\left(\sqrt{n+1}\psi_{n+1}^0 - \sqrt{n}\psi_{n-1}^0\right).
\end{aligned}$$

上式对 $n \geqslant 1$ 成立. 如果讨论基态, 即 $n = 0$, 则上式括号中只有第一项, 而无第二项.

实际上, 这个问题中的能级移动可以直接准确求出. 该体系的哈密顿算符可以写为

$$\begin{aligned}
\hat{H} &= -\frac{\hbar^2}{2m}\frac{\mathrm{d}^2}{\mathrm{d}x^2} + \frac{1}{2}m\omega^2x^2 - q\mathcal{E}x \\
&= -\frac{\hbar^2}{2m}\frac{\mathrm{d}^2}{\mathrm{d}x^2} + \frac{1}{2}m\omega^2\left(x - \frac{q\mathcal{E}}{m\omega^2}\right)^2 - \frac{q^2\mathcal{E}^2}{2m\omega^2} \\
&= -\frac{\hbar^2}{2m}\frac{\mathrm{d}^2}{\mathrm{d}x'^2} + \frac{1}{2}m\omega^2x'^2 - \frac{q^2\mathcal{E}^2}{2m\omega^2},
\end{aligned}$$

其中, $x' = x - q\mathcal{E}/(m\omega^2)$. 由此可见, 所讨论体系仍是一个线性谐振子, 它的每一个能级都比无电场时的相应能级低 $q^2\mathcal{E}^2/(2m\omega^2)$, 平衡点向右移动 $q\mathcal{E}/(m\omega^2)$. 不难求得 $\langle\psi_n|x|\psi_n\rangle = q\mathcal{E}/(m\omega^2)$. 正 (负) 离子沿 (反) 电场方向移动 $q\mathcal{E}/(m\omega^2)$, 即在外电场下产生电偶极矩 $D = 2q^2\mathcal{E}/(m\omega^2)$. 因此可得, 极化率 $\chi = D/\mathcal{E} = 2q^2/(m\omega^2)$.

以上结果也可以利用代数解法求解.

例 2 阱宽为 a 的一维无限深势阱内有两个质量均为 m 的无自旋粒子, 其相互作用势为 $V(x_1, x_2) = \lambda\delta(x_1 - x_2)$. 计算基态能量 (精确到 λ 的一次项).

解答 若不考虑粒子间的相互作用势, 则体系的势函数为

$$V(x_1, x_2) = \begin{cases} 0, & 0 \leqslant x_1, x_2 \leqslant a, \\ \infty, & \text{其他}, \end{cases}$$

哈密顿算符为

$$\hat{H}_0 = -\frac{\hbar^2}{2m}\frac{\partial^2}{\partial x_1^2} - \frac{\hbar^2}{2m}\frac{\partial^2}{\partial x_2^2} + V(x_1, x_2).$$

应用一维无限深势阱的结果, 可得

$$\psi_{nl}^{0}(x_1,x_2)=\psi_n(x_1)\psi_l(x_2)=\frac{2}{a}\sin\frac{n\pi}{a}x_1\cdot\sin\frac{l\pi}{a}x_2,$$

其中, $n,l=1,2,\cdots$, 对应的本征值为

$$E_{nl}^{0}=\frac{\hbar^2\pi^2}{2ma^2}\left(n^2+l^2\right).$$

对于基态, $n=l=1$, 则

$$E_{1,1}^{0}=\frac{\hbar^2\pi^2}{ma^2}.$$

计入粒子间的相互作用势 $V(x_1,x_2)=\lambda\delta(x_1-x_2)$, 基态能量的一级修正为

$$\begin{aligned}E_{1,1}^{1}&=\langle 1,1|\hat{H}'|1,1\rangle\\&=\int_0^a\int_0^a \mathrm{d}x_1\,\mathrm{d}x_2\lambda\delta(x_1-x_2)\sin^2\frac{\pi}{a}x_1\cdot\sin^2\frac{\pi}{a}x_2\cdot\left(\frac{2}{a}\right)^2\\&=\lambda\left(\frac{2}{a}\right)^2\int_0^a \mathrm{d}x_1\sin^4\frac{\pi}{a}x_1=\frac{3\lambda}{2a}.\end{aligned}$$

所以基态能量为

$$E_{1,1}=E_{1,1}^{0}+E_{1,1}^{1}=\frac{\hbar^2\pi^2}{ma^2}+\frac{3\lambda}{2a}.$$

9.2 简并定态微扰理论

如果无微扰态是简并的, 即有两个 (或更多个) 不同的状态 ($|\psi_a^0\rangle$ 和 $|\psi_b^0\rangle$) 具有相同的能量, 则 9.1 节给出的微扰理论将不再适用: $|\psi_n^1\rangle$ (见 (9.1.9) 式) 和 E_n^2 (见 (9.1.10) 式) 将为无限大 (除非分子也为零, 即 $\langle\psi_a^0|\hat{H}'|\psi_b^0\rangle=0$). 因此, 在简并情况下, 我们必须寻找新的解决方法. 我们先以二重简并情形来说明处理问题的主要思路, 然后再推广到一般情形.

9.2.1 二重简并

假设

$$\hat{H}_0|\psi_a^0\rangle=E^0|\psi_a^0\rangle,\quad \hat{H}_0|\psi_b^0\rangle=E^0|\psi_b^0\rangle,\qquad 且\ \langle\psi_a^0\mid\psi_b^0\rangle=0,$$

其中, $|\psi_a^0\rangle$ 和 $|\psi_b^0\rangle$ 均已归一化. 注意到这两个态的任意线性组合

$$|\psi^0\rangle=\alpha|\psi_a^0\rangle+\beta|\psi_b^0\rangle$$

依然是 $\hat{H}_0$ 的本征态, 对应的本征值仍为 E^0, 即

$$\hat{H}_0|\psi^0\rangle = E^0|\psi^0\rangle.$$

一般来说, 微扰 ($\hat{H}'$) 将 "打破" (或 "消除") 简并状态: 当我们增大 λ 的值时 (从 0 到 1), 原来简并时的能量 E^0 一般会分裂成两部分. 反过来, 当我们去掉微扰时, "上" 能态将降低至 $|\psi_a^0\rangle$ 和 $|\psi_b^0\rangle$ 的一个线性组合, "下" 能态也将变为 $|\psi_a^0\rangle$ 和 $|\psi_b^0\rangle$ 的一个线性组合, 并且两者相互正交, 但是我们事先不清楚如何选取一个 "好" 的线性组合.

因此, 我们通过选取合适的参数 α 和 β, 来寻找 "好" 的零级态矢量 ($|\psi^0\rangle = \alpha|\psi_a^0\rangle + \beta|\psi_b^0\rangle$). 我们首先求解薛定谔方程

$$\hat{H}|\psi\rangle = E|\psi\rangle,$$

其中, $\hat{H} = \hat{H}_0 + \lambda\hat{H}'$, 且

$$E = E^0 + \lambda E^1 + \lambda^2 E^2 + \cdots, \quad |\psi\rangle = |\psi^0\rangle + \lambda|\psi^1\rangle + \lambda^2|\psi^2\rangle + \cdots.$$

将这几个式子代入上述薛定谔方程, 并将 λ 幂次相同的项合并 (和之前一样), 可以得到

$$\hat{H}_0|\psi^0\rangle + \lambda(\hat{H}'|\psi^0\rangle + \hat{H}_0|\psi^1\rangle) + \cdots = E^0|\psi^0\rangle + \lambda\left(E^1|\psi^0\rangle + E^0|\psi^1\rangle\right) + \cdots,$$

但是 $\hat{H}_0|\psi^0\rangle = E^0|\psi^0\rangle$, 所以上式两边的第一项可以消去, λ^1 项的系数满足

$$\hat{H}_0|\psi^1\rangle + \hat{H}'|\psi^0\rangle = E^0|\psi^1\rangle + E^1|\psi^0\rangle.$$

将 $|\psi_a^0\rangle$ 与上式取内积, 可得

$$\langle\psi_a^0 \mid \hat{H}_0 \mid \psi^1\rangle + \langle\psi_a^0 \mid \hat{H}' \mid \psi^0\rangle = E^0\left\langle\psi_a^0 \mid \psi^1\right\rangle + E^1\left\langle\psi_a^0 \mid \psi^0\right\rangle,$$

由于 $\hat{H}_0$ 是厄米算符, 因此上式两边的第一项相抵消. 所以可得

$$\alpha\langle\psi_a^0|\hat{H}'|\psi_a^0\rangle + \beta\langle\psi_a^0|\hat{H}'|\psi_b^0\rangle = \alpha E^1,$$

或者写成如下更紧凑的形式:

$$\alpha W_{aa} + \beta W_{ab} = \alpha E^1, \tag{9.2.1}$$

其中,

$$W_{ij} \equiv \langle\psi_i^0|\hat{H}'|\psi_j^0\rangle, \quad i, j = a, b.$$

类似地, 与 $|\psi_b^0\rangle$ 取内积可以得到

$$\alpha W_{ba} + \beta W_{bb} = \beta E^1. \tag{9.2.2}$$

注意到 W (在理论上) 是已知的, 它是 $\hat{H}'$ 相应于 $|\psi_a^0\rangle$ 和 $|\psi_b^0\rangle$ 的矩阵表示. 我们可以把 (9.2.1) 式和 (9.2.2) 式写成矩阵形式:

$$\begin{pmatrix} W_{aa} & W_{ab} \\ W_{ba} & W_{bb} \end{pmatrix} \begin{pmatrix} \alpha \\ \beta \end{pmatrix} = E^1 \begin{pmatrix} \alpha \\ \beta \end{pmatrix}. \tag{9.2.3}$$

这是关于 W 矩阵的本征方程. 于是, 利用久期方程

$$\begin{vmatrix} W_{aa} - E^1 & W_{ab} \\ W_{ba} & W_{bb} - E^1 \end{vmatrix} = 0,$$

可以得到 E^1 满足如下方程:

$$\left(E^1\right)^2 - E^1 \left(W_{aa} + W_{bb}\right) + \left(W_{aa}W_{bb} - W_{ab}W_{ba}\right) = 0.$$

利用二次方程的求解公式, 并注意到 $W_{ba} = W_{ab}^*$, 可以得到

$$E_{\pm}^1 = \frac{1}{2}\left[W_{aa} + W_{bb} \pm \sqrt{\left(W_{aa} - W_{bb}\right)^2 + 4\left|W_{ab}\right|^2}\right].$$

这就是简并微扰理论的基本结果: 两个根对应于两个受到扰动的能量.

我们发现上述求解能量一级修正的过程, 本质上是在由量子态 $|\psi_a^0\rangle$, $|\psi_b^0\rangle$ 张开的简并子空间中对微扰哈密顿算符 $\hat{H}'$ 对角化的过程. 如果一开始我们就得到一个特殊的简并子空间 $\{|\psi_a^0\rangle, |\psi_b^0\rangle\}$, 在此子空间中微扰哈密顿算符 $\hat{H}'$ 是对角化的, 则我们就立即知道

$$E_+^1 = W_{aa} = \langle\psi_a^0|\hat{H}'|\psi_a^0\rangle, \quad E_-^1 = W_{bb} = \langle\psi_b^0|\hat{H}'|\psi_b^0\rangle.$$

这与我们利用非简并微扰理论得出的结果完全一致. 利用下面的这个定理, 我们可以做到这一点.

定理 **设** $\hat{A}$ **为一个厄米算符, 它和** $\hat{H}_0, \hat{H}'$ **都对易. 如果** $|\psi_a^0\rangle$ **和** $|\psi_b^0\rangle$ **(**$\hat{H}_0$ **的简并本征态) 同样也是** $\hat{A}$ **的对应于不同本征值的本征态, 即**

$$\hat{A}|\psi_a^0\rangle = \mu|\psi_a^0\rangle, \quad \hat{A}|\psi_b^0\rangle = \nu|\psi_b^0\rangle, \quad \text{且 } \mu \neq \nu,$$

则 $W_{ab} = 0$**, 因此,** $|\psi_a^0\rangle$ **和** $|\psi_b^0\rangle$ **是 "好" 的态矢量, 可以利用非简并微扰理论.**

证明 已知 $[\hat{A}, \hat{H}'] = 0$, 所以

$$\begin{aligned}\langle\psi_a^0|[\hat{A}, \hat{H}']|\psi_b^0\rangle &= 0 = \langle\psi_a^0 \mid \hat{A}\hat{H}' \mid \psi_b^0\rangle - \langle\psi_a^0 \mid \hat{H}'\hat{A} \mid \psi_b^0\rangle \\ &= \langle\hat{A}\psi_a^0 \mid \hat{H}' \mid \psi_b^0\rangle - \langle\psi_a^0 \mid \hat{H}'\nu \mid \psi_b^0\rangle \\ &= (\mu - \nu)\langle\psi_a^0 \mid \hat{H}' \mid \psi_b^0\rangle = (\mu - \nu)W_{ab},\end{aligned}$$

但是 $\mu \neq \nu$, 所以 $W_{ab} = 0$.

一旦我们利用此定理确定了"好"的态矢量, 就可以利用这些"好"的态矢量作为无微扰态, 从而可以直接应用非简并微扰理论. 在大多数情况下, 算符 $\hat{A}$ 是由对称性表示的, 而对称性和与 $\hat{H}$ 对易的算符有关, 这也是我们判别"好"的态矢量所需要的条件.

9.2.2 多重简并

在 9.2.1 小节中, 假设简并都是二重的, 但是很容易将这个方法推广到多重简并的情况. 我们在前面已经将 (9.2.1) 式和 (9.2.2) 式写为矩阵形式 (9.2.3), 所有的 E^1 值都是 W 矩阵的本征值; (9.2.3) 式是该矩阵的本征方程, "好"的无微扰态的线性组合就是 W 矩阵的本征矢量. 对于 n 重简并, 我们要找到 $n \times n$ 矩阵

$$W_{ij} = \langle\psi_i^0|\hat{H}'|\psi_j^0\rangle$$

的本征值. 用线性代数的语言来说, 寻找"好"的零级近似态矢量就是: 在简并的子空间中寻找一组基, 使 W 矩阵对角化. 同样地, 如果我们可以找到一个算符 $\hat{A}$ 和 $\hat{H}'$ 对易, 并选用同为 $\hat{H}_0$ 和 $\hat{A}$ 的本征态的态矢量, 那么 W 矩阵将自动对角化, 而不必再求解复杂的特征方程.

例 考虑三维无限深方势阱:

$$V(x,y,z) = \begin{cases} 0, & 0 < x,y,z < a, \\ \infty, & \text{其他}. \end{cases}$$

其定态为

$$\psi_{n_x n_y n_z}^0(x,y,z) = \left(\frac{2}{a}\right)^{3/2} \sin\frac{n_x\pi}{a}x \sin\frac{n_y\pi}{a}y \sin\frac{n_z\pi}{a}z,$$

其中, n_x, n_y, n_z 为正整数. 对应的能量为

$$E_{n_x n_y n_z}^0 = \frac{\pi^2\hbar^2}{2ma^2}\left(n_x^2 + n_y^2 + n_z^2\right).$$

注意到基态 $\psi_{1,1,1}$ 是非简并的, 它的能量为

$$E_0^0 \equiv 3\frac{\pi^2\hbar^2}{2ma^2}.$$

但是第一激发态却是 (三重) 简并的:

$$\psi_a \equiv \psi_{1,1,2}, \quad \psi_b \equiv \psi_{1,2,1}, \quad \psi_c \equiv \psi_{2,1,1},$$

它们的能量同为

$$E_1^0 \equiv 3\frac{\pi^2\hbar^2}{ma^2}.$$

现在我们引入微扰:

$$\hat{H}' = \begin{cases} V_0, & 0 < x, y < a/2, 0 < z < a, \\ 0, & \text{其他}. \end{cases}$$

它使立方体中的四分之一区域的势能提高了 V_0. 求体系的基态和第一激发态的能量的一级修正, 以及第一激发态对应的波函数的最低级修正.

解答 基态能量的一级修正为

$$\begin{aligned} E_0^1 &= \langle\psi_{1,1,1}|\hat{H}'|\psi_{1,1,1}\rangle \\ &= \left(\frac{2}{a}\right)^3 V_0 \int_0^{a/2} \sin^2\frac{\pi}{a}x \cdot \mathrm{d}x \int_0^{a/2} \sin^2\frac{\pi}{a}y \cdot \mathrm{d}y \int_0^a \sin^2\frac{\pi}{a}z \cdot \mathrm{d}z = \frac{1}{4}V_0, \end{aligned}$$

这正是我们预计的结果.

对于第一激发态, 我们需要利用简并微扰理论. 第一步是构造 W 矩阵. 它的对角元对于基态是相同的(除了一个正弦函数的变量由 $\pi x/a$ 变为 $2\pi x/a$ 外), 即

$$W_{aa} = W_{bb} = W_{cc} = \frac{1}{4}V_0.$$

非对角元为

$$W_{ab} = \left(\frac{2}{a}\right)^3 V_0 \int_0^{a/2} \sin^2\frac{\pi}{a}x \cdot \mathrm{d}x \int_0^{a/2} \sin\frac{\pi}{a}y \sin\frac{2\pi}{a}y \cdot \mathrm{d}y \int_0^a \sin\frac{2\pi}{a}z \sin\frac{\pi}{a}z \cdot \mathrm{d}z,$$

但是上式中对 z 的积分为零, 所以 W_{ab} 为零, W_{ac} 同样也为零, 即

$$W_{ab} = W_{ac} = 0.$$

最后,

$$W_{bc}=\left(\frac{2}{a}\right)^3 V_0\int_0^{a/2}\sin\frac{\pi}{a}x\sin\frac{2\pi}{a}x\cdot\mathrm{d}x$$
$$\times\int_0^{a/2}\sin\frac{2\pi}{a}y\sin\frac{\pi}{a}y\cdot\mathrm{d}y\int_0^{a}\sin^2\frac{\pi}{a}z\cdot\mathrm{d}z=\frac{16}{9\pi^2}V_0.$$

因此

$$W=\frac{V_0}{4}\begin{pmatrix}1&0&0\\0&1&\kappa\\0&\kappa&1\end{pmatrix},$$

其中, $\kappa\equiv\left(\frac{8}{3\pi}\right)^2$. W 的特征方程 (或者利用 $4W/V_0$ 的特征方程, 它更容易计算一些) 为

$$(1-w)^3-\kappa^2(1-w)=0,$$

因此可得, 本征值分别为

$$w_1=1,\quad w_2=1+\kappa,\quad w_3=1-\kappa.$$

对于 λ 的一次幂项, 有

$$E_1(\lambda)=\begin{cases}E_1^0+\lambda V_0/4,\\E_1^0+\lambda(1+\kappa)V_0/4,\\E_1^0+\lambda(1-\kappa)V_0/4,\end{cases}$$

其中, E_1^0 为无微扰时的能量. 微扰将消除简并, 使 E_1^0 分裂为三个不同的能级. 此时, “好” 的零级近似波函数为如下线性组合:

$$\psi^0=\alpha\psi_a+\beta\psi_b+\gamma\psi_c,$$

其中, 参数 (α,β,γ) 组成了 W 矩阵的本征矢量, 满足

$$\begin{pmatrix}1&0&0\\0&1&\kappa\\0&\kappa&1\end{pmatrix}\begin{pmatrix}\alpha\\\beta\\\gamma\end{pmatrix}=w\begin{pmatrix}\alpha\\\beta\\\gamma\end{pmatrix}.$$

对于 $w=1$, 可以得到 $\alpha=1$, $\beta=\gamma=0$; 对于 $w=1\pm\kappa$, 可以得到 $\alpha=0$, $\beta=\pm\gamma=1/\sqrt{2}$. 因此 “好” 的零级近似波函数为

$$\psi^0 = \begin{cases} \psi_a, \\ (\psi_b + \psi_c)/\sqrt{2}, \\ (\psi_b - \psi_c)/\sqrt{2}. \end{cases}$$

9.3 含时微扰理论

9.3.1 一般理论

到目前为止, 我们处理的所有问题都可归结为量子定态问题, 即势函数不显含时间, 也即 $V(\boldsymbol{r},t) = V(\boldsymbol{r})$. 这样, 含时薛定谔方程

$$\hat{H}\psi = \mathrm{i}\hbar\frac{\partial \psi}{\partial t}$$

可通过分离变量法求解, 即

$$\psi(\boldsymbol{r},t) = \psi(\boldsymbol{r})\mathrm{e}^{-\mathrm{i}Et/\hbar},$$

其中, $\psi(\boldsymbol{r})$ 满足定态薛定谔方程

$$\hat{H}\psi = E\psi.$$

因为定态解中含有指数因子 $\exp(-\mathrm{i}Et/\hbar)$, 所以, 当我们构造相关物理量 $|\psi|^2$ 时, 指数因子 $\exp(-\mathrm{i}Et/\hbar)$ 就相互抵消了, 因此所有的概率和期望值都是不随时间变化的常量. 通过这些定态的线性叠加, 我们可以得到一般的含时波函数, 对于这样的波函数, 能量的可能值及其出现的概率也是常量. 如果我们允许两个不同能级之间的跃迁 (通常也称为量子跃迁), 那么我们必须引入含时势函数 (量子动力学). 对于大多数问题, 量子动力学都无法严格求解. 然而, 如果哈密顿算符的含时部分与不含时部分相比很小, 那么我们就可以把含时部分当作微扰. 本节我们来学习含时微扰理论.

1. **二能级体系**

为简单起见, 我们假设体系 (无微扰) 只有两个态: $|\psi_a\rangle$ 和 $|\psi_b\rangle$. 它们是无微扰哈密顿算符 $\hat{H}_0$ 的两个本征态, 即

$$\hat{H}_0|\psi_a\rangle = E_a|\psi_a\rangle, \quad \hat{H}_0|\psi_b\rangle = E_b|\psi_b\rangle,$$

它们是正交归一化的, 即

$$\langle\psi_a \mid \psi_b\rangle = \delta_{ab}.$$

因此任何态都可以表示为这两个态的线性叠加, 特别地, 有

$$|\psi(0)\rangle = c_a|\psi_a\rangle + c_b|\psi_b\rangle,$$

态 $|\psi_a\rangle$ 和态 $|\psi_b\rangle$ 可以是空间波函数, 也可以是旋量或其他态矢. 这里我们关心的是体系随时间的变化, 所以, 当写 $|\psi(t)\rangle$ 时, 我们指的是体系在时刻 t 的状态. 当没有微扰作用时, 每一个分量都可以按其特征指数因子演化, 即

$$|\psi(t)\rangle = c_a|\psi_a\rangle e^{-iE_a t/\hbar} + c_b|\psi_b\rangle e^{-iE_b t/\hbar}.$$

我们说 $|c_a|^2$ 是粒子处于态 ψ_a 的概率的真正含义是: 测量能量得到 E_a 的概率. 当然, $|\psi\rangle$ 的归一性要求

$$|c_a|^2 + |c_b|^2 = 1.$$

2. **微扰体系**

现在我们对体系加上一个含时微扰 $\hat{H}'(t)$. 因为态 $|\psi_a\rangle$ 和态 $|\psi_b\rangle$ 构成了完全集, 所以波函数 $|\psi(t)\rangle$ 仍然可以表示为它们的线性叠加. 所不同的是, c_a 和 c_b 现在是 t 的函数. 因此 $|\psi(t)\rangle$ 可以写为

$$|\psi(t)\rangle = c_a(t)|\psi_a\rangle e^{-iE_a t/\hbar} + c_b(t)|\psi_b\rangle e^{-iE_b t/\hbar}. \tag{9.3.1}$$

那么整个问题就是确定作为时间函数的 c_a 和 c_b. 例如, 如果粒子在初始时刻处于态 $|\psi_a\rangle$ (即 $c_a(0)=1$, $c_b(0)=0$), 一段时间 t_1 之后我们发现 $c_a(t_1)=0$, $c_b(t_1)=1$, 我们说系统经历了从态 $|\psi_a\rangle$ 到态 $|\psi_b\rangle$ 的转变.

下面我们从 $|\psi(t)\rangle$ 满足的含时薛定谔方程

$$\hat{H}|\psi\rangle = i\hbar\frac{\partial|\psi\rangle}{\partial t} \quad (\hat{H} = \hat{H}_0 + \hat{H}'(t)) \tag{9.3.2}$$

来解 $c_a(t)$ 和 $c_b(t)$. 由 (9.3.1) 式和 (9.3.2) 式, 可以得到

$$\begin{aligned}
&c_a(\hat{H}_0|\psi_a\rangle)e^{-iE_a t/\hbar} + c_b(\hat{H}_0|\psi_b\rangle)e^{-iE_b t/\hbar} + c_a(\hat{H}'|\psi_a\rangle)e^{-iE_a t/\hbar} \\
&+ c_b(\hat{H}'|\psi_b\rangle)e^{-iE_b t/\hbar} \\
&= i\hbar\left[\dot{c}_a|\psi_a\rangle e^{-iE_a t/\hbar} + \dot{c}_b|\psi_b\rangle e^{-iE_b t/\hbar} + c_a|\psi_a\rangle\left(-\frac{iE_a}{\hbar}\right)e^{-iE_a t/\hbar}\right. \\
&\quad \left.+c_b|\psi_b\rangle\left(-\frac{iE_b}{\hbar}\right)e^{-iE_b t/\hbar}\right].
\end{aligned}$$

由于上式左边前两项和右边后两项相消, 因此

$$c_a(\hat{H}' \mid \psi_a\rangle)e^{-iE_a t/\hbar} + c_b(\hat{H}' \mid \psi_b\rangle)e^{-iE_b t/\hbar} = i\hbar(\dot{c}_a|\psi_a\rangle e^{-iE_a t/\hbar} + \dot{c}_b|\psi_b\rangle e^{-iE_b t/\hbar}).$$

为了分离出 $\dot{c}_a$, 我们使用标准技巧: 将上式与 $|\,\psi_a\rangle$ 做内积, 并利用 $|\,\psi_a\rangle$ 和 $|\,\psi_b\rangle$ 的正交性, 可得

$$c_a\langle\psi_a|\hat{H}'|\psi_a\rangle\mathrm{e}^{-\mathrm{i}E_at/\hbar}+c_b\langle\psi_a|\hat{H}'|\psi_b\rangle\mathrm{e}^{-\mathrm{i}E_bt/\hbar}=\mathrm{i}\hbar\dot{c}_a\mathrm{e}^{-\mathrm{i}E_at/\hbar}.$$

为方便起见, 我们定义 $H'_{ij}\equiv\langle\psi_i|\hat{H}'|\psi_j\rangle$, 注意: $\hat{H}'$ 是厄米算符, 满足 $H'_{ij}=H'^*_{ji}$. 将上式两边同时乘以 $-\dfrac{\mathrm{i}}{\hbar}\mathrm{e}^{\mathrm{i}E_at/\hbar}$, 可以得到

$$\dot{c}_a=-\frac{\mathrm{i}}{\hbar}\left[c_aH'_{aa}+c_bH'_{ab}\mathrm{e}^{-\mathrm{i}(E_b-E_a)t/\hbar}\right]. \tag{9.3.3}$$

类似地, 与 $|\,\psi_b\rangle$ 做内积, 可以得到 $\dot{c}_b$. 由于

$$c_a\langle\psi_b|\hat{H}'|\psi_a\rangle\mathrm{e}^{-\mathrm{i}E_at/\hbar}+c_b\langle\psi_b|\hat{H}'|\psi_b\rangle\mathrm{e}^{-\mathrm{i}E_bt/\hbar}=\mathrm{i}\hbar\dot{c}_b\mathrm{e}^{-\mathrm{i}E_bt/\hbar},$$

因此

$$\dot{c}_b=-\frac{\mathrm{i}}{\hbar}[c_bH'_{bb}+c_aH'_{ba}\mathrm{e}^{\mathrm{i}(E_b-E_a)t/\hbar}]. \tag{9.3.4}$$

(9.3.3) 式和 (9.3.4) 式决定了 $c_a(t)$ 和 $c_b(t)$, 对于二能级体系, 它们和含时薛定谔方程完全等价. 如果 $\hat{H}'$ 的对角矩阵元为零, 即 $H'_{aa}=H'_{bb}=0$, 则 (9.3.3) 式和 (9.3.4) 式可以简化为

$$\dot{c}_a=-\frac{\mathrm{i}}{\hbar}H'_{ab}\mathrm{e}^{-\mathrm{i}\omega_0t}c_b,\quad \dot{c}_b=-\frac{\mathrm{i}}{\hbar}H'_{ba}\mathrm{e}^{\mathrm{i}\omega_0t}c_a, \tag{9.3.5}$$

其中,

$$\omega_0=\frac{E_b-E_a}{\hbar}.$$

假定 $E_b\geqslant E_a$, 因此 $\omega_0\geqslant 0$.

9.3.2 含时微扰理论

到目前为止, 我们没有做任何近似, 每一步都是严格的: 我们没有假设微扰 $\hat{H}'$ 的大小. 但是, 如果 $\hat{H}'$ 很小, 那么我们可以用下述叠代近似法求解方程 (9.3.5). 假设粒子在初始时刻处于低能态, 即

$$c_a(0)=1,\quad c_b(0)=0.$$

如果没有微扰, 那么它们将永远处于这种状态. 有微扰时, 我们按如下近似进行讨论.

零级

$$c_a^{(0)}(t)=1,\quad c_b^{(0)}(t)=0.$$

我们用圆括号里的上标表示近似的级数. 为了计算一级近似, 我们在方程 (9.3.5) 的右边代入零级近似值.

一级

$$\begin{aligned}&\frac{\mathrm{d}c_a^{(1)}}{\mathrm{d}t}=0\Rightarrow c_a^{(1)}(t)=1,\\&\frac{\mathrm{d}c_b^{(1)}}{\mathrm{d}t}=-\frac{\mathrm{i}}{\hbar}H'_{ba}\mathrm{e}^{\mathrm{i}\omega_0 t}\Rightarrow c_b^{(1)}(t)=-\frac{\mathrm{i}}{\hbar}\int_0^t H'_{ba}(t')\,\mathrm{e}^{\mathrm{i}\omega_0 t'}\mathrm{d}t'.\end{aligned}$$

现在我们在方程 (9.3.5) 右边代入这些一级近似式, 可以得到二级近似式.

二级

$$\begin{aligned}&\frac{\mathrm{d}c_a^{(2)}}{\mathrm{d}t}=-\frac{\mathrm{i}}{\hbar}H'_{ab}\mathrm{e}^{-\mathrm{i}\omega_0 t}\left(-\frac{\mathrm{i}}{\hbar}\right)\int_0^t H'_{ba}(t')\,\mathrm{e}^{\mathrm{i}\omega_0 t'}\mathrm{d}t'\Rightarrow\\&c_a^{(2)}(t)=1-\frac{1}{\hbar^2}\int_0^t H'_{ab}(t')\,\mathrm{e}^{-\mathrm{i}\omega_0 t'}\left[\int_0^{t'} H'_{ba}(t'')\,\mathrm{e}^{\mathrm{i}\omega_0 t''}\mathrm{d}t''\right]\mathrm{d}t'.\end{aligned}$$

但是 c_b 不改变 (即 $c_b^{(2)}(t)=c_b^{(1)}(t)$). 注意: $c_a^{(2)}(t)$ 包括零级修正, 积分部分是二级修正. 原则上讲, 我们可以无限地重复上述做法, 即把 n 级近似式代入方程 (9.3.5) 右边, 获得 $n+1$ 级近似式. 可以看到, 零级修正不含 $\hat{H}'$ 因子, 一级修正含一个 $\hat{H}'$ 因子, 二级修正含两个 $\hat{H}'$ 因子, 以此类推.

下面介绍正弦微扰. 假定微扰对时间的依赖关系具有正弦形式:

$$\hat{H}'(\boldsymbol{r},t)=V(\boldsymbol{r})\cos\omega t,$$

则有

$$H'_{ab}=V_{ab}\cos\omega t,$$

其中,

$$V_{ab}\equiv\langle\psi_a|V|\psi_b\rangle\,.$$

同前面一样, 假设矩阵的对角元为零, 因为在实际中大多是这种情况. 到一级近似 (从现在开始, 我们专注于一级近似, 所以略去右上角的标记), 我们有

$$\begin{aligned}c_b(t)&\approx-\frac{\mathrm{i}}{\hbar}V_{ab}\int_0^t\cos\omega t'\mathrm{e}^{\mathrm{i}\omega_0 t'}\mathrm{d}t'=-\frac{\mathrm{i}V_{ab}}{2\hbar}\int_0^t\left[\mathrm{e}^{\mathrm{i}(\omega_0+\omega)t'}+\mathrm{e}^{\mathrm{i}(\omega_0-\omega)t'}\right]\mathrm{d}t'\\&=-\frac{V_{ab}}{2\hbar}\left[\frac{\mathrm{e}^{\mathrm{i}(\omega_0+\omega)t}-1}{\omega_0+\omega}+\frac{\mathrm{e}^{\mathrm{i}(\omega_0-\omega)t}-1}{\omega_0-\omega}\right].\end{aligned}$$

如果我们仅考虑驱动频率 (ω) 和跃迁频率 (ω_0) 非常接近的情况, 那么问题将会极大地简化, 此时, 方括号中的第二项起主导作用. 具体而言, 我们假设

$$\omega_0+\omega \gg |\omega_0-\omega|,$$

这并不是一个很大的限制, 因为其他频率的微扰导致的跃迁概率非常之小, 所以可以忽略不计. 舍弃方括号中的第一项, 我们得到

$$\begin{aligned} c_b(t) &\approx -\frac{V_{ab}\mathrm{e}^{\mathrm{i}(\omega_0-\omega)t/2}}{2\hbar(\omega_0-\omega)}\left[\mathrm{e}^{\mathrm{i}(\omega_0-\omega)t/2}-\mathrm{e}^{-\mathrm{i}(\omega_0-\omega)t/2}\right] \\ &= -\mathrm{i}\frac{V_{ba}}{\hbar}\frac{\sin\left[(\omega_0-\omega)t/2\right]}{\omega_0-\omega}\mathrm{e}^{\mathrm{i}(\omega_0-\omega)t/2}. \end{aligned}$$

跃迁概率

一个粒子在初始时刻处于态 ψ_a, 经过时间 t 后, 发现它处于态 ψ_b 的概率是

$$P_{a\to b}(t)=|c_b(t)|^2 \approx \frac{|V_{ab}|^2}{\hbar^2}\frac{\sin^2\left[(\omega_0-\omega)t/2\right]}{(\omega_0-\omega)^2}. \tag{9.3.6}$$

这个结果最显著的特点是: 作为时间的函数, 跃迁概率以正弦形式振荡. 达到最大值 $|V_{ab}|^2/[\hbar^2(\omega_0-\omega)^2]$ 后, 其值必须小于 1, 否则微扰是小量的假设就会失效. 在时间 $t_n=2n\pi/|\omega_0-\omega|$ (其中, $n=1,2,3,\cdots$) 时, 粒子必将回到能量较低的态 $|\psi_a\rangle$. 如果我们想使激发的跃迁概率最大化, 那么就不应该让微扰保持较长的时间; 经过时间 $\pi/|\omega_0-\omega|$ 后, 我们最好终止微扰, 以期能使体系跃迁到能量较高的态 $|\psi_b\rangle$. 如前所述, 当驱动频率 ω 非常接近跃迁频率 ω_0 时, 跃迁概率将变得非常大. 跃迁概率随驱动频率 ω 的变化如图 9.3.1 所示.

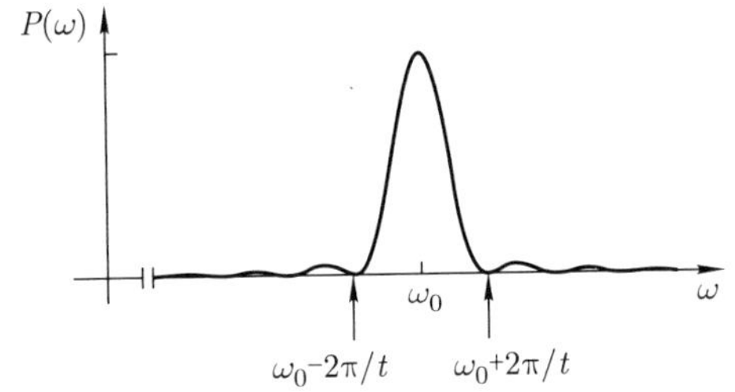

图 9.3.1　跃迁概率随驱动频率 ω 的变化关系

9.3.3　费米黄金定则

前面我们讨论了两个离散能态之间的跃迁, 例如, 原子的两个束缚态之间的跃迁. 我们发现, 当末态能量满足共振条件 $E_\mathrm{f}=E_\mathrm{i}+\hbar\omega$ (其中, ω 是与微扰相关的频

率) 时, 这种跃迁发生的概率最大. 现在来考虑 E_f 位于一个连续本征谱的情况, 光电效应正是这种情况. 如果辐射能量足够大, 那么原子将被电离, 即光电效应将电子从一个束缚态激发到具有连续本征谱的散射态.

在这个连续谱中, 我们无法讨论到某一个精确能级状态的跃迁, 但可以计算体系跃迁到能量为 E_f 附近 ΔE 的有限范围内状态的概率. 这可由 (9.3.6) 式通过对所有末态的积分给出:

$$P=\int_{E_\mathrm{f}-\Delta E/2}^{E_\mathrm{f}+\Delta E/2}\frac{|V_{in}|^2}{\hbar^2}\left\{\frac{\sin^2\left[(\omega_0-\omega)t/2\right]}{(\omega_0-\omega)^2}\right\}\rho(E_n)\,\mathrm{d}E_n, \tag{9.3.7}$$

其中, $\omega_0=(E_n-E_i)/\hbar$, $V_{in}=\langle\psi_i|V|\psi_n\rangle$ 为微扰中事件无关系数 V 的矩阵元. 物理量 $\rho(E_n)\mathrm{d}E_n$ 是能量介于 E_n 和 $E_n+\mathrm{d}E_n$ 之间的状态数目, 其中, $\rho(E_n)$ 称为态密度.

当时间很短时, (9.3.7) 式给出跃迁概率与 t^2 成正比, 同离散能态之间的跃迁一样. 另一方面, (9.3.7) 式中大括号内的量经过较长时间达到峰值. 作为能量 E_n 的函数, 其最大值在 $E_\mathrm{f}=E_\mathrm{i}+\hbar\omega$ 处, 中心峰值的宽度为 $4\pi\hbar/t$. 因此, 在 t 足够大时, 可以将 (9.3.7) 式近似写为

$$P=\frac{|V_\mathrm{if}|^2}{\hbar^2}\rho(E_\mathrm{f})\int_{-\infty}^{\infty}\frac{\sin^2\left[(\omega_0-\omega)t/2\right]}{(\omega_0-\omega)^2}\,\mathrm{d}E_n.$$

利用 $\mathrm{d}E_n=\hbar\mathrm{d}\omega_0$ 和定积分公式

$$\int_{-\infty}^{\infty}\frac{\sin^2 x}{x^2}\mathrm{d}x=\pi,$$

可得

$$P=\frac{2\pi}{\hbar}\left|\frac{V_\mathrm{if}}{2}\right|^2\rho(E_\mathrm{f})\,t,$$

因此单位时间的跃迁概率为

$$p=\frac{P}{t}=\frac{2\pi}{\hbar}\left|\frac{V_\mathrm{if}}{2}\right|^2\rho(E_\mathrm{f}). \tag{9.3.8}$$

这个重要公式常被称为**费米黄金定则**. 它表示跃迁概率正比于矩阵元的平方和态密度. (9.3.8) 式中的态密度 $\rho(E_\mathrm{f})$ 的具体形式取决于体系末态的具体情况.

例　一个电荷为 e 的粒子被禁闭在一个各边为 $2b$ 的立方体盒子中, 给定一个电场

$$\mathcal{E}=\begin{cases}0, & t<0,\\ \mathcal{E}_0\mathrm{e}^{-\alpha t}, & t\geqslant 0,\end{cases}$$

其中, α 为正常量. $\mathcal{E}$ 垂直于盒子的某一面. $t=0$ 时刻, 带电粒子处于基态, 求 $t=\infty$ 时刻粒子处于第一激发态的概率 (计算到 $\mathcal{E}_0$ 的最低级近似).

解答　取如下势函数:

$$V(x,y,z)=\begin{cases}0, & 0<x,y,z<2b,\\ \infty, & 其他.\end{cases}$$

零级波函数为 (在盒子内)

$$\psi_{lmn}=\sqrt{\frac{1}{b^3}}\sin\frac{l\pi x}{2b}\sin\frac{m\pi y}{2b}\sin\frac{n\pi z}{2b},$$

基态为 $|1,1,1\rangle$, 第一激发态为 $|2,1,1\rangle$, $|1,2,1\rangle$, $|1,1,2\rangle$. 设电场强度沿 x 轴正方向, 则 $H'=-e\mathcal{E}_0x\mathrm{e}^{-\alpha t}$, 于是

$$\langle 1,1,1|x|2,1,1\rangle=\frac{1}{b}\int_0^{2b}x\sin\frac{\pi x}{2b}\sin\frac{\pi x}{b}\,\mathrm{d}x=-\frac{32b}{9\pi^2},$$

$$\langle 1,1,1|x|1,2,1\rangle=\langle 1,1,1|x|1,1,2\rangle=0.$$

所以

$$P=\frac{1}{\hbar^2}\left|\int_0^\infty\langle 2,1,1|\hat{H}'|1,1,1\rangle\exp\left(\frac{\mathrm{i}\Delta Et}{\hbar}\right)\mathrm{d}t\right|^2,$$

其中, $\Delta E=3\pi^2\hbar^2/(8mb^2)$, 因此

$$\begin{aligned}P&=\left(\frac{32be\mathcal{E}_0}{9\hbar\pi^2}\right)^2\left|\int_0^\infty\exp\left(-\alpha t+\mathrm{i}\frac{\Delta Et}{\hbar}\right)\mathrm{d}t\right|^2\\&=\left(\frac{32be\mathcal{E}_0}{9\hbar\pi^2}\right)^2\frac{\hbar^2}{\alpha^2\hbar^2+(\Delta E)^2}.\end{aligned}$$

习　　题

1. 一个平面转子的长度为 a, 两个粒子的约化质量为 m_0, 转动惯量为 $I=m_0a^2$. 求弱电场 $\mathcal{E}$ 作用下转子的能量.

2. 如果类氢原子的核不是点电荷, 而是半径为 r_0、电荷均匀分布的小球, 试计算这种效应对类氢原子基态能量的一级修正.

3. 设在 $\hat{H}_0$ 表象中,

$$H = \begin{pmatrix} E_1^0 + a & b \\ b & E_2^0 + a \end{pmatrix} \quad (a, b \text{ 为实数}).$$

用微扰理论求能级修正 (到二级近似). 严格求解, 并与微扰理论的计算值做比较.

4. 考虑位于二维谐振子势场中的质量为 m 的粒子, 其哈密顿算符为

$$\hat{H}_0 = \frac{\hat{p}^2}{2m} + \frac{1}{2} m\omega^2 (x^2 + y^2),$$

加入微扰 $\hat{H}' = \lambda m\omega^2 xy$, 求无微扰时的第一激发态能量的一级修正.

5. 一个量子系统有三个彼此线性独立的状态. 假设其哈密顿算符的矩阵形式为

$$H = V_0 \begin{pmatrix} 1-\varepsilon & 0 & 0 \\ 0 & 1 & \varepsilon \\ 0 & \varepsilon & 2 \end{pmatrix},$$

其中, V_0 为一个常量, ε 为一个小量 ($\varepsilon \ll 1$).

(1) 求无微扰 ($\varepsilon = 0$) 时, 哈密顿算符的本征态和本征值.

(2) 严格求解 $\hat{H}$ 的本征值. 将所得结果展开为 ε 的幂级数 (到二次幂项).

(3) 利用非简并微扰理论, 求解 $\hat{H}_0$ 的非简并本征态对应的本征值的一级和二级修正, 并与 (2) 中所得精确结果做比较.

(4) 利用简并微扰理论, 求出两个初始时刻的简并态对应的本征值的一级修正, 并与 (2) 中所得精确结果做比较.

6. 实际的原子核并不是一个点电荷, 它有一定的大小, 假设它可以被视为一个均匀分布的球. 测量表明, 电荷分布半径 $R = r_{0p} Z^{1/3}$, 其中, $r_{0p} = 1.635 \times 10^{-13}$ cm. 试用微扰理论估计这种 (非点电荷) 效应对原子的 1 s 能级的修正. 假设 1 s 电子的波函数可近似取为类氢原子的 1 s 态的波函数. 已知均匀分布于半径为 R 的球内的电荷 Ze 产生的静电势为

$$\varphi(r) = \begin{cases} \dfrac{Ze}{R}\left(\dfrac{3}{2} - \dfrac{1}{2}\dfrac{r^2}{R^2}\right), & r \leqslant R, \\ Ze/r, & r > R, \end{cases}$$

而非点电荷效应可看成微扰 $\hat{H}'$:

$$\hat{H}' = \begin{cases} -\dfrac{Ze^2}{R}\left(\dfrac{3}{2} - \dfrac{1}{2}\dfrac{r^2}{R^2}\right) + \dfrac{Ze^2}{r}, & r \leqslant R, \\ 0, & r > R. \end{cases}$$

7. 一个带电荷 q 的离子在其平衡位置附近做一维简谐运动, 并在光的照射下发生跃迁. 入射光的能量密度为 $\rho(\omega)$, 波长较长.

(1) 求跃迁选择定则.

(2) 设离子原来处于基态, 求其在每秒钟时间内跃迁到第一激发态的概率.

8. 有一个二能级体系, 其哈密顿量记为 H_0, 能级记为 E_1, E_2 $(E_1 < E_2)$, 对应的本征态记为 ψ_1, ψ_2. 设 $t=0$ 时刻体系处于态 ψ_1. $t \geqslant 0$ 后, 体系受到微扰 H' 的作用. 设在 $\hat{H}_0$ 表象中,

$$H' = \begin{pmatrix} \alpha & \gamma \\ \gamma & \beta \end{pmatrix} \quad (\alpha, \beta, \gamma \text{ 为实数}).$$

求 $t > 0$ 后, 体系处于态 ψ_2 的概率.

9. 一个粒子具有自旋 1/2, 磁矩为 μ, 电荷为 0, 处于磁场 B 中. $t=0$ 时刻, $\boldsymbol{B} = \boldsymbol{B}_0 = (0, 0, B_0)$, 粒子处于 $\hat{\sigma}_z$ 的本征态 $\begin{pmatrix} 0 \\ 1 \end{pmatrix}$ 上, 即 $\sigma_z = -1$. $t > 0$ 后, 再加上沿 x 方向的较弱磁场 $\boldsymbol{B}_1 = (B_1, 0, 0)$. 求 $t > 0$ 后, 粒子的自旋态, 以及测得粒子自旋 "向上 $(\sigma_z = 1)$" 的概率.

10. 设把一个处于基态的氢原子放在平板电容器中. 取平板法线方向为 z 方向, 且均匀电场沿 z 方向. 设电容器突然充电, 然后放电. 电场随时间的变化关系如下:

$$\mathcal{E}(t) = \begin{cases} 0, & t < 0, \\ \mathcal{E}_0 \exp(-t/\tau), & t \geqslant 0, \end{cases}$$

其中, τ 为常量. 求时间充分长以后, 氢原子跃迁到 2 s 态及 2 p 态的概率.

11. 考虑一个质量为 m、长度为 l, 在竖直面内摆动的摆, 设摆角为 θ.

(1) 找出小振动的近似能级.

(2) 对于小振动, 考虑势能展开下的一级近似, 求能级的一级微扰修正.

12. 一个均匀带电小球 (半径为 r_0) 在外加静电场中获得势能

$$U(r) = V(r) + \frac{1}{6} r_0^2 \nabla^2 V(r) + \cdots,$$

其中, r 为球心所在位置, $V(r)$ 是把小球换为点电荷情况下在外加静电场中的势能. 在氢原子中, 视电子为点电荷, 则它与原子核之间的势能为 $V = -e^2/r$. 如果视电子为带电 $(-e)$ 的小球, 其半径 $r_0 = e^2/(m_e c^2)$ (经典电子半径), 则势能应改为 $U(r)$. 如果把 r_0^2 项视为微扰, 求 1 s 和 2 p 能级的微扰修正 (相当于兰姆 (Lamb) 移位).

13. 本题是范德瓦耳斯 (van der Waals) 力的简易模型: 把原子看作角频率为 ω 的一维谐振子, 可以构建一个范德瓦耳斯力的简易模型.

如习题 13 图所示, 假设两个原子相距 R, 其中, $R \gg \sqrt{\hbar/(m\omega)}$. 每个原子都包含一个电荷为 e 的原子核, 我们将其视为不可移动的. 每个原子都处于谐振子势阱中, 该原子还包含一个电子, 电荷为 e, 质量为 m, 电子通过简谐力与原子核结合. 令 x_1 和 x_2 分别表示两个电子的位置坐标, 它们都是从相应原子核的位置开始测量的. 简谐力可用哈密顿算符表示为

$$\hat{H}_0=\frac{\hat{p}_1^2}{2m}+\frac{1}{2}m\omega^2x_1^2+\frac{\hat{p}_2^2}{2m}+\frac{1}{2}m\omega^2x_2^2.$$

此外, 每个电荷和另一个原子中的电荷之间的库仑相互作用也会产生能量, 约为

$$\begin{aligned}\hat{H}_{\text{int}}&=e^2\left(\frac{1}{R}-\frac{1}{R-x_1}-\frac{1}{R+x_2}+\frac{1}{R-x_1+x_2}\right)\\&\approx-\frac{2e^2x_1x_2}{R^3}.\end{aligned}$$

假设这两个原子在初始时刻处于基态. 按照微扰理论, 确定由于 $\hat{H}_{\text{int}}$ 的存在而对系统能量的最低级修正. 这两个原子对彼此施加的力是吸引力还是排斥力? 与 R 的关系是什么?

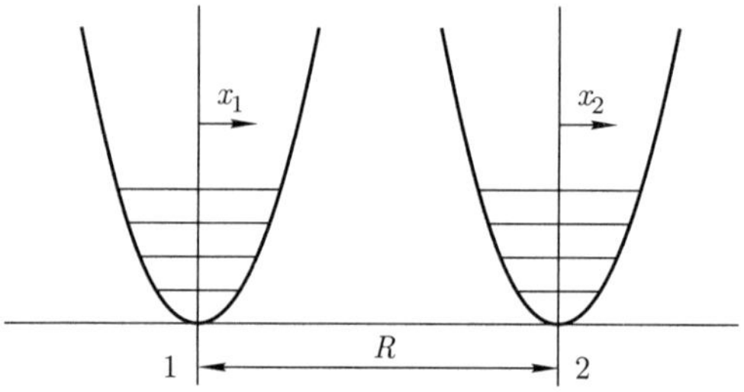

习题 13 图

14. 一个质量为 m、电荷为 q 的无自旋粒子在二维谐振子势

$$V(x,y)=\frac{1}{2}m\omega^2\left(x^2+y^2\right)$$

的作用下在 xy 平面内运动.

(1) 构建基态波函数 $\psi_0(x,y)$, 写出其能量. 同样地, 求 (简并) 第一激发态的波函数和能量.

(2) 假设在 z 方向施加一个微弱的外磁场 B_0, 因此 (对于一级的 B_0) 哈密顿算符含有一个额外的项

$$\hat{H}'=-\hat{\boldsymbol{\mu}}\cdot\boldsymbol{B}=-\frac{q}{2m}(\hat{\boldsymbol{L}}\cdot\boldsymbol{B})=-\frac{qB_0}{2m}\left(x\hat{p}_y-y\hat{p}_x\right),$$

将此作为微扰, 求基态和第一激发态能量的一级修正.

15. 近年来, 量子计算的快速发展为克服经典计算机的局限性提供了可能. 而实现量子计算的核心构成单元是量子比特. 最近, 囚禁在量子流体上的单电子在构建新型量子比特方面受到非常广泛的关注, 其中, 最常见的量子流体为液氦. 当一个电荷为 $-e$、质量为 m_{e} 的电子被放置在量子流体表面 (设为 xy 平面) 时, 其会在量子流体内部感应出一个像电荷 Λe, 其中, $\Lambda=(\varepsilon-1)/(\varepsilon+1)$, 这里, ε 是量子流体的相对介电常量. 这个像电荷会吸引外部电子使其往量子流体内部方向运动, 但是由于量子流体外层电子是满排布的, 根据泡利不相容原理, 会在量子流体表面形成一个泡利势垒 V_0, 从而阻止电子进入量子流体内部. 在这两种相互作用的竞争下, 在 z 方向上, 电子将会被囚禁在量子流体表面上方.

(1) 在泡利势垒 $V_0\to\infty$ 时, 计算电子沿 z 方向运动的能级及对应的波函数.

(2) 计算电子处于基态时, 其与量子流体表面的平均距离 z_0.

(3) 如果想要通过热激发将 z 方向的运动从基态激发到第一激发态, 需要温度达到多少才可能实现? 给出温度的表达式.

(4) 前面的讨论只考虑了电子在 z 方向上被囚禁. 当不施加任何水平面内的约束时, 电子可以在量子流体表面上方沿着 x 或 y 方向自由移动. 下面考虑在水平面内施加约束来限制电子在水平面内的运动. 考虑在 x 方向上施加谐振子约束

$$V_x=\frac{1}{2}k_x x^2,$$

而在 y 方向上施加约束

$$V_y=-\tilde{V}_0\cos k_y y,$$

其中, $\tilde{V}_0>0$. 考虑将 V_y 在平衡位置附近展开, 并忽略常量项, 则其可以简化为

$$V_y=-\tilde{V}_0\left[-\frac{1}{2}\left(k_y y\right)^2+\frac{1}{24}\left(k_y y\right)^4\right].$$

(a) 求解 x 方向电子运动的能级; (b) 对于 y 方向的运动, 把 V_y 展开式的第二项看作微扰, 求前三个能级 (精确到二级修正).

第十章　原子与电磁场相互作用

本章我们将利用前面介绍的量子力学基本原理研究原子与电磁场相互作用. 原子 – 场相互作用的最典型问题是二能级原子与单模电磁场的耦合. 如果涉及的两个原子能级与驱动场共振或接近共振, 而所有其他原子能级都高度失谐, 那么对二能级原子的描述就是有效的. 例如, 实验室中常用单色激光去驱动某个原子, 这种情形就可以用二能级原子和激光相互作用的模型来描述. 在某些现实的近似条件下, 有可能将这一问题简化为可以精确求解的形式, 从而提取出原子 – 场相互作用的基本特征. 在本章中, 我们首先介绍单个二能级原子与单模电磁场相互作用的半经典理论, 其中, 原子被视为量子二能级系统, 而电磁场则被经典地处理, 从而满足经典电动力学. 二能级原子在形式上类似于自旋为 1/2 的系统. 在偶极近似下, 当电磁场的波长大于原子尺寸时, 原子 – 场相互作用问题在数学上等同于自旋为 1/2 的粒子与随时间变化的磁场相互作用. 正如自旋为 1/2 的系统在振荡磁场的作用下会在两个自旋态之间发生拉比 (Rabi) 振荡一样, 二能级原子在驱动电磁场的作用下也会发生光学拉比振荡. 最后, 我们讨论量子化的辐射场与二能级原子相互作用的全量子理论. 我们将介绍描述二能级量子系统与单模量子化辐射场相互耦合的杰恩斯 – 卡明斯 (Jaynes–Cummings) 模型 (简称 J–C 模型).

10.1　原子 – 场相互作用的哈密顿量

当一个质量为 m、电荷为 e 的粒子与外加电磁场相互作用时, 可以用如下最小耦合哈密顿量来描述其动力学:

$$\hat{H} = \frac{1}{2m}[\hat{\boldsymbol{p}} - e\boldsymbol{A}(\boldsymbol{r}, t)]^2 + e\varphi(\boldsymbol{r}, t) + V(\boldsymbol{r}), \tag{10.1.1}$$

其中, $\hat{\boldsymbol{p}}$ 是正则动量算符, $\boldsymbol{A}(\boldsymbol{r}, t)$ 和 $\varphi(\boldsymbol{r}, t)$ 分别是外加电磁场的矢势和标势. 我们引入了原子中粒子的静电库仑势 $V(\boldsymbol{r})$. 在本节中, 我们首先通过经典电动力学的分析力学形式引入带电粒子在电磁场中的最小耦合哈密顿量. 然后再从规范不变性的角度推导出这个最小耦合哈密顿量, 并将其简化为适合描述二能级原子与辐射场相互作用的简单形式.

10.1.1 有效势和最小耦合哈密顿量

真空中一个带电荷 e 的粒子以速度 $\boldsymbol{v}$ 在电场 $\boldsymbol{E}$ 和磁场 $\boldsymbol{B}$ 中运动时, 所受电磁力为

$$\boldsymbol{F} = e(\boldsymbol{E} + \boldsymbol{v} \times \boldsymbol{B}). \tag{10.1.2}$$

电场和磁场的演化满足麦克斯韦方程组:

$$\begin{aligned} \nabla \times \boldsymbol{E} + \frac{\partial \boldsymbol{B}}{\partial t} &= \boldsymbol{0}, \\ \nabla \cdot \boldsymbol{E} &= \frac{\rho}{\varepsilon_0}, \\ \nabla \times \boldsymbol{B} - \mu_0\varepsilon_0\frac{\partial \boldsymbol{E}}{\partial t} &= \mu_0\boldsymbol{j}, \\ \nabla \cdot \boldsymbol{B} &= 0, \end{aligned} \tag{10.1.3}$$

其中, ρ 和 $\boldsymbol{j}$ 分别为电荷密度和电流密度, ε_0 和 μ_0 分别为真空介电常量和真空磁导率. 由于 $\nabla \times \boldsymbol{F} \neq \boldsymbol{0}$, 洛伦兹 (Lorentz) 力显然不是通常意义下的保守力, 要想将电磁学规律写成保守体系的拉格朗日形式, 必须构建合适的广义势能 U, 使得广义力满足

$$Q_\alpha = -\frac{\partial U}{\partial q_\alpha} + \frac{\mathrm{d}}{\mathrm{d}t}\frac{\partial U}{\partial \dot{q}_\alpha}, \tag{10.1.4}$$

其中, q_α 为广义坐标, $\dot{q}_\alpha$ 为广义速度.

由 (10.1.3) 式的第四式可知, 磁场是无源场, 因此可以将 $\boldsymbol{B}$ 表示为一个矢势 $\boldsymbol{A}$ 的旋度, 即

$$\boldsymbol{B} = \nabla \times \boldsymbol{A}. \tag{10.1.5}$$

将 (10.1.5) 式代入 (10.1.3) 式的第一式, 并交换旋度算符和对时间求偏导的顺序, 可得

$$\nabla \times \left(\boldsymbol{E} + \frac{\partial \boldsymbol{A}}{\partial t}\right) = \boldsymbol{0}, \tag{10.1.6}$$

所以 $\boldsymbol{E} + \dfrac{\partial \boldsymbol{A}}{\partial t}$ 是无旋场, 因此其一定能表示成一个标势 φ 的负梯度, 即

$$\boldsymbol{E} = -\nabla\varphi - \frac{\partial \boldsymbol{A}}{\partial t}. \tag{10.1.7}$$

将 (10.1.7) 式和 (10.1.5) 式代入 (10.1.2) 式, 则在引入标势 φ 和矢势 $\boldsymbol{A}$ 后, 电磁力可表示为

$$\boldsymbol{F} = e\left[-\nabla\varphi - \frac{\partial \boldsymbol{A}}{\partial t} + \boldsymbol{v} \times (\nabla \times \boldsymbol{A})\right]. \tag{10.1.8}$$

利用

$$(\nabla\varphi)_x = \frac{\partial\varphi}{\partial x},$$
$$[\boldsymbol{v}\times(\nabla\times\boldsymbol{A})]_x = v_y\left(\frac{\partial A_y}{\partial x}-\frac{\partial A_x}{\partial y}\right)-v_z\left(\frac{\partial A_x}{\partial z}-\frac{\partial A_z}{\partial x}\right),$$

并考虑到 $\mathrm{d}\boldsymbol{A}/\mathrm{d}t = \partial\boldsymbol{A}/\partial t + (\boldsymbol{v}\cdot\nabla)\boldsymbol{A}$ 和 $(\boldsymbol{v}\cdot\nabla)\boldsymbol{A}+\boldsymbol{v}\times(\nabla\times\boldsymbol{A}) = \nabla(\boldsymbol{A}\cdot\boldsymbol{v})$, 可将 (10.1.8) 式化为

$$\boldsymbol{F} = e\left[-\nabla\varphi - \frac{\mathrm{d}\boldsymbol{A}}{\mathrm{d}t} + \nabla(\boldsymbol{A}\cdot\boldsymbol{v})\right], \tag{10.1.9}$$

将 (10.1.9) 式写成分量形式, 即为

$$F_x = e\left(-\frac{\partial\varphi}{\partial x} - \frac{\mathrm{d}A_x}{\mathrm{d}t} + v_x\frac{\partial A_x}{\partial x} + v_y\frac{\partial A_y}{\partial x} + v_z\frac{\partial A_z}{\partial x}\right). \tag{10.1.10}$$

又由于 φ 和 $\boldsymbol{A}$ 仅与位置有关, 而与速度无关, 因此

$$\frac{\mathrm{d}}{\mathrm{d}t}\frac{\partial(\varphi-\boldsymbol{A}\cdot\boldsymbol{v})}{\partial\boldsymbol{v}} = -\frac{\mathrm{d}\boldsymbol{A}}{\mathrm{d}t}. \tag{10.1.11}$$

将 (10.1.11) 式代入 (10.1.9) 式, 可得

$$\boldsymbol{F} = e\left[-\nabla(\varphi-\boldsymbol{A}\cdot\boldsymbol{v}) + \frac{\mathrm{d}}{\mathrm{d}t}\frac{\partial(\varphi-\boldsymbol{A}\cdot\boldsymbol{v})}{\partial\boldsymbol{v}}\right]. \tag{10.1.12}$$

对照 (10.1.4) 式, 可将带电粒子在电磁场中的广义势能取为

$$U = e(\varphi - \boldsymbol{A}\cdot\boldsymbol{v}). \tag{10.1.13}$$

知道了广义势能, 就可以直接写出其拉格朗日函数:

$$L = \frac{1}{2}mv^2 - e\varphi + e\boldsymbol{A}\cdot\boldsymbol{v}. \tag{10.1.14}$$

可以验证, 将该拉格朗日函数代入保守体系的拉格朗日方程, 就会得到

$$m\ddot{\boldsymbol{r}} = e(\boldsymbol{E}+\boldsymbol{v}\times\boldsymbol{B}). \tag{10.1.15}$$

将 (10.1.14) 式对广义速度求偏导, 可以得到广义动量:

$$\boldsymbol{p} = \frac{\partial L}{\partial\boldsymbol{v}} = m\boldsymbol{v} + e\boldsymbol{A}. \tag{10.1.16}$$

由此可见, 在电磁场存在时, 粒子的广义动量不再是普通的 $m\boldsymbol{v}$, 而是还要加上含矢势项 $e\boldsymbol{A}$. 于是根据勒让德变换可以得到带电粒子在电磁场中的最小耦合哈密顿函数为

$$H = \frac{\partial L}{\partial\boldsymbol{v}}\cdot\boldsymbol{v} - L = \frac{1}{2m}[\boldsymbol{p}-e\boldsymbol{A}(\boldsymbol{r},t)]^2 + e\varphi(\boldsymbol{r},t). \tag{10.1.17}$$

而相应的哈密顿算符只需要把广义动量 $\boldsymbol{p}$ 用动量算符 $\hat{\boldsymbol{p}}$ 替换即可, 因此

$$\hat{H} = \frac{1}{2m}[\hat{\boldsymbol{p}} - e\boldsymbol{A}(\boldsymbol{r},t)]^2 + e\varphi(\boldsymbol{r},t). \tag{10.1.18}$$

10.1.2 局域规范不变性和最小耦合哈密顿量

自由电子的运动由以下薛定谔方程描述:

$$-\frac{\hbar^2}{2m}\nabla^2\psi = \mathrm{i}\hbar\frac{\partial\psi}{\partial t}, \tag{10.1.19}$$

而

$$P(\boldsymbol{r},t) = |\psi(\boldsymbol{r},t)|^2$$

给出了在位置 $\boldsymbol{r}$ 和时间 t 找到电子的概率. 如果 $\psi(\boldsymbol{r},t)$ 是运动方程的一个解, 那么 $\psi'(\boldsymbol{r},t) = \psi(\boldsymbol{r},t)\exp(\mathrm{i}\chi)$ 也是运动方程的一个解, 其中, χ 是任意一个常量相位. 概率 $P(\boldsymbol{r},t)$ 不会受到 χ 的影响. 因此, 波函数 $\psi(\boldsymbol{r},t)$ 的相位选择是完全任意的, 两个仅相位系数不同的波函数代表相同的物理状态.

然而, 如果允许相位局部变化, 即相位是空间和时间的函数, 则情况就不同了, 即

$$\psi(\boldsymbol{r},t) \to \psi(\boldsymbol{r},t)\mathrm{e}^{\mathrm{i}\chi(\boldsymbol{r},t)}. \tag{10.1.20}$$

概率 P 不受这种变换的影响, 但薛定谔方程 (见 (10.1.19) 式) 不再成立. 如果我们想满足局域规范不变性, 就必须在 (10.1.19) 式中加入新的项来将薛定谔方程修改为

$$\left\{-\frac{\hbar^2}{2m}\left[\nabla - \mathrm{i}\frac{e}{\hbar}\boldsymbol{A}(\boldsymbol{r},t)\right]^2 + e\varphi(\boldsymbol{r},t)\right\}\psi = \mathrm{i}\hbar\frac{\partial\psi}{\partial t}, \tag{10.1.21}$$

其中, $\boldsymbol{A}(\boldsymbol{r},t)$ 和 $\varphi(\boldsymbol{r},t)$ 是空间和时间的函数. 也就是说, 如果我们想进行变换 (10.1.20), 就必须在 (10.1.19) 式中引入 $\boldsymbol{A}(\boldsymbol{r},t)$ 和 $\varphi(\boldsymbol{r},t)$, 并做如下变换:

$$\boldsymbol{A}(\boldsymbol{r},t) \to \boldsymbol{A}(\boldsymbol{r},t) + \frac{\hbar}{e}\nabla\chi(\boldsymbol{r},t),$$
$$\varphi(\boldsymbol{r},t) \to \varphi(\boldsymbol{r},t) - \frac{\hbar}{e}\frac{\partial\chi(\boldsymbol{r},t)}{\partial t}.$$

$\boldsymbol{A}(\boldsymbol{r},t)$ 和 $\varphi(\boldsymbol{r},t)$ 分别表示电磁场的矢势和标势, 它们是与规范变换相关的量, 与规范变换无关的量是电场强度和磁感应强度:

$$\boldsymbol{E} = -\nabla\varphi - \frac{\partial\boldsymbol{A}}{\partial t},$$
$$\boldsymbol{B} = \nabla\times\boldsymbol{A}.$$

由于局域规范不变性的要求, (10.1.21) 式是 (10.1.19) 式的逻辑延伸, 其形式为

$$\hat{H}\psi = \mathrm{i}\hbar\frac{\partial\psi}{\partial t}.$$

$\hat{H}$ 是 (10.1.1) 式所描述的最小耦合哈密顿量 ($\hat{\boldsymbol{p}} = -\mathrm{i}\hbar\nabla$). 薛定谔方程 (10.1.21) 表示电子与给定电磁场的相互作用. 电子由波函数 $\psi(\boldsymbol{r},t)$ 描述, 而场则分别由矢势 $\boldsymbol{A}$ 和标势 φ 描述.

值得注意的是, 哈密顿量 (10.1.1) 是从规范不变性论证中 "导出" 的, 并用与规范变换相关的量 $\boldsymbol{A}(\boldsymbol{r},t)$ 和 $\varphi(\boldsymbol{r},t)$ 来表示. 因此, 矢势和标势在量子力学中比电场强度和磁感应强度更基本. 在处理 "可观测" 电场和磁场的问题时, 它们不仅仅是为了数学上的简单而引入的, 相反, 如上所示, 它们在任何规范不变性论证中都会自然出现. 1959 年, 阿哈罗诺夫 (Aharonov) 和玻姆 (Bohm) 证明了矢势能够影响带电粒子的量子行为, 即使粒子被限制在场本身为零的区域 (该效应被称为 AB 效应). 所以, 薛定谔方程加上局域规范不变性的概念使我们引入了电磁场.

10.1.3 偶极近似和 $\boldsymbol{r}\cdot\boldsymbol{E}$ 哈密顿量

现在我们来研究电子与位于 $\boldsymbol{r}_0$ 处的力心 (原子核) 之间的势场 $V(\boldsymbol{r})$ 约束的问题. 原子与辐射场相互作用的最小耦合哈密顿量 (10.1.1) 可以通过偶极近似简化为简单的形式. 整个原子浸没在由矢势 $\boldsymbol{A}(\boldsymbol{r}_0+\boldsymbol{r},t)$ 描述的平面电磁波中. 这个矢势可以用偶极近似来写, 即当 $\boldsymbol{k}\cdot\boldsymbol{r}\ll 1$ (其中, $\boldsymbol{k}$ 为波矢) 时, 有

$$\begin{aligned}\boldsymbol{A}(\boldsymbol{r}_0+\boldsymbol{r},t) &= \boldsymbol{A}(t)\exp\left[\mathrm{i}\boldsymbol{k}\cdot(\boldsymbol{r}_0+\boldsymbol{r})\right]\\ &= \boldsymbol{A}(t)\exp\left(\mathrm{i}\boldsymbol{k}\cdot\boldsymbol{r}_0\right)\left(1+\mathrm{i}\boldsymbol{k}\cdot\boldsymbol{r}+\cdots\right)\\ &\approx \boldsymbol{A}(t)\exp\left(\mathrm{i}\boldsymbol{k}\cdot\boldsymbol{r}_0\right).\end{aligned}$$

此时, 薛定谔方程 (偶极近似) 由 (10.1.21) 式给出, 其中, $\boldsymbol{A}(\boldsymbol{r},t)\equiv\boldsymbol{A}(\boldsymbol{r}_0,t)$, 即

$$\left\{-\frac{\hbar^2}{2m}\left[\nabla-\frac{\mathrm{i}e}{\hbar}\boldsymbol{A}(\boldsymbol{r}_0,t)\right]^2+V(\boldsymbol{r})\right\}\psi(\boldsymbol{r},t)=\mathrm{i}\hbar\frac{\partial\psi(\boldsymbol{r},t)}{\partial t}, \tag{10.1.22}$$

这里, 我们加入了势场 $V(\boldsymbol{r})$, 即体系的哈密顿量为

$$\hat{H}_{\mathrm{V}}=-\frac{\hbar^2}{2m}\left[\nabla-\frac{\mathrm{i}e}{\hbar}\boldsymbol{A}(\boldsymbol{r}_0,t)\right]^2+V(\boldsymbol{r}). \tag{10.1.23}$$

在 (10.1.22) 式和本书的其他地方, 我们采用辐射规范, 其中,

$$\varphi(\boldsymbol{r},t)=0,$$

且

$$\nabla \cdot \boldsymbol{A} = 0.$$

我们可以通过定义新的波函数 $\phi(\boldsymbol{r},t)$ 来简化 (10.1.22) 式. 取

$$\psi(\boldsymbol{r},t) = \exp\left[\frac{\mathrm{i}e}{\hbar}\boldsymbol{A}(\boldsymbol{r}_0,t)\cdot\boldsymbol{r}\right]\phi(\boldsymbol{r},t),$$

这相当于对波函数做幺正变换:

$$\phi(\boldsymbol{r},t) = \hat{S}^\dagger\psi(\boldsymbol{r},t) = \exp\left[\frac{-\mathrm{i}e}{\hbar}\boldsymbol{A}(\boldsymbol{r}_0,t)\cdot\boldsymbol{r}\right]\psi(\boldsymbol{r},t).$$

把上式代入 (10.1.22) 式, 可得

$$\begin{aligned}\mathrm{i}\hbar&\left[\frac{\mathrm{i}e}{\hbar}\dot{\boldsymbol{A}}\cdot\boldsymbol{r}\phi(\boldsymbol{r},t)+\dot{\phi}(\boldsymbol{r},t)\right]\exp\left(\frac{\mathrm{i}e}{\hbar}\boldsymbol{A}\cdot\boldsymbol{r}\right)\\&=\exp\left(\frac{\mathrm{i}e}{\hbar}\boldsymbol{A}\cdot\boldsymbol{r}\right)\left[\frac{\hat{p}^2}{2m}+V(\boldsymbol{r})\right]\phi(\boldsymbol{r},t),\end{aligned}$$

其中, 我们利用了

$$\left[\nabla-\frac{\mathrm{i}e}{\hbar}\boldsymbol{A}(\boldsymbol{r}_0,t)\right]\psi(\boldsymbol{r},t) = \exp\left(\frac{\mathrm{i}e}{\hbar}\boldsymbol{A}\cdot\boldsymbol{r}\right)\nabla\phi(\boldsymbol{r},t),$$

$$\left[\nabla-\frac{\mathrm{i}e}{\hbar}\boldsymbol{A}(\boldsymbol{r}_0,t)\right]^2\psi(\boldsymbol{r},t) = \exp\left(\frac{\mathrm{i}e}{\hbar}\boldsymbol{A}\cdot\boldsymbol{r}\right)\nabla^2\phi(\boldsymbol{r},t).$$

消掉指数因子并重新排列后, (10.1.22) 式可以化简为

$$\mathrm{i}\hbar\dot{\phi}(\boldsymbol{r},t) = [\hat{H}_0 - e\boldsymbol{r}\cdot\boldsymbol{E}(\boldsymbol{r}_0,t)]\phi(\boldsymbol{r},t), \tag{10.1.24}$$

其中, 原子的哈密顿量为

$$\hat{H}_0 = \frac{\hat{p}^2}{2m}+V(\boldsymbol{r}),$$

这里, 我们利用了 $\boldsymbol{E} = -\dot{\boldsymbol{A}}$. 在新表象中, 体系的总哈密顿量为

$$\hat{H} = \hat{S}^\dagger\hat{H}_{\mathrm{V}}\hat{S} - \mathrm{i}\hbar\hat{S}^\dagger\frac{\partial}{\partial t}\hat{S} = \hat{H}_0 + \hat{H}_1,$$

其中,

$$\hat{H}_1 = -e\boldsymbol{r}\cdot\boldsymbol{E}(\boldsymbol{r}_0,t) \tag{10.1.25}$$

是原子与场相互作用的哈密顿量, 这和经典电动力学中电偶极子与外电场相互作用的形式一致, 我们称这种原子与场之间的相互作用为电偶极相互作用. 除了电偶极相互作用外, 原子还会通过磁偶极相互作用与电磁场耦合. 但是可以证明, 一般情况下磁偶极相互作用比电偶极相互作用要弱很多, 因此可以忽略不计.

10.2 二能级原子与经典单模光场的相互作用

10.2.1 模型

下面考虑频率为 ν 的单模辐射场与二能级原子的相互作用. 设 $|a\rangle$ 和 $|b\rangle$ 分别为原子的上能态和下能态, 即它们是哈密顿量中未扰动部分的本征态, 分别对应于本征值 $\hbar\omega_a$ 和 $\hbar\omega_b$. 二能级原子在任意时刻的量子态都可以写成如下形式:

$$|\psi(t)\rangle = C_a(t)|a\rangle + C_b(t)|b\rangle, \tag{10.2.1}$$

其中, C_a 和 C_b 分别是原子处于态 $|a\rangle$ 和态 $|b\rangle$ 时的概率幅. 相应的薛定谔方程为

$$|\dot{\psi}(t)\rangle = -\frac{\mathrm{i}}{\hbar}\hat{H}|\psi(t)\rangle, \tag{10.2.2}$$

这里,

$$\hat{H} = \hat{H}_0 + \hat{H}_1,$$

其中, $\hat{H}_0$ 和 $\hat{H}_1$ 分别代表哈密顿量中的未扰动部分和相互作用部分. 利用完备性关系 $|a\rangle\langle a| + |b\rangle\langle b| = 1$, 我们可以把 $\hat{H}_0$ 写成

$$\begin{aligned}\hat{H}_0 &= (|a\rangle\langle a| + |b\rangle\langle b|)\hat{H}_0(|a\rangle\langle a| + |b\rangle\langle b|)\\ &= \hbar\omega_a|a\rangle\langle a| + \hbar\omega_b|b\rangle\langle b|,\end{aligned}$$

其中, 我们利用了 $\hat{H}_0|a\rangle = \hbar\omega_a|a\rangle$ 和 $\hat{H}_0|b\rangle = \hbar\omega_b|b\rangle$. 同样, 哈密顿量中表示原子与辐射场相互作用的部分为

$$\begin{aligned}\hat{H}_1 &= -exE(t) = -e(|a\rangle\langle a| + |b\rangle\langle b|)x(|a\rangle\langle a| + |b\rangle\langle b|)E(t)\\ &= -(\wp_{ab}|a\rangle\langle b| + \wp_{ba}|b\rangle\langle a|)E(t),\end{aligned} \tag{10.2.3}$$

其中, $\wp_{ab} = \wp_{ba}^* = e\langle a|x|b\rangle$ 是电偶极矩的矩阵元, $E(t)$ 是原子所在位置的电场强度. 这里, 我们假设电场沿 x 方向线性极化. 在偶极近似中, 电场强度可表示为

$$E(t) = \mathcal{E}\cos\nu t,$$

其中, $\mathcal{E}$ 是电场的振幅, $\nu = ck$ 是电场的频率. C_a 和 C_b 的运动方程可写为

$$\begin{aligned}\dot{C}_a &= -\mathrm{i}\omega_a C_a + \mathrm{i}\Omega_{\mathrm{R}}\mathrm{e}^{-\mathrm{i}\varphi}\cos\nu t\cdot C_b,\\ \dot{C}_b &= -\mathrm{i}\omega_b C_b + \mathrm{i}\Omega_{\mathrm{R}}\mathrm{e}^{\mathrm{i}\varphi}\cos\nu t\cdot C_a,\end{aligned} \tag{10.2.4}$$

其中, 拉比频率 Ω_{R} 定义为

$$\Omega_{\mathrm{R}}=\frac{|\wp_{ba}|\mathcal{E}}{\hbar},$$

且 φ 是电偶极矩的矩阵元 ($\wp_{ba}=|\wp_{ba}|\exp(\mathrm{i}\varphi)$) 的相位. C_a, C_b 的演化可以分为由哈密顿量中相互作用项导致的演化和自由项导致的演化两部分, 即

$$C_a=c_a\mathrm{e}^{-\mathrm{i}\omega_a t},$$
$$C_b=c_b\mathrm{e}^{-\mathrm{i}\omega_b t},$$

其中, c_a, c_b 是相互作用项造成的概率幅的演化, $\mathrm{e}^{-\mathrm{i}\omega_a t}, \mathrm{e}^{-\mathrm{i}\omega_b t}$ 是自由项造成的算符演化, 该项只会造成一个相位的变化, 我们这里更关注的是相互作用项造成的概率幅的演化, 即

$$\begin{aligned}c_a&=C_a\mathrm{e}^{\mathrm{i}\omega_a t},\\ c_b&=C_b\mathrm{e}^{\mathrm{i}\omega_b t}.\end{aligned}\tag{10.2.5}$$

根据 (10.2.4) 式和 (10.2.5) 式, 可以得到

$$\begin{aligned}\dot{c}_a&=\mathrm{i}\frac{\Omega_{\mathrm{R}}}{2}\mathrm{e}^{-\mathrm{i}\varphi}c_b\mathrm{e}^{\mathrm{i}(\omega-\nu)t},\\ \dot{c}_b&=\mathrm{i}\frac{\Omega_{\mathrm{R}}}{2}\mathrm{e}^{\mathrm{i}\varphi}c_a\mathrm{e}^{-\mathrm{i}(\omega-\nu)t},\end{aligned}\tag{10.2.6}$$

其中, $\omega=\omega_a-\omega_b$ 是原子的跃迁频率. 在推导 (10.2.6) 式时, 我们利用**旋转波近似**, 忽略了与 $\exp[\pm\mathrm{i}(\omega+\nu)t]$ 成比例的反旋转项. 旋转波近似是处理光与原子相互作用的量子理论中常用的近似, 其核心是忽略哈密顿量中含时快速 (高频) 振荡项, 而保留低频振荡项.

10.2.2 跃迁选择定则

在讨论光与原子相互作用时, 我们发现相互作用哈密顿算符中出现了电偶极矩的矩阵元

$$\langle b|\,x\,|a\rangle\,,\quad \langle b|\,y\,|a\rangle\,,\quad \langle b|\,z\,|a\rangle\,.$$

下面讨论类似于氢原子这样的原子体系, 其哈密顿量是球对称的. 在这种情况下, 我们可以用量子数 n, l, m 来标记态, 矩阵元是

$$\langle n'l'm'|\,x|nlm\rangle.$$

巧妙运用角动量算符的对易关系和角动量算符的厄米性会对这些量产生一些条件限制, 我们接下来研究这些矩阵元不为零的条件.

1. 关于磁量子数 m 的跃迁选择定则

首先考虑 $\hat{L}_z$ 与 x, y, z 的对易关系:

$$[\hat{L}_z, x] = \mathrm{i}\hbar y, \quad [\hat{L}_z, y] = -\mathrm{i}\hbar x, \quad [\hat{L}_z, z] = 0.$$

由上述第三个对易关系可以得到

$$\langle n'l'm'|[\hat{L}_z, z]|nlm\rangle = \langle n'l'm'|\,\hat{L}_z z - z\hat{L}_z|nlm\rangle,$$

即

$$0 = \langle n'l'm' \mid [(m'\hbar)\, z - z(m\hbar)]\, |nlm\rangle = (m' - m)\,\hbar\,\langle n'l'm'|\, z|nlm\rangle.$$

因此, 要么 $m' = m$, 要么 $\langle n'l'm'|\, z|nlm\rangle = 0$. 所以, 除非 $m' = m$, 否则 z 的矩阵元总是等于零.

同样, 从 $\hat{L}_z$ 与 x 的对易关系可以得到

$$\begin{aligned}\langle n'l'm'|[\hat{L}_z, x]|nlm\rangle &= \langle n'l'm'|\,\hat{L}_z x - x\hat{L}_z|nlm\rangle \\ &= (m' - m)\,\hbar\,\langle n'l'm'|\, x|nlm\rangle = \mathrm{i}\hbar\,\langle n'l'm'|\, y|nlm\rangle,\end{aligned}$$

即

$$(m' - m)\,\langle n'l'm'|\, x|nlm\rangle = \mathrm{i}\,\langle n'l'm'|\, y|nlm\rangle.$$

因此无须计算 y 的矩阵元, 它们可以从相对应的 x 的矩阵元得到. 最后, 利用 $\hat{L}_z$ 与 y 的对易关系可以得到

$$\langle n'l'm'|[\hat{L}_z, y]|nlm\rangle = \langle n'l'm'|\,\hat{L}_z y - y\hat{L}_z|nlm\rangle,$$

即

$$(m' - m)\,\hbar\,\langle n'l'm'|\, y|nlm\rangle = -\mathrm{i}\hbar\,\langle n'l'm'|\, x|nlm\rangle,$$

可以得到

$$(m' - m)\,\langle n'l'm'|\, y|nlm\rangle = -\mathrm{i}\,\langle n'l'm'|\, x|nlm\rangle.$$

联立以上结果, 可以得到

$$(m' - m)^2\,\langle n'l'm'|\, x|nlm\rangle = \mathrm{i}\,(m' - m)\,\langle n'l'm'|\, y|nlm\rangle = \langle n'l'm'|\, x|nlm\rangle,$$

因此, 要么

$$(m' - m)^2 = 1,$$

要么

$$\langle n'l'm'|\,x|nlm\rangle = \langle n'l'm'|\,y|nlm\rangle = 0.$$

所以我们得到关于磁量子数 m 的跃迁选择定则:

$$\Delta m = \pm 1, 0. \tag{10.2.7}$$

这个结果很容易理解. 由于光子的自旋为 1, 因此它的 m 值是 $1, 0, -1$, 角动量 (z 分量) 守恒要求原子失去的角动量等于光子获得的角动量.

2. **关于轨道角量子数 l 的跃迁选择定则**

下面我们将直接利用如下对易关系:

$$[\hat{L}^2, [\hat{L}^2, \boldsymbol{r}]] = 2\hbar^2(\boldsymbol{r}\hat{L}^2 + \hat{L}^2\boldsymbol{r}). \tag{10.2.8}$$

其证明留给读者作为练习.

同前面的讨论一样, 我们把 (10.2.8) 式放在 $\langle n'l'm'|$ 和 $|nlm\rangle$ 之间来推导跃迁选择定则. 根据

$$\begin{aligned}
&\langle n'l'm'|[\hat{L}^2, [\hat{L}^2, \boldsymbol{r}]]|nlm\rangle \\
&= 2\hbar^2 \langle n'l'm'|\,\boldsymbol{r}\hat{L}^2 + \hat{L}^2\boldsymbol{r}|nlm\rangle \\
&= 2\hbar^4 \left[l(l+1) + l'(l'+1)\right] \langle n'l'm'|\,\boldsymbol{r}|nlm\rangle \\
&= \langle n'l'm'|\,[\hat{L}^2[\hat{L}^2, \boldsymbol{r}] - [\hat{L}^2, \boldsymbol{r}]\hat{L}^2]|nlm\rangle \\
&= \hbar^2 \left[l'(l'+1) - l(l+1)\right] \langle n'l'm'|\,[\hat{L}^2, \boldsymbol{r}]|nlm\rangle \\
&= \hbar^2 \left[l'(l'+1) - l(l+1)\right] \langle n'l'm'|\,\hat{L}^2\boldsymbol{r} - \boldsymbol{r}\hat{L}^2]|nlm\rangle \\
&= \hbar^4 \left[l'(l'+1) - l(l+1)\right]^2 \langle n'l'm'|\,\boldsymbol{r}|nlm\rangle,
\end{aligned}$$

我们发现, 要么

$$2\left[l(l+1) + l'(l'+1)\right] = \left[l'(l'+1) - l(l+1)\right]^2, \tag{10.2.9}$$

要么

$$\langle n'l'm'|\,\boldsymbol{r}|nlm\rangle = 0,$$

但是

$$\begin{aligned}
\left[l'(l'+1) - l(l+1)\right] &= (l'+l+1)(l'-l), \\
2\left[l(l+1) + l'(l'+1)\right] &= (l'+l+1)^2 + (l'-l)^2 - 1.
\end{aligned}$$

第一个条件 (见 (10.2.9) 式) 可以写为如下形式:

$$[(l'+l+1)^2-1][(l'-l)^2-1]=0.$$

第一个因子不可能为零 (除非 $l'=l=0$), 所以上式成立的条件为 $l'=l\pm1$. 因此我们得到关于 l 的跃迁选择定则:

$$\Delta l=\pm1. \tag{10.2.10}$$

这个结果也很容易理解. 由于光子的自旋为 1, 因此角动量的叠加规律只允许 $l'=l+1,\ l,\ l-1$. 虽然 $l'=l$ 满足角动量守恒, 但对于电偶极辐射, $l'=l$ 的情况不会发生.

10.2.3 光学拉比振荡

我们接下来求解方程 (10.2.6). c_a 和 c_b 的解可以表示为

$$\begin{aligned}
c_a(t)&=\left(a_1\mathrm{e}^{\mathrm{i}\Omega t/2}+a_2\mathrm{e}^{-\mathrm{i}\Omega t/2}\right)\mathrm{e}^{\mathrm{i}\Delta t/2},\\
c_b(t)&=\left(b_1\mathrm{e}^{\mathrm{i}\Omega t/2}+b_2\mathrm{e}^{-\mathrm{i}\Omega t/2}\right)\mathrm{e}^{-\mathrm{i}\Delta t/2},
\end{aligned}$$

其中, $\Delta=\omega-\nu$, 而

$$\Omega=\sqrt{\Omega_{\mathrm{R}}^2+(\omega-\nu)^2}.$$

$a_1,\ a_2,\ b_1,\ b_2$ 是积分常量, 需要通过初始条件确定, 即

$$\begin{aligned}
a_1&=\frac{1}{2\Omega}\left[(\Omega-\Delta)c_a(0)+\Omega_{\mathrm{R}}\mathrm{e}^{-\mathrm{i}\varphi}c_b(0)\right],\\
a_2&=\frac{1}{2\Omega}\left[(\Omega+\Delta)c_a(0)-\Omega_{\mathrm{R}}\mathrm{e}^{-\mathrm{i}\varphi}c_b(0)\right],\\
b_1&=\frac{1}{2\Omega}\left[(\Omega+\Delta)c_b(0)+\Omega_{\mathrm{R}}\mathrm{e}^{\mathrm{i}\varphi}c_a(0)\right],\\
b_2&=\frac{1}{2\Omega}\left[(\Omega-\Delta)c_b(0)-\Omega_{\mathrm{R}}\mathrm{e}^{\mathrm{i}\varphi}c_a(0)\right].
\end{aligned}$$

于是可得

$$\begin{aligned}
c_a(t)&=\left[c_a(0)\left(\cos\frac{\Omega t}{2}-\frac{\mathrm{i}\Delta}{\Omega}\sin\frac{\Omega t}{2}\right)+\mathrm{i}\frac{\Omega_{\mathrm{R}}}{\Omega}\mathrm{e}^{-\mathrm{i}\varphi}c_b(0)\sin\frac{\Omega t}{2}\right]\mathrm{e}^{\mathrm{i}\Delta t/2},\\
c_b(t)&=\left[c_b(0)\left(\cos\frac{\Omega t}{2}+\frac{\mathrm{i}\Delta}{\Omega}\sin\frac{\Omega t}{2}\right)+\mathrm{i}\frac{\Omega_{\mathrm{R}}}{\Omega}\mathrm{e}^{\mathrm{i}\varphi}c_a(0)\sin\frac{\Omega t}{2}\right)\mathrm{e}^{-\mathrm{i}\Delta t/2}.
\end{aligned}$$

不难证明

$$|c_a(t)|^2+|c_b(t)|^2=1.$$

这是概率守恒的体现, 因为原子处于态 $|a\rangle$ 或态 $|b\rangle$.

如果我们假设原子在初始时刻处于态 $|a\rangle$, 那么 $c_a(0)=1$, $c_b(0)=0$. 原子在时刻 t 处于态 $|a\rangle$ 和态 $|b\rangle$ 的概率分别为 $|c_a(t)|^2$ 和 $|c_b(t)|^2$. 我们接下来引入粒子布局反转这个物理量:

$$W(t)=|c_a(t)|^2-|c_b(t)|^2=\frac{\Delta^2-\Omega_{\mathrm{R}}^2}{\Omega^2}\sin^2\frac{\Omega t}{2}+\cos^2\frac{\Omega t}{2}.$$

在原子与入射场 ($\Delta=0$) 共振的特殊情况下, 有 $\Omega=\Omega_{\mathrm{R}}$, 以及

$$W(t)=\cos\Omega_{\mathrm{R}}t.$$

粒子布局反转在 -1 和 1 之间振荡, 频率为 Ω_{R}.

1937 年, 拉比考虑了自旋为 1/2 的磁偶极子在磁场中发生进动的问题, 给出了在射频磁场的作用下, 入射到施特恩 – 格拉赫仪器上的自旋为 1/2 的原子分别从 $(1,\ 0)^{\mathrm{T}}$ 或 $(0,\ 1)^{\mathrm{T}}$ 状态翻转到 $(0,\ 1)^{\mathrm{T}}$ 或 $(1,\ 0)^{\mathrm{T}}$ 状态的概率. 在本问题中, 原子在电磁场的作用下会在上能级和下能级之间发生拉比翻转, 这与自旋为 1/2 的系统完全类似.

10.3 二能级原子与量子化辐射场的相互作用

前面我们讨论了二能级原子与辐射场相互作用的半经典理论, 接下来我们讨论量子化辐射场与二能级原子的相互作用. 首先, 我们介绍如何把辐射场量子化. 然后, 我们通过原子与电磁场的电偶极相互作用, 引入量子化辐射场与原子相互作用的 J-C 模型.

10.3.1 辐射场的量子化

真空中自由电磁场 (其中, $\rho=0, \boldsymbol{J}=\mathbf{0}$) 的麦克斯韦方程组为

$$\begin{aligned}
\nabla\cdot\boldsymbol{E}&=0,\\
\nabla\times\boldsymbol{E}&=-\frac{\partial\boldsymbol{B}}{\partial t},\\
\nabla\cdot\boldsymbol{B}&=0,\\
\nabla\times\boldsymbol{B}&=\mu_0\varepsilon_0\frac{\partial\boldsymbol{E}}{\partial t},
\end{aligned}$$

其中, μ_0 和 ε_0 分别是真空磁导率和真空介电常量.

设一维无源谐振腔 (见图 10.3.1) 的腔轴沿 z 方向, 腔长为 L, 横截面积为 S. 现在考虑其中一个频率为 ω 的腔模, 假定它的电场 $\boldsymbol{E}(\boldsymbol{r},t)$ 沿 x 方向偏振, 即 $\boldsymbol{E}(\boldsymbol{r},t)=$

$\boldsymbol{e}_x E_x(z,t)$, 其中, $\boldsymbol{e}_x$ 是 x 方向的单位矢量, 且 $E_x(z,t)$ 满足边界条件: $E_x(0,t)=0$, $E_x(L,t)=0$, 即腔模满足驻波条件:

$$L=\frac{\lambda}{2}n, \quad n=1,2,3,\cdots.$$

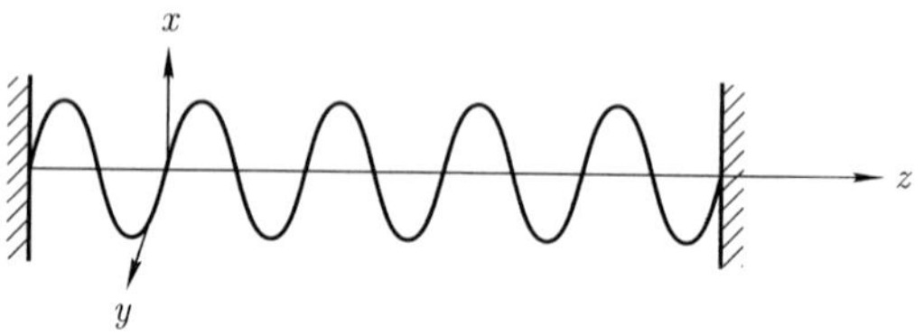

图 10.3.1 一维无源谐振腔

这个驻波模的电场可以写为

$$E_x(z,t)=\sqrt{\frac{E}{V\varepsilon_0}}X(t)\sin kz, \tag{10.3.1}$$

其中, $X(t)$ 是一个与时间有关的无量纲振幅, $V=SL$ 是谐振腔的体积, E 是任意常量, 而

$$k=\omega\sqrt{\mu_0\varepsilon_0}=\frac{\pi}{L}n$$

是驻波模的波数. 容易看出, $\boldsymbol{E}(\boldsymbol{r},t)=\boldsymbol{e}_x E_x(z,t)$ 满足麦克斯韦方程. 由麦克斯韦方程求得相应的磁场为 $\boldsymbol{B}(\boldsymbol{r},t)=\boldsymbol{e}_y B_y(z,t)$, 它沿 y 方向偏振, 其中,

$$B_y(z,t)=\frac{\mu_0\varepsilon_0}{k}\sqrt{\frac{E}{V\varepsilon_0}}\dot{X}(t)\cos kz.$$

腔内电磁场的能量为

$$\begin{aligned}H&=\frac{1}{2}\int_V\left[\varepsilon_0\boldsymbol{E}^2(\boldsymbol{r},t)+\frac{1}{\mu_0}\boldsymbol{B}^2(\boldsymbol{r},t)\right]\mathrm{d}V=\frac{S}{2}\int_0^L\left[\varepsilon_0E_x^2(z,t)+\frac{1}{\mu_0}B_y^2(z,t)\right]\mathrm{d}z\\&=\frac{E}{2L}\left[X^2(t)\int_0^L\sin^2kz\cdot\mathrm{d}z+\left(\frac{\dot{X}}{\omega}\right)^2\int_0^L\cos^2kz\cdot\mathrm{d}z\right]\\&=\frac{E}{4}\left[X^2(t)+\frac{P^2(t)}{(m\omega)^2}\right]=\frac{1}{2}m\omega^2X^2(t)+\frac{P^2(t)}{2m},\end{aligned} \tag{10.3.2}$$

其中, $P(t)=m\dot{X}$, 且我们取 $E=2m\omega^2$, 这里, m 是一个量纲为质量的任意常量. (10.3.2) 式是一个频率为 ω 的谐振子的哈密顿函数. 由哈密顿正则方程, 可以得到

$$\ddot{X}(t)+\omega^2X(t)=0.$$

这正是经典谐振子的运动方程, 其通解为

$$X(t) = X\cos\omega t + \frac{P}{m\omega}\sin\omega t,$$

其中, $X \equiv X(0)$, $P \equiv P(0)$. 动量的通解为

$$P(t) = -m\omega X\sin\omega t + P\cos\omega t.$$

通过直接计算可以证明腔内电磁场的能量 (见 (10.3.2) 式) 可以化为

$$H = \frac{1}{2m}\left[(m\omega X)^2 + P^2\right]. \tag{10.3.3}$$

若将 $\hat{X}$ 和 $\hat{P}$ 分别看作无量纲的坐标算符和动量算符, 并满足 $[\hat{X},\hat{P}] = \mathrm{i}\hbar$, 则 (10.3.3) 式可变成算符形式:

$$\hat{H} = \frac{1}{2m}[(m\omega\hat{X})^2 + \hat{P}^2].$$

这正是和谐振子对应的哈密顿算符. 由此可见, 无源谐振腔内的一个驻波模等效于一个谐振子. 引入

$$\hat{a} = \frac{1}{\sqrt{2\hbar m\omega}}(\mathrm{i}\hat{P} + m\omega\hat{X}), \quad \hat{a}^\dagger = \frac{1}{\sqrt{2\hbar m\omega}}(-\mathrm{i}\hat{P} + m\omega\hat{X}),$$

可将无源谐振腔内电磁场的哈密顿算符表示为

$$\hat{H} = \hbar\omega\left(\hat{a}^\dagger\hat{a} + \frac{1}{2}\right),$$

其中, 湮灭算符 $\hat{a}$ 和产生算符 $\hat{a}^\dagger$ 满足对易关系 $\left[\hat{a},\hat{a}^\dagger\right] = 1$. 而 $\hat{a}^\dagger\hat{a}$ 则是光子数算符, $\hbar\omega$ 是一个光子的能量. 相应的电场算符为

$$\begin{aligned}\hat{E}_x(z,t) &= \sqrt{\frac{E}{V\varepsilon_0}}\left(\hat{X}\cos\omega t + \frac{\hat{P}}{m\omega}\sin\omega t\right)\sin kz \\ &= \sqrt{\frac{\hbar\omega}{V\varepsilon_0}}\left[\hat{a}\exp(-\mathrm{i}\omega t) + \hat{a}^\dagger\exp(\mathrm{i}\omega t)\right]\sin kz.\end{aligned}$$

上面我们利用正则量子化方法完成了辐射场的量子化, 这种方法可以推广到其他场的量子化, 例如, 声波、自旋波等. 其核心思想是: 根据某种经典场满足的波动方程, 找出在特定边界条件下波动方程的本征解, 即给出场的本征模; 把本征模和谐振子对应起来, 利用量子力学中谐振子的量子化方法即可完成这种经典场的量子化.

10.3.2 J-C 模型

我们接下来考虑二能级原子与量子化光场通过电偶极相互作用耦合在一起. 量子化光场对应的电场算符 $\hat{\boldsymbol{E}}$ 与二能级原子相互作用的哈密顿量在偶极近似下可以写成

$$\hat{H} = \hat{H}_{\mathrm{A}} + \hat{H}_{\mathrm{F}} - e\boldsymbol{r} \cdot \hat{\boldsymbol{E}},$$

其中,

$$\hat{H}_{\mathrm{A}} = \sum_i E_i \hat{\sigma}_{ii}$$

(其中, $\hat{\sigma}_{ij} = |i\rangle\langle j|$) 为原子的自由哈密顿量, 这里, $|i\rangle$ 为原子的本征态, E_i 为态 $|i\rangle$ 对应的本征能量. 而

$$\hat{H}_{\mathrm{F}} = \hbar\omega\hat{a}^\dagger\hat{a}$$

为单模光场的哈密顿量, 这里, ω 为光场频率. 同时

$$e\boldsymbol{r} = \sum_{i,j} e|i\rangle\langle i|\boldsymbol{r}|j\rangle\langle j| = \sum_{i,j} \boldsymbol{p}_{ij}\hat{\sigma}_{ij},$$

其中, 电偶极跃迁矩阵元为

$$\boldsymbol{p}_{ij} = e\langle i|\boldsymbol{r}|j\rangle.$$

我们接下来考虑单模线偏振电场

$$\hat{\boldsymbol{E}}(\boldsymbol{r}) = \sqrt{\frac{\hbar\omega}{V\varepsilon_0}}(\hat{a} + \hat{a}^\dagger)\sin kz\boldsymbol{e}_x,$$

因此

$$-e\boldsymbol{r} \cdot \hat{\boldsymbol{E}} = \hbar\sum_{i,j} g^{ij}\hat{\sigma}_{ij}\left(\hat{a} + \hat{a}^\dagger\right),$$

其中, 耦合系数为

$$g^{ij} = -\frac{\boldsymbol{p}_{ij} \cdot \boldsymbol{e}_x\mathcal{E}_0}{\hbar}\sin kz,$$

这里, $\mathcal{E}_0 = \sqrt{\hbar\omega/(V\varepsilon_0)}$. 于是, 系统的总哈密顿量为

$$\hat{H} = \hbar\omega\hat{a}^\dagger\hat{a} + \sum_i E_i\hat{\sigma}_{ii} + \hbar\sum_{i,j} g^{ij}\hat{\sigma}_{ij}\left(\hat{a} + \hat{a}^\dagger\right),$$

这里已经忽略了零点能. 如果假定 $\boldsymbol{p}_{12} = \boldsymbol{p}_{21}$ (即电偶极矩阵元为厄米共轭), 则有

$$g = g^{12} = g^{21}.$$

于是, 由于 $\boldsymbol{p}_{ii} = e\langle i|\boldsymbol{r}|i\rangle = 0$ (禁戒跃迁), 因此有

$$\hat{H} = \hbar\omega\hat{a}^\dagger\hat{a} + (E_1\hat{\sigma}_{11} + E_2\hat{\sigma}_{22}) + \hbar g\left(\hat{\sigma}_{12} + \hat{\sigma}_{21}\right)\left(\hat{a} + \hat{a}^\dagger\right).$$

下面我们通过讨论 $\hat{\sigma}_{ij}$ 的性质来简化哈密顿算符. 令 $E_2 - E_1 = \hbar\omega_0$, 且由原子态的正交及完备性可知

$$\sum_{i=1}^{2}|i\rangle\langle i| = \hat{\sigma}_{11} + \hat{\sigma}_{22} = 1,$$

因此可得

$$E_1\hat{\sigma}_{11} + E_2\hat{\sigma}_{22} = \frac{1}{2}\hbar\omega\left(\hat{\sigma}_{22} - \hat{\sigma}_{11}\right) + \frac{1}{2}\left(E_1 + E_2\right).$$

忽略常量项 $\frac{1}{2}(E_1 + E_2)$, 并注意到

$$\hat{\sigma}_z = \hat{\sigma}_{22} - \hat{\sigma}_{11} = |2\rangle\langle 2| - |1\rangle\langle 1|, \quad \hat{\sigma}_+ = \hat{\sigma}_{21} = |2\rangle\langle 1|, \quad \hat{\sigma}_- = \hat{\sigma}_+^\dagger,$$

则有

$$\hat{H} = \hbar\omega\hat{a}^\dagger\hat{a} + \frac{1}{2}\hbar\omega_0\hat{\sigma}_z + \hbar g\left(\hat{\sigma}_+ + \hat{\sigma}_-\right)\left(\hat{a} + \hat{a}^\dagger\right). \tag{10.3.4}$$

在旋转波近似下, 我们可以忽略 $\hat{\sigma}_+\hat{a}^\dagger$, $\hat{\sigma}_-\hat{a}$ 这些项, 于是得到

$$\hat{H} = \hbar\omega\hat{a}^\dagger\hat{a} + \frac{1}{2}\hbar\omega_0\hat{\sigma}_z + \hbar g\left(\hat{\sigma}_+\hat{a} + \hat{\sigma}_-\hat{a}^\dagger\right). \tag{10.3.5}$$

(10.3.5) 式是量子光学中著名的 J-C 模型. 它描述了二能级量子系统与单模量子化场的相干耦合作用, 奠定了量子光学中光与物质相互作用的全量子理论基础. 不仅如此, 随着量子科学的发展, J-C 模型也是腔量子电动力学、超导量子电路、自旋 – 纳米机械振子杂化系统等的理论基础. J-C 模型在量子光学与量子信息领域具有重要应用.

习 题

1. 证明薛定谔方程 (见 (10.1.21) 式) 满足局域规范不变性.

2. 考虑一个与频率为 ν 的经典场相互作用的三能级原子. 跃迁 $|a\rangle \to |b\rangle$ 和 $|b\rangle \to |c\rangle$ 是允许的, 而 $|a\rangle \to |c\rangle$ 则是禁戒的. 同时假设 $\omega_a - \omega_b = \omega_b - \omega_c = \nu$. 假定原子在初始时刻处于态 $|c\rangle$, 求在旋转波近似下原子在初始时刻处于态 $|a\rangle$ 和态 $|c\rangle$ 的概率.

3. 考虑一个具有未扰动哈密顿量 $\hat{H}_0$ (与时间无关) 的二能级原子. 我们用一个与时间有关的势场对其进行扰动, 使其哈密顿量变为

$$\hat{H}(t) = \hat{H}_0 + \hat{V}(t),$$

其中, $\hat{H}_0$ 的本征态是能量为 E_1, E_2 的态 $|1\rangle$ 和态 $|2\rangle$. 假设 $E_1 < E_2$, 且 $\omega_{21} = (E_2 - E_1)/\hbar$. 若取微扰的形式为

$$\hat{V}(t) = \gamma \mathrm{e}^{\mathrm{i}\omega t}|1\rangle\langle 2| + \gamma \mathrm{e}^{-\mathrm{i}\omega t}|2\rangle\langle 1|,$$

其中, γ 是实常量, ω 是给定频率. 假设系统在 $t = 0$ 时刻处于态 $|1\rangle$. 在以后的时间里, 我们可以写出

$$|\psi(t)\rangle = c_1(t)\mathrm{e}^{-\frac{\mathrm{i}}{\hbar}E_1 t}|1\rangle + c_2(t)\mathrm{e}^{-\frac{\mathrm{i}}{\hbar}E_2 t}|2\rangle,$$

其中, $c_1(0) = 1$, $c_2(0) = 0$.

(1) 根据薛定谔方程写出 $c_1(t), c_2(t)$ 的耦合微分方程.

(2) 对于任意 ω, (1) 中求出的微分方程都可以精确求解. 然而, 为了简化本问题中的数学运算, 我们重点讨论 $\omega = \omega_{21}$ 的共振情况. 在这种特殊情况下, 根据上述初始条件, 求解 $c_1(t)$, $c_2(t)$ 的耦合微分方程.

(3) 系统处于态 $|1\rangle$ 和态 $|2\rangle$ 的概率 $P_1(t)$, $P_2(t)$ 分别是多少?

(4) 假设 γ 很小, 使用一级含时微扰理论求出系统处于态 $|2\rangle$ 的概率 $P_2(t)$. 对于一般的 ω 进行计算, 然后取最终结果的一个 $\omega \to \omega_{12}$ 的极限, 并与上面得到的精确结果进行比较. $\omega = \omega_{21}$ 的微扰理论结果在什么条件下有效?

4. 考虑一个二能级原子, 其在外场驱动下的哈密顿量为

$$\hat{H} = E_0|1\rangle\langle 1| + \sqrt{2}E_0|1\rangle\langle 2| + \sqrt{2}E_0|2\rangle\langle 1|,$$

其中, $|1\rangle, |2\rangle$ 分别是原子的基态和第一激发态, E_0 是实常量. 如果系统在初始时刻处于态 $|1\rangle$, 那么在时刻 t 处于态 $|2\rangle$ 的概率有多大? 确定态 $|1\rangle$ 和态 $|2\rangle$ 之间的振荡周期.

5. 在海森伯绘景下, 基于 J-C 模型, 求算符 $\hat{a}$ 与 $\hat{\sigma}_-$ 随时间的演化.

6. 考虑一个三能级系统, 其哈密顿算符为

$$\hat{H} = \hbar(\Omega_1|e\rangle\langle g_1| + \Omega_1^*|g_1\rangle\langle e| + \Omega_2|e\rangle\langle g_2| + \Omega_2^*|g_2\rangle\langle e|),$$

其中, Ω_1 和 Ω_2 是复耦合系数, 且该三能级系统由归一化的态 $|g_1\rangle$, $|g_2\rangle$ 和 $|e\rangle$ 描述.

(1) 对于实的 $\Omega_1 = \Omega_2 = \Omega > 0$, 在以 $|g_1\rangle$, $|g_2\rangle$ 和 $|e\rangle$ 为基矢的表象中, 求能量的本征值和本征态.

(2) 对于实的 $\Omega_1 = \Omega_2 = \Omega > 0$, 设初态为 $|\psi(0)\rangle = |g_1\rangle$, 计算 t 时刻的态 $|\psi(t)\rangle$.

(3) 对于一般的复耦合系数 Ω_1 和 Ω_2, 证明总是存在一个本征值为 0 的本征态, 并写出零能本征态的归一化表达式.

第十一章 开放量子系统

前面章节中我们研究了各种量子体系 (例如, 电子、原子、线性谐振子等) 在各种势场中的量子性质, 而不考虑这些量子体系和外界环境的耦合, 即忽略了外界环境对量子体系的影响. 在这种情况下, 我们所关注的量子体系相当于一个孤立系统, 体系的动力学演化都是幺正演化, 遵从薛定谔方程. 然而, 现实中的研究对象都是处于一个更大的外界环境中, 外界环境不可避免地要对所研究的量子体系产生影响, 破坏体系的量子相干性, 即发生量子退相干现象. 例如, 真空中处于激发态的原子会发生自发辐射, 而不是一直处于这个激发态上, 这就是外界环境对原子产生的影响. 要解释这些现象, 就要对之前的量子理论做相应的推广. 于是, 描述体系量子态的态矢量就得用密度算符 (矩阵) 替代, 而描述量子体系相干演化的薛定谔方程就不再适用, 而要代之以**量子主方程**.

11.1 密 度 矩 阵

11.1.1 密度算符与密度矩阵

前面我们讲过一个量子体系的状态 ψ 可以用希尔伯特空间中的一个矢量 $|\psi\rangle$ 描述. 此量子态 $|\psi\rangle$ 或者是某力学量算符 $\hat{F}$ 的本征态, 或者可以按照 $\hat{F}$ 的本征态做线性叠加, 我们称这样的量子态为纯态. 定义与量子态 $|\psi\rangle$ 相应的密度算符

$$\hat{\rho} = |\psi\rangle\langle\psi| \tag{11.1.1}$$

作为量子态的另一种描述方式. 对于纯态 $|\psi\rangle$, 这两种描述方式是等价的. 按此定义, 显然有

$$\hat{\rho}^{\dagger} = \hat{\rho},$$
$$\hat{\rho}^{2} = \hat{\rho}.$$

如果在算符 $\hat{G}$ 的表象 ($\hat{G}|n\rangle = G_n|n\rangle$) 中, 则与量子态 $|\psi\rangle$ 对应的密度算符可表示为如下矩阵形式 (称为密度矩阵):

$$\rho_{nn'}(t) = \langle n \mid \hat{\rho}(t)|n'\rangle = \langle n \mid \psi(t)\rangle \langle\psi(t) \mid n'\rangle = C_n(t)C_{n'}^*(t),$$

其对角元

$$\rho_{nn}(t)=|C_n(t)|^2=|\langle n\mid\psi(t)\rangle|^2\geqslant 0$$

是在态 $|\psi\rangle$ 下测量 G 得到 G_n 值的概率, 也是投影算符 $\hat{P}_n$ 在态 $|\psi\rangle$ 下的平均值. 由 $|\psi(t)\rangle$ 的归一化条件, 可得密度矩阵的对角元之和为 1, 即

$$\operatorname{tr}\hat{\rho}=\sum_n|C_n(t)|^2=1.$$

密度算符 $\hat{\rho}$ 还可以表示成

$$\begin{aligned}\hat{\rho}=|\psi(t)\rangle\langle\psi(t)|&=\sum_{n,n'}|n\rangle\langle n\mid\psi(t)\rangle\langle\psi(t)\mid n'\rangle\langle n'|\\&=\sum_{n,n'}C_n(t)C_{n'}^*(t)|n\rangle\langle n'|=\sum_{n,n'}\rho_{nn'}(t)|n\rangle\langle n'|.\end{aligned}\tag{11.1.2}$$

可以看出, 如果 $\rho_{nn'}=0$, 则 $C_n=0$ 或 $C_{n'}=0$. 而当 C_n 和 $C_{n'}$ 均不为 0 时, $\rho_{nn'}$ 才不为 0. 所以, 与态 $|\psi\rangle$ 相应的密度矩阵的矩阵元 $\rho_{nn'}$ 出现时, 态 $|\psi\rangle$ 下必含有态 $|n\rangle$ 和态 $|n'\rangle$. $\rho_{nn'}$ 的值与态 $|n\rangle$ 和态 $|n'\rangle$ 在态 $|\psi\rangle$ 下出现的概率和相对相位都有关, $\rho_{nn'}$ 表征了在态 $|\psi\rangle$ 下态 $|n\rangle$ 和态 $|n'\rangle$ 的**量子相干性**.

在态 $|\psi\rangle$ 下, 任何力学量 F (对应算符 $\hat{F}$) 的平均值都可以用密度矩阵计算如下:

$$\begin{aligned}\langle F\rangle=\langle\psi|\hat{F}|\psi\rangle&=\sum_{n,n'}\langle\psi\mid n\rangle\langle n|\hat{F}|n'\rangle\langle n'\mid\psi\rangle\\&=\sum_{n,n'}C_n^*F_{nn'}C_{n'}=\sum_{n,n'}\rho_{n'n}F_{nn'}\\&=\sum_{n'}(\hat{\rho}\hat{F})_{n'n'}=\sum_n(\hat{F}\hat{\rho})_{nn},\end{aligned}$$

所以

$$\langle F\rangle=\operatorname{tr}(\hat{\rho}\hat{F})=\operatorname{tr}(\hat{F}\hat{\rho}).\tag{11.1.3}$$

基于薛定谔方程, 可以得到密度算符 $\hat{\rho}(t)$ 随时间的演化方程. 利用

$$\mathrm{i}\hbar\frac{\partial}{\partial t}|\psi(t)\rangle=\hat{H}|\psi(t)\rangle,$$

可得

$$\begin{aligned}\frac{\mathrm{d}}{\mathrm{d}t}\hat{\rho}(t)&=\frac{\partial|\psi(t)\rangle}{\partial t}\langle\psi(t)|+|\psi(t)\rangle\frac{\partial}{\partial t}\langle\psi(t)|\\&=\frac{\hat{H}|\psi(t)\rangle}{\mathrm{i}\hbar}\langle\psi(t)|+|\psi(t)\rangle\langle\psi(t)|\frac{\hat{H}}{-\mathrm{i}\hbar}\\&=\frac{1}{\mathrm{i}\hbar}[\hat{H}\hat{\rho}(t)-\hat{\rho}(t)\hat{H}],\end{aligned}$$

所以

$$
\mathrm{i}\hbar\frac{\mathrm{d}}{\mathrm{d}t}\hat{\rho}(t)=[\hat{H},\hat{\rho}(t)]. \tag{11.1.4}
$$

这是体系处于纯态时与薛定谔方程等价的**冯 · 诺依曼** (von Neumann) **方程**, 和经典统计物理中的刘维尔 (Liouville) 方程形式相似.

通常, 在实际问题的计算中, 采用所谓的**相互作用绘景**是很方便的. 设系统的哈密顿算符可以表示为 $\hat{H}=\hat{H}_0+\hat{H}_{\mathrm{I}}$, 其中, $\hat{H}_0$ 是量子体系的自由哈密顿算符, 而 $\hat{H}_{\mathrm{I}}$ 表征相互作用部分. 我们可以做如下幺正变换:

$$
\begin{aligned}
\hat{V}_{\mathrm{I}}&=\exp\left(\frac{\mathrm{i}}{\hbar}\hat{H}_0t\right)\hat{H}_{\mathrm{I}}\exp\left(-\frac{\mathrm{i}}{\hbar}\hat{H}_0t\right)=\hat{U}_0^{\dagger}(t)\hat{H}_{\mathrm{I}}\hat{U}_0(t),\\
|\psi_{\mathrm{I}}(t)\rangle&=\hat{U}_0^{\dagger}(t)|\psi(t)\rangle.
\end{aligned}
$$

由

$$
\frac{\partial}{\partial t}\left|\psi_{\mathrm{I}}(t)\right\rangle=\left[\frac{\partial}{\partial t}\hat{U}_0^{\dagger}(t)\right]\left|\psi(t)\right\rangle+\hat{U}_0^{\dagger}(t)\frac{\partial}{\partial t}|\psi(t)\rangle,
$$

以及薛定谔方程, 可以得到

$$
\mathrm{i}\hbar\frac{\partial}{\partial t}\left|\psi_{\mathrm{I}}(t)\right\rangle=\hat{V}_{\mathrm{I}}(t)\left|\psi_{\mathrm{I}}(t)\right\rangle.
$$

这就是相互作用绘景下的薛定谔方程, 在处理很多实际问题时经常会用到.

任意算符 $\hat{O}$ 满足

$$
\hat{O}_{\mathrm{I}}(t)=\hat{U}_0^{\dagger}(t)\hat{O}\hat{U}_0(t),
$$

因为

$$
\begin{aligned}
\langle O\rangle&=\langle\psi(t)|\hat{O}|\psi(t)\rangle=\langle\psi_{\mathrm{I}}(t)|\hat{U}_0^{\dagger}(t)\hat{O}\hat{U}_0(t)|\psi_{\mathrm{I}}(t)\rangle\\
&=\langle\psi_{\mathrm{I}}(t)|\hat{O}_{\mathrm{I}}(t)|\psi_{\mathrm{I}}(t)\rangle.
\end{aligned}
$$

于是我们可以得到相互作用绘景下的冯 · 诺依曼方程

$$
\mathrm{i}\hbar\frac{\mathrm{d}}{\mathrm{d}t}\rho_{\mathrm{I}}(t)=[\hat{V}_{\mathrm{I}},\rho_{\mathrm{I}}(t)]. \tag{11.1.5}
$$

11.1.2 混合态的密度算符

当我们研究的体系处于一系列纯态 $|\psi_l\rangle$ 的统计混合态时, 例如, 自然光源发出的光, 此时就不能用一个单纯的态矢量来描述体系的状态了, 上面建立的密度算符

理论特别适用于这种情况. 注意: 不要把统计混合态和量子叠加态的概念混淆. 对于统计混合态, 我们掌握的体系的量子态信息不全面, 只是知道处于某些确定量子态的概率; 而对于由几个不同量子态的线性叠加构成的量子态, 此时量子体系的状态是确定的, 也就是这些不同量子态叠加后构成的态矢量, 这是一个纯态.

设体系处于一系列纯态 $|\psi_l\rangle$ 的统计混合态, 纯态 $|\psi_l\rangle$ 对应的概率为 P_l, $l=1,2,3,\cdots$, 因此可观测物理量 G 的期望值是对一个体系的系综进行测量时的平均值, 即

$$\langle G\rangle=\sum_l P_l\langle\psi_l|\hat{G}|\psi_l\rangle=\sum_l P_l\mathrm{tr}(\hat{\rho}_l\hat{G})=\mathrm{tr}(\hat{\rho}\hat{G}),$$

其中, 我们引入

$$\hat{\rho}=\sum_l P_l|\psi_l\rangle\langle\psi_l|=\sum_l P_l\hat{\rho}_l \tag{11.1.6}$$

描述处于统计混合态的量子体系的状态, 其中, $\hat{\rho}_l=|\psi_l\rangle\langle\psi_l|$ 是与纯态 $|\psi_l\rangle$ 相应的密度算符. 注意: 此时 $\hat{\rho}^2=\hat{\rho}$ 不再成立. 但是以下性质仍然成立:

$$\begin{aligned}
&\hat{\rho}^\dagger=\hat{\rho},\\
&\mathrm{tr}\,\hat{\rho}=\sum_k P_k\,\mathrm{tr}\,\hat{\rho}_k=\sum_k P_k=1,\\
&\frac{\mathrm{d}}{\mathrm{d}t}\hat{\rho}=\sum_k P_k\frac{\mathrm{d}}{\mathrm{d}t}\hat{\rho}_k=\frac{1}{\mathrm{i}\hbar}\sum_k P_k[\hat{H},\hat{\rho}_k]=\frac{1}{\mathrm{i}\hbar}\left[\hat{H},\sum_k P_k\hat{\rho}_k\right]=\frac{1}{\mathrm{i}\hbar}[\hat{H},\hat{\rho}].
\end{aligned}$$

而

$$\begin{aligned}
\hat{\rho}^2&=\sum_{k,k'}P_kP_{k'}\,|\psi_k\rangle\,\langle\psi_k\mid\psi_{k'}\rangle\,\langle\psi_{k'}|=\sum_{k,k'}P_kP_{k'}\,|\psi_k\rangle\,\langle\psi_{k'}|\,\delta_{kk'}\\
&=\sum_k P_k^2\,|\psi_k\rangle\,\langle\psi_k|\quad\left(P_k^2\leqslant P_k\right)\\
&\leqslant\sum_k P_k\,|\psi_k\rangle\,\langle\psi_k|=\hat{\rho}.
\end{aligned}$$

上式中的等号只在纯态下才成立. 由此可知, $\mathrm{tr}\,\hat{\rho}^2\leqslant 1$.

在算符 $\hat{F}$ 的表象 $(\hat{F}|n\rangle=F_n|n\rangle)$ 中, $\hat{\rho}$ 可以表示为如下矩阵形式:

$$\rho_{nn'}=\sum_k P_k\,\langle n\mid\psi_k\rangle\,\langle\psi_k\mid n'\rangle=\sum_k P_kC_n^kC_{n'}^{k*},$$

其中,

$$C_n^k=\langle n\mid\psi_k\rangle\,,\quad C_{n'}^{k*}=\langle\psi_k\mid n'\rangle\,.$$

该矩阵的对角元为

$$\rho_{nn}=\sum_k P_k\left|C_n^k\right|^2\geqslant 0.$$

$\left|C_n^k\right|^2$ 是在纯态 $|\psi_k\rangle$ 下测量 F 得到 F_n 值的概率. ρ_{nn} 称为在混合态下量子态 $|n\rangle$ 的**布居**, 即在混合态下测得体系处于态 $|n\rangle$ 的概率. 非对角元 $\rho_{nn'}$ 表征在 $\hat{\rho}$ 描述的混合态下, 态 $|n\rangle$ 与态 $|n'\rangle$ 的**相干**.

11.1.3 子系统及约化密度矩阵

在实际问题中, 我们所关注的量子体系往往是一个由更大量子系统构成的复合系统. 密度算符理论特别适合处理涉及两个或多个子系统构成的复合量子系统的情形. 设复合系统由 A, B 两个子系统构成, 那么我们可以用 $\hat{\rho}_{AB}$ 表示复合系统的密度算符. 设 A, B 两个子系统对应的希尔伯特空间分别为 $\mathrm{H}_A, \mathrm{H}_B$, 而相应的完备基分别为

$$\{|a_i\rangle, i=1,2,\cdots,m\} \quad 及 \quad \{|b_j\rangle, j=1,2,\cdots,n\}.$$

与复合系统对应的希尔伯特空间记为 $\mathrm{H}_{AB}=\mathrm{H}_A\otimes\mathrm{H}_B$, 其完备基可以表示为

$$\{|\alpha_{ij}\rangle=|a_i\rangle\otimes|b_j\rangle, i=1,2,\cdots,m, j=1,2,\cdots,n\}.$$

如果我们要对子系统 A 的某个可观测物理量 G_A 进行测量, 试问此物理量的期望值如何表示? 在复合系统中, 与可观测物理量 G_A 对应的算符可以表示为 $\hat{G}_A\otimes\hat{I}_B$, 其中, $\hat{I}_B$ 为子系统 B 的单位算符. 于是物理量 G_A 的期望值为

$$\begin{aligned}\langle G_A\rangle &= \mathrm{tr}(\hat{G}_A\otimes\hat{I}_B\hat{\rho}_{AB}) = \sum_{i,j}\langle a_i|\langle b_j|\hat{G}_A\otimes\hat{I}_B\hat{\rho}_{AB}|a_i\rangle|b_j\rangle \\ &= \sum_i\langle a_i|\hat{G}_A(\sum_j\langle b_j|\hat{\rho}_{AB}|b_j\rangle)|a_i\rangle = \mathrm{tr}(\hat{G}_A\hat{\rho}_A),\end{aligned}$$

其中,

$$\hat{\rho}_A=\sum_j\langle b_j|\hat{\rho}_{AB}|b_j\rangle=\mathrm{tr}_B\hat{\rho}_{AB} \tag{11.1.7}$$

称为子系统 A 的约化密度算符. 一般而言, 一个子系统的约化密度矩阵描述的是一个统计混合态.

例 求电子自旋 $\sigma_x=\pm1$ 的本征态在 σ_z 表象中的密度矩阵.

解答 在 σ_z 表象中, 基矢记为

$$|0\rangle=\begin{pmatrix}1\\0\end{pmatrix}, \qquad |1\rangle=\begin{pmatrix}0\\1\end{pmatrix},$$

它们分别是 $\sigma_z = \pm 1$ 的本征态. 而 $\sigma_x = \pm 1$ 的本征态则为

$$|+\rangle = \frac{1}{\sqrt{2}}\begin{pmatrix}1\\1\end{pmatrix}, \quad |-\rangle = \frac{1}{\sqrt{2}}\begin{pmatrix}1\\-1\end{pmatrix}.$$

由此可得, $\sigma_x = 1$ 和 $\sigma_x = -1$ 的本征态对应的密度矩阵分别为

$$\rho = \frac{1}{2}\begin{pmatrix}1 & 1\\1 & 1\end{pmatrix}, \quad \rho = \frac{1}{2}\begin{pmatrix}1 & -1\\-1 & 1\end{pmatrix}.$$

11.2 量子主方程

11.2.1 量子主方程的一般形式

我们现在来讨论量子体系与环境的耦合问题. 假设外界环境是一个具有很多自由度的大量子系统, 称之为库. 由于库是一个很大的系统, 因此我们所研究的微观量子体系对这个库的影响可以忽略不计, 而外界环境库的存在, 以及它和量子体系的耦合会导致量子体系的能量损失 (耗散) 和随机噪声 (涨落). 库对量子体系的这两种影响分别称为退相干和退相位.

考虑一个由体系及其环境库组成的复合系统, 当然这个整体仍然是孤立系统. 假设整个系统 (体系加库) 的密度算符为 $\hat{\rho}_{\mathrm{SR}}$, 其中, S 代表体系, R 代表库. 通常而言, 相对于整个系统的演化, 我们更加关心的是所研究的量子体系的演化情况, 我们当然可以将此量子体系和库看作一个整体, 从而根据孤立系统对其进行求解. 但环境库通常包含庞大的自由度, 计算包含库的整个系统的动力学往往很困难, 甚至是不可能的. 因此, 我们引入约化密度算符 $\hat{\rho}_{\mathrm{S}} = \mathrm{tr}_{\mathrm{R}}\,\hat{\rho}_{\mathrm{SR}}$, 我们期望从冯 · 诺依曼方程出发, 得到一个仅包含所关心的量子体系而不包含库的运动方程.

假设体系 S 与库 R 没有重叠的状态空间, 总的希尔伯特空间由体系和库的希尔伯特空间的直积表示, 即 $\mathrm{H} = \mathrm{H}_{\mathrm{S}} \otimes \mathrm{H}_{\mathrm{R}}$. 整个系统仍然是孤立系统, 因此整个系统完全由如下哈密顿量决定:

$$\hat{H} = \hat{H}_{\mathrm{S}} \otimes \hat{I}_{\mathrm{R}} + \hat{I}_{\mathrm{S}} \otimes \hat{H}_{\mathrm{R}} + \hat{H}_{\mathrm{SR}}, \tag{11.2.1}$$

其中, $\hat{H}_{\mathrm{S}}$ 是体系的哈密顿量, $\hat{H}_{\mathrm{R}}$ 是库的哈密顿量, $\hat{I}_{\mathrm{S}}$ 和 $\hat{I}_{\mathrm{R}}$ 分别是体系和库空间的单位算符, $\hat{H}_{\mathrm{SR}}$ 是体系与库的相互作用哈密顿量. 现在, 转换到相互作用绘景下, 假设相互作用绘景下的哈密顿量为 $\hat{H}_{\mathrm{I}}(t)$, 则整个系统的运动方程为

$$\dot{\hat{\rho}}_{\mathrm{SR}}(t) = -\frac{\mathrm{i}}{\hbar}[\hat{H}_{\mathrm{I}}(t), \hat{\rho}_{\mathrm{SR}}(t)]. \tag{11.2.2}$$

对 (11.2.2) 式做形式积分, 可以得到约化密度算符的表达式:

$$\hat{\rho}_{\mathrm{SR}}(t)=\hat{\rho}_{\mathrm{SR}}\left(t_0\right)-\frac{\mathrm{i}}{\hbar} \int_{t_0}^t \mathrm{d}t^{\prime}\left[\hat{H}_{\mathrm{I}}\left(t^{\prime}\right), \hat{\rho}_{\mathrm{SR}}\left(t^{\prime}\right)\right], \tag{11.2.3}$$

其中, t_0 为相互作用开始的时刻. 将积分结果不断迭代, 我们就可以得到约化密度算符的演化方程. 由于相互作用 $\hat{H}_{\mathrm{I}}(t)$ 很小, 因此可以被看作微扰, 从而可以仅保留到 $\hat{H}_{\mathrm{I}}(t)$ 的二级项, 化简得到

$$\dot{\hat{\rho}}_{\mathrm{SR}}(t)=-\frac{\mathrm{i}}{\hbar}\left[\hat{H}_{\mathrm{I}}(t), \hat{\rho}_{\mathrm{SR}}\left(t_0\right)\right]-\frac{1}{\hbar^2} \int_{t_0}^t \mathrm{d}t^{\prime}\left[\hat{H}_{\mathrm{I}}(t),\left[\hat{H}_{\mathrm{I}}\left(t^{\prime}\right), \hat{\rho}_{\mathrm{SR}}\left(t^{\prime}\right)\right]\right]. \tag{11.2.4}$$

在 t_0 时刻之前, 相互作用 $\hat{H}_{\mathrm{I}}(t)$ 为零, 体系和库相互独立, 整个系统的约化密度算符为两部分的约化密度算符的直积, 即 $\hat{\rho}_{\mathrm{SR}}(t)=\hat{\rho}_{\mathrm{S}}(t) \otimes \hat{\rho}_{\mathrm{R}}(t)$. 在 t_0 时刻之后, 相互作用 $\hat{H}_{\mathrm{I}}(t)$ 不为零, 由于相互作用 $\hat{H}_{\mathrm{I}}(t)$ 很小, 库的自由度又很大, 使得库很难被体系所影响而发生明显的状态改变, 因此我们近似认为库保持其初态 $\hat{\rho}_{\mathrm{R}}\left(t_0\right)$ 不变, 即 $\hat{\rho}_{\mathrm{SR}}(t)=\hat{\rho}_{\mathrm{S}}(t) \otimes \hat{\rho}_{\mathrm{R}}\left(t_0\right)$, 这就是玻恩近似. 这样, (11.2.4) 式可以进一步写作

$$\dot{\hat{\rho}}_{\mathrm{SR}}(t)=-\frac{\mathrm{i}}{\hbar}\left[\hat{H}_{\mathrm{I}}(t), \hat{\rho}_{\mathrm{S}}\left(t_0\right) \otimes \hat{\rho}_{\mathrm{R}}\left(t_0\right)\right]-\frac{1}{\hbar^2} \int_{t_0}^t \mathrm{d}t^{\prime}\left[\hat{H}_{\mathrm{I}}(t),\left[\hat{H}_{\mathrm{I}}\left(t^{\prime}\right), \hat{\rho}_{\mathrm{S}}\left(t^{\prime}\right) \otimes \hat{\rho}_{\mathrm{R}}\left(t_0\right)\right]\right]. \tag{11.2.5}$$

这个方程描述的是整个系统的状态, 而我们只关心体系的状态, 所以我们对 $\hat{\rho}_{\mathrm{SR}}$ 的库的自由度求迹, 并且我们知道求迹操作和对时间求导可以互换顺序, 即

$$\operatorname{tr}_{\mathrm{R}} \dot{\hat{\rho}}_{\mathrm{SR}}(t)=\frac{\mathrm{d}}{\mathrm{dt}} \operatorname{tr}_{\mathrm{R}} \hat{\rho}_{\mathrm{SR}}(t)=\dot{\hat{\rho}}_{\mathrm{S}}(t).$$

因此, 对 (11.2.5) 式的库的自由度求迹, 我们就得到了约化密度算符 $\hat{\rho}_{\mathrm{S}}(t)$ 的运动方程:

$$\dot{\hat{\rho}}_{\mathrm{S}}(t)=-\frac{1}{\hbar^2} \operatorname{tr}_{\mathrm{R}} \int_{t_0}^t \mathrm{d}t^{\prime}\left[\hat{H}_{\mathrm{I}}(t),\left[\hat{H}_{\mathrm{I}}\left(t^{\prime}\right), \hat{\rho}_{\mathrm{S}}\left(t^{\prime}\right) \otimes \hat{\rho}_{\mathrm{R}}\left(t_0\right)\right]\right]. \tag{11.2.6}$$

约化密度算符 $\hat{\rho}_{\mathrm{S}}(t)$ 决定了体系的全部性质. 我们假设在 $\hat{H}_{\mathrm{R}}$ 对角化的表象中, $\hat{H}_{\mathrm{I}}(t)$ 的对角元为零, 即 $\operatorname{tr}_{\mathrm{R}}\left[\hat{H}_{\mathrm{I}}(t), \hat{\rho}_{\mathrm{S}}\left(t_0\right) \otimes \hat{\rho}_{\mathrm{R}}\left(t_0\right)\right]=0$. (11.2.6) 式的积分号中出现的 $\hat{\rho}_{\mathrm{S}}\left(t^{\prime}\right)$ 说明 $\hat{\rho}_{\mathrm{S}}(t)$ 与它从初始时刻 t_0 到当前时刻 t 的历史有关, 也就是存在记忆效应. 然而库是典型的具有庞大自由度的系统, 一个合理的假设是阻尼耗散过程会破坏记忆效应. 因此, 我们引入**马尔可夫** (Markov) **近似**, 将体系的约化密度算符 $\hat{\rho}_{\mathrm{S}}\left(t^{\prime}\right)$ 替换为 $\hat{\rho}_{\mathrm{S}}(t)$, 从而得到约化密度算符 $\hat{\rho}_{\mathrm{S}}(t)$ 的运动方程为

$$\dot{\hat{\rho}}_{\mathrm{S}}(t)=-\frac{1}{\hbar^2} \operatorname{tr}_{\mathrm{R}} \int_{t_0}^t \mathrm{d}t^{\prime}\left[\hat{H}_{\mathrm{I}}(t),\left[\hat{H}_{\mathrm{I}}\left(t^{\prime}\right), \hat{\rho}_{\mathrm{S}}(t) \otimes \hat{\rho}_{\mathrm{R}}\left(t_0\right)\right]\right]. \tag{11.2.7}$$

对这个方程的进一步求解需要给出 $\hat{H}_{\mathrm{I}}(t)$ 的具体形式.

在 (11.2.7) 式中令 $t'=t-s$, $t_0=0$, 有

$$\frac{\mathrm{d}}{\mathrm{d}t}\hat{\rho}_{\mathrm{S}}(t)=-\frac{1}{\hbar^2}\int_0^t \mathrm{d}s\,\mathrm{tr}_{\mathrm{R}}[\hat{H}_{\mathrm{I}}(t),[\hat{H}_{\mathrm{I}}(t-s),\hat{\rho}_{\mathrm{S}}(t)\otimes\hat{\rho}_{\mathrm{R}}]].$$

我们看到参数 s 刻画了在时间上往前追溯的环境记忆效应, 其对应的时间尺度要远小于所研究体系的弛豫时间, 故可以把上述积分上限拓展到无穷大, 即

$$\frac{\mathrm{d}}{\mathrm{d}t}\hat{\rho}_{\mathrm{S}}(t)=-\frac{1}{\hbar^2}\int_0^\infty \mathrm{d}s\,\mathrm{tr}_{\mathrm{R}}[\hat{H}_{\mathrm{I}}(t),[\hat{H}_{\mathrm{I}}(t-s),\hat{\rho}_{\mathrm{S}}(t)\otimes\hat{\rho}_{\mathrm{R}}]]. \tag{11.2.8}$$

这是**量子主方程**的一般形式, 该方程描述了外界环境对所考察量子体系的影响, 其具体形式依赖于所研究的具体量子体系、量子体系和环境库的耦合形式, 以及库的具体形式.

11.2.2 原子的自发辐射

我们现在利用 11.2.1 小节介绍的库理论研究处于激发态原子的自发辐射. 激发态原子的衰变可以通过一个简单的模型来理解, 在这个模型中, 原子与一个谐振子库耦合, 这个环境库由无穷多个独立线性谐振子 (电磁场的各种本征模) 构成.

我们接下来考虑由湮灭 (产生) 算符 $\hat{b}_{\boldsymbol{k}}$ ($\hat{b}_{\boldsymbol{k}}^\dagger$) 和频率 $\nu_k=ck$ 描述的谐振子库, 一个二能级原子 (跃迁频率为 ω) 和此环境库耦合而发生辐射. 在相互作用绘景和旋转波近似下, 二能级原子和谐振子库耦合的哈密顿量可以表示为

$$\hat{\mathcal{V}}(t)=\hbar\sum_{\boldsymbol{k}}g_{\boldsymbol{k}}\left[\hat{b}_{\boldsymbol{k}}^\dagger\hat{\sigma}_-\mathrm{e}^{-\mathrm{i}(\omega-\nu_k)t}+\hat{\sigma}_+\hat{b}_{\boldsymbol{k}}\mathrm{e}^{\mathrm{i}(\omega-\nu_k)t}\right], \tag{11.2.9}$$

其中, $g_{\boldsymbol{k}}$ 为二能级原子与频率为 ν_k 的谐振子库的耦合强度, $\hat{\sigma}_-=|b\rangle\langle a|$, $\hat{\sigma}_+=|a\rangle\langle b|$, 这里, $|a\rangle$ 和 $|b\rangle$ 分别为激发态和基态. (11.2.9) 式可以看作 J-C 模型的推广, 它可以描述多个量子化电磁场模式与单个二能级原子的耦合. 利用量子主方程的一般形式, 我们可以写出二能级原子满足的如下方程:

$$\begin{aligned}\dot{\hat{\rho}}_{\mathrm{atom}}=&-\mathrm{i}\sum_{\boldsymbol{k}}g_{\boldsymbol{k}}\langle\hat{b}_{\boldsymbol{k}}^\dagger\rangle\left[\hat{\sigma}_-,\hat{\rho}_{\mathrm{atom}}\;(t_i)\right]\mathrm{e}^{-\mathrm{i}(\omega-\nu_k)t}\\&-\int_0^t\mathrm{d}t'\sum_{\boldsymbol{k},\boldsymbol{k}'}g_{\boldsymbol{k}}g_{\boldsymbol{k}'}\Big\{\left[\hat{\sigma}_-\hat{\sigma}_-\hat{\rho}_{\mathrm{atom}}\left(t'\right)-2\hat{\sigma}_-\hat{\rho}_{\mathrm{atom}}\left(t'\right)\hat{\sigma}_-+\hat{\rho}_{\mathrm{atom}}\left(t'\right)\hat{\sigma}_-\hat{\sigma}_-\right]\\&\times\mathrm{e}^{-\mathrm{i}(\omega-\nu_k)t-\mathrm{i}(\omega-\nu_{k'})t'}\langle\hat{b}_{\boldsymbol{k}}^\dagger\hat{b}_{\boldsymbol{k}'}^\dagger\rangle+\left[\hat{\sigma}_-\hat{\sigma}_+\hat{\rho}_{\mathrm{atom}}\left(t'\right)-\hat{\sigma}_+\hat{\rho}_{\mathrm{atom}}\left(t'\right)\hat{\sigma}_-\right]\\&\times\mathrm{e}^{-\mathrm{i}(\omega-\nu_k)t+\mathrm{i}(\omega-\nu_{k'})t'}\langle\hat{b}_{\boldsymbol{k}}^\dagger\hat{b}_{\boldsymbol{k}'}\rangle+\left[\hat{\sigma}_+\hat{\sigma}_-\hat{\rho}_{\mathrm{atom}}\left(t'\right)-\hat{\sigma}_-\hat{\rho}_{\mathrm{atom}}\left(t'\right)\hat{\sigma}_+\right]\\&\times\mathrm{e}^{\mathrm{i}(\omega-\nu_k)t-\mathrm{i}(\omega-\nu_{k'})t'}\langle\hat{b}_{\boldsymbol{k}}\hat{b}_{\boldsymbol{k}'}^\dagger\rangle\Big\}+\mathrm{H.c.}\;,\end{aligned} \tag{11.2.10}$$

其中, 期望值是针对库的初态求得的. 下面我们选择一个热库状态模型, 即

$$\hat{\rho}_{\mathrm{R}}=\prod_{\boldsymbol{k}}\left[1-\exp\left(-\frac{\hbar\nu_k}{k_{\mathrm{B}}T}\right)\right]\exp\left(-\frac{\hbar\nu_k\hat{b}_{\boldsymbol{k}}^{\dagger}\hat{b}_{\boldsymbol{k}}}{k_{\mathrm{B}}T}\right),$$

其中, k_{B} 是玻尔兹曼常量, T 是温度.

不难证明, 对于热库有以下结论:

$$\begin{aligned}\langle\hat{b}_{\boldsymbol{k}}\rangle&=\langle\hat{b}_{\boldsymbol{k}}^{\dagger}\rangle=0,\\ \langle\hat{b}_{\boldsymbol{k}}^{\dagger}\hat{b}_{\boldsymbol{k}'}\rangle&=\bar{n}_{\boldsymbol{k}}\delta_{\boldsymbol{k}\boldsymbol{k}'},\\ \langle\hat{b}_{\boldsymbol{k}}\hat{b}_{\boldsymbol{k}'}^{\dagger}\rangle&=(\bar{n}_{\boldsymbol{k}}+1)\,\delta_{\boldsymbol{k}\boldsymbol{k}'},\\ \langle\hat{b}_{\boldsymbol{k}}\hat{b}_{\boldsymbol{k}'}\rangle&=\langle\hat{b}_{\boldsymbol{k}}^{\dagger}\hat{b}_{\boldsymbol{k}'}^{\dagger}\rangle=0,\end{aligned}\tag{11.2.11}$$

其中,

$$\bar{n}_{\boldsymbol{k}}=\frac{1}{\exp\left(\dfrac{\hbar\nu_k}{k_{\mathrm{B}}T}\right)-1}.$$

把以上结果代入 (11.2.10) 式, 可以得到

$$\begin{aligned}\dot{\hat{\rho}}_{\mathrm{atom}}=&-\int_0^t\mathrm{d}t'\sum_{\boldsymbol{k}}g_{\boldsymbol{k}}^2\Big\{\left[\hat{\sigma}_-\hat{\sigma}_+\hat{\rho}_{\mathrm{atom}}(t')-\hat{\sigma}_+\hat{\rho}_{\mathrm{atom}}(t')\,\hat{\sigma}_-\right]\bar{n}_{\boldsymbol{k}}\mathrm{e}^{-\mathrm{i}(\omega-\nu_k)(t-t')}\\&+\left[\hat{\sigma}_+\hat{\sigma}_-\hat{\rho}_{\mathrm{atom}}(t')-\hat{\sigma}_-\hat{\rho}_{\mathrm{atom}}(t')\,\hat{\sigma}_+\right](\bar{n}_{\boldsymbol{k}}+1)\,\mathrm{e}^{\mathrm{i}(\omega-\nu_k)(t-t')}\Big\}+\ \mathrm{H.c.}.\end{aligned}\tag{11.2.12}$$

(11.2.12) 式涉及对于连续模的求和. 采用周期性边界条件, 可以得到

$$k_x=\frac{2\pi n_x}{L},\quad k_y=\frac{2\pi n_y}{L},\quad k_z=\frac{2\pi n_z}{L},$$

其中, n_x, n_y, n_z 是整数. 将模的离散分布转换为连续分布, 可将求和替换为积分, 即

$$\sum_{\boldsymbol{k}}\to2\left(\frac{L}{2\pi}\right)^3\int\mathrm{d}^3k,$$

因子 2 来源于横波的两个可能偏振. 在许多问题中, 我们对频率 ν_k 和 $\nu_k+\mathrm{d}\nu_k$ 之间的模的态密度感兴趣. 这可以通过将直角坐标分量 (k_x,k_y,k_z) 转换为球坐标分量 $(k\sin\theta\cos\varphi,k\sin\theta\sin\varphi,k\cos\theta)$ 来获得, 因此在 $\boldsymbol{k}$ 空间中的体积元为

$$\mathrm{d}^3k=k^2\mathrm{d}k\sin\theta\mathrm{d}\theta\mathrm{d}\varphi=\frac{\nu_k^2}{c^3}\mathrm{d}\nu_k\sin\theta\mathrm{d}\theta\mathrm{d}\varphi.$$

于是我们可以将 $\boldsymbol{k}$ 空间中的求和替换为积分, 即

$$\sum_{\boldsymbol{k}} \to 2\frac{V}{(2\pi)^3}\int_0^{2\pi}\mathrm{d}\varphi\int_0^{\pi}\sin\theta\mathrm{d}\theta\int_0^{\infty}k^2\mathrm{d}k,$$

其中, $V = L^3$ 是量子化体积. 利用量子光学中原子与量子化电磁场耦合强度的表达式

$$|g_{\boldsymbol{k}}(\boldsymbol{r}_0)|^2 = \frac{\nu_k}{2\hbar\varepsilon_0 V}\wp_{ab}^2\cos^2\theta$$

(其中, θ 是原子的电偶极矩 $\wp_{ab}$ 和电场的偏振方向之间的夹角), 可将上面积分中关于角度的积分计算出来. 我们假定引起原子辐射的谐振子 (电磁场的本征模) 的频率分布以原子跃迁频率 ω 为中心. 在 (11.2.12) 式的时间积分中, $\nu_k = \omega$ 附近的量 ν_k^3 变化很小, 不可忽略. 因此, 我们可以用 ω^3 代替 ν_k^3, 用 $-\infty$ 代替 ν_k 积分中的下限. 下面我们交换积分次序, 即先对频率积分, 于是

$$\int_{-\infty}^{\infty}\mathrm{d}\nu_k\mathrm{e}^{\mathrm{i}(\omega-\nu_k)(t-t')} = 2\pi\delta(t-t').$$

进一步利用 δ 函数的性质, 我们有

$$\begin{aligned}\dot{\hat{\rho}}_{\text{atom}}(t) = &-\bar{n}_{\text{th}}\frac{\Gamma}{2}\left[\hat{\sigma}_-\hat{\sigma}_+\hat{\rho}_{\text{atom}}(t) - \hat{\sigma}_+\hat{\rho}_{\text{atom}}(t)\hat{\sigma}_-\right] \\ &-(\bar{n}_{\text{th}}+1)\frac{\Gamma}{2}\left[\hat{\sigma}_+\hat{\sigma}_-\hat{\rho}_{\text{atom}}(t) - \hat{\sigma}_-\hat{\rho}_{\text{atom}}(t)\hat{\sigma}_+\right] + \text{H.c.},\end{aligned} \tag{11.2.13}$$

其中, $\bar{n}_{\text{th}} \equiv \bar{n}_{k_0}$ (这里, $k_0 = \omega/c$), 且

$$\Gamma = \frac{1}{4\pi\varepsilon_0}\frac{4\omega^3\wp_{ab}^2}{3\hbar c^3}$$

是真空中原子的自发辐射速率. 在光频范围和室温下, $\bar{n}_{\text{th}} = 0$, 于是可得

$$\dot{\hat{\rho}}_{\text{atom}}(t) = -\frac{\Gamma}{2}\left[\hat{\sigma}_+\hat{\sigma}_-\hat{\rho}_{\text{atom}}(t) - \hat{\sigma}_-\hat{\rho}_{\text{atom}}(t)\hat{\sigma}_+\right] + \text{H.c.}. \tag{11.2.14}$$

习　题

1. 考虑二维希尔伯特空间上的态 $|\psi\rangle = \frac{1}{\sqrt{2}}(|v\rangle + |h\rangle)$. 写出相应的密度算符 $\hat{\rho} = |\psi\rangle\langle\psi|$, 并找出 $\hat{\rho}$ 的本征值和本征矢量.

2. 考虑由正交归一化的基 $|1\rangle$, $|2\rangle$, $|3\rangle$ 张成的三维矢量空间. 右矢 $|\alpha\rangle$ 和 $|\beta\rangle$ 分别为

$$|\alpha\rangle = \mathrm{i}|1\rangle - 2|2\rangle - \mathrm{i}|3\rangle, \quad |\beta\rangle = \mathrm{i}|1\rangle + 2|3\rangle.$$

(1) 求出 $|\alpha\rangle\langle\alpha|$ 和 $|\beta\rangle\langle\beta|$.

(2) 求出 $\langle\alpha \mid \beta\rangle$ 和 $\langle\beta \mid \alpha\rangle$, 并证明 $\langle\beta \mid \alpha\rangle = \langle\alpha \mid \beta\rangle^*$.

(3) 在这个基中, 求出算符 $\hat{A} \equiv |\alpha\rangle\langle\beta|$ 里的 9 个矩阵元, 并写出对应的矩阵. 判断其是否为厄米矩阵.

3. 证明 (11.2.11) 式.

4. 根据量子主方程 (11.2.14), 写出原子的密度矩阵元满足的方程.

附录　量子力学的基本假定

量子力学的基本假定归纳起来有下列五个:

(1) 微观体系的量子态用波函数 $\psi(\boldsymbol{r},t)$ 完全描述, 这个函数是坐标和时间的复函数, 其包含了关于此微观体系可能得到的一切信息. 波函数一般应满足连续性、有限性和单值性三个条件.

(2) 力学量用厄米算符表示. 如果在经典力学中有相应的力学量, 则在量子力学中表示这个力学量的算符由经典表达式中将动量 $\boldsymbol{p}$ 换为算符 $-\mathrm{i}\hbar\nabla$ 得出. 表示力学量的算符有组成完全系的本征函数.

(3) 将体系的波函数 ψ 用算符 $\hat{F}$ 的本征函数 $\varPhi_n$ 展开, 可得

$$\psi=\sum_n c_n\varPhi_n,$$

则在态 ψ 中测量力学量 F 得到结果为 λ_n 的概率是 $|c_n|^2$. 若测量结果为 λ_m, 则体系的波函数就坍缩为 $\varPhi_m$.

(4) 体系的波函数满足薛定谔方程:

$$\mathrm{i}\hbar\frac{\partial\psi}{\partial t}=-\frac{\hbar^2}{2m}\nabla^2\psi+V(\boldsymbol{r},t)\psi.$$

(5) 在由全同粒子组成的体系中, 两个全同粒子相互调换不改变体系的状态 (全同性原理).

主要参考书目

[1] 格里菲斯, 施勒特. 量子力学概论: 翻译版: 原书第 3 版 [M]. 贾瑜, 译. 北京: 机械工业出版社, 2023.

[2] 周世勋. 量子力学教程 [M]. 2 版. 北京: 高等教育出版社, 2009.

[3] 曾谨言. 量子力学: 卷 1 [M]. 3 版. 北京: 科学出版社, 2000.

[4] 顾樵. 量子力学 I [M]. 北京: 科学出版社, 2014.

[5] 塔诺季, 迪于, 拉洛埃. 量子力学: 第 1 卷 [M]. 刘家谟, 陈星奎, 译. 北京: 高等教育出版社, 2014.

[6] 费恩曼, 莱顿, 桑兹. 费恩曼物理学讲义: 新千年版: 第 3 卷 [M]. 潘笃武, 李洪芳, 译. 上海: 上海科学技术出版社, 2013.

[7] AULETTA G, FORTUNATO M, PARISI G. Quantum Mechanics [M]. Cambridge: Cambridge University Press, 2009.

[8] 郭光灿, 周祥发. 量子光学 [M]. 北京: 科学出版社, 2022.

[9] 霍金. 物质构成之梦 [M]. 王文浩, 译. 长沙: 湖南科学技术出版社, 2020.